CB067883

14.0

1/5 2/5

MATEMÁTICA

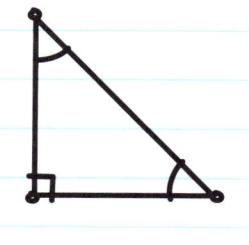

Título original: EVERYTHING YOU NEED TO ACE MATH IN ONE BIG FAT NOTEBOOK: The Complete Middle School Study Guide

Copyright © 2016 por Workman Publishing Co., Inc.
Copyright da tradução © 2022 por GMT Editores Ltda.
Publicado mediante acordo com Workman Publishing Co., Inc., Nova York.

Todos os direitos reservados. Nenhuma parte deste livro pode ser utilizada ou reproduzida sob quaisquer meios existentes sem autorização por escrito dos editores.

tradução: Cláudio Biasi
preparo de originais: Victor Almeida
revisão técnica: Carlos Franco Grillo
revisão: Ana Grillo, Jean Marcel Montassier e Luis Américo Costa
adaptação de capa e miolo: Ana Paula Daudt Brandão
ilustrações: Chris Pearce
edição: Ouida Newton
redator: Altair Peterson

diagramação da série: Tim Hall
designers: Gordon Whiteside e Abby Dening
diretora de arte: Colleen A. F. Venable
editora: Nathalie Le Du
editora de produção: Jessica Rozler
gerente de produção: Julie Primavera
concepção: Raquel Jaramillo
impressão e acabamento: Geográfica e Editora Ltda.

CIP-BRASIL. CATALOGAÇÃO NA PUBLICAÇÃO
SINDICATO NACIONAL DOS EDITORES DE LIVROS, RJ

G779

O Grande Livro de Matemática do Manual do Mundo : Anotações incríveis e divertidas para você aprender sobre o intrigante universo dos números e das formas geométricas / ilustração Chris Pearce ; tradução Cláudio Biasi. – 1. ed. – Rio de Janeiro : Sextante, 2022.
528 p. : il. ; 21 cm.

Tradução de: Everything you need to ace Math in one big fat notebook : the complete middle school study guide
ISBN 978-65-5564-336-7

1. Matemática – Estudo e ensino (Ensino Fundamental). I. Newton, Ouida. II. Pearce, Chris. III. Biasi, Cláudio.

22-77247

CDD: 372.7
CDU: 373.2.016:51

Meri Gleice Rodrigues de Souza - Bibliotecária - CRB-7/6439

Todos os direitos reservados, no Brasil, por
GMT Editores Ltda.
Rua Voluntários da Pátria, 45 – 14.º andar – Botafogo
22270-000 – Rio de Janeiro – RJ
Tel.: (21) 2538-4100
E-mail: atendimento@sextante.com.br
www.sextante.com.br

O GUIA DE ESTUDO COMPLETO PARA O ENSINO FUNDAMENTAL

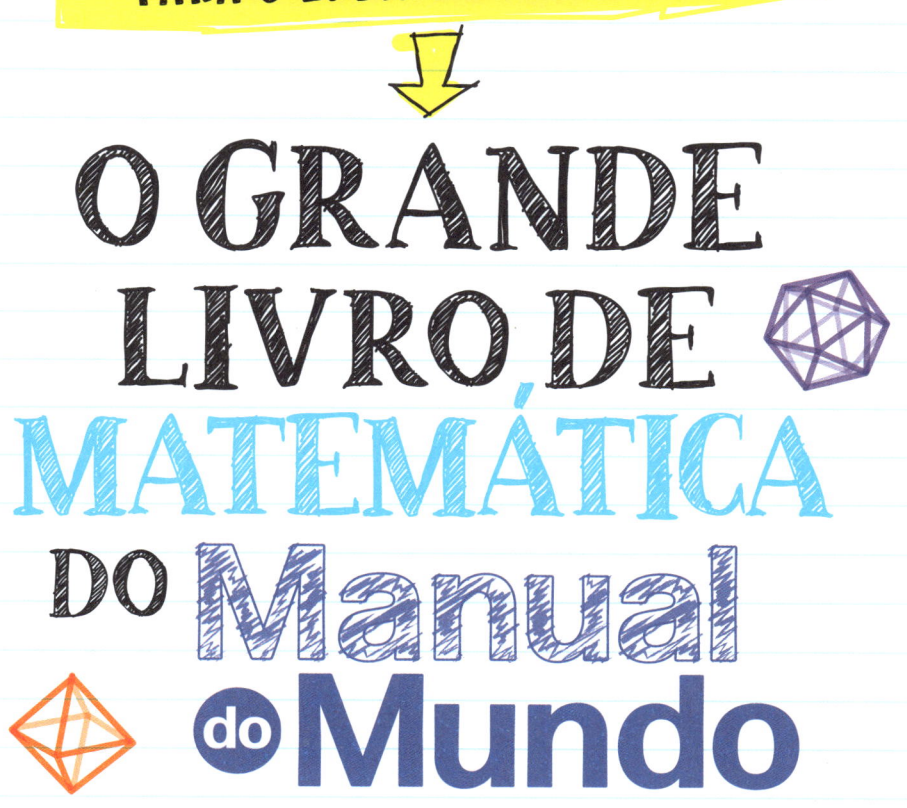

O GRANDE LIVRO DE MATEMÁTICA DO Manual do Mundo

Anotações **INCRÍVEIS** e **DIVERTIDAS** para você aprender sobre o intrigante universo dos **NÚMEROS** e das **FORMAS GEOMÉTRICAS**

SEXTANTE

APRESENTAÇÃO

Em seus 14 anos de existência, o Manual do Mundo se tornou o maior canal de Ciência e Tecnologia em língua portuguesa do planeta, com mais de 16 milhões de inscritos. Com muito orgulho e gratidão, continuamos nossa missão de ensinar ciência de forma clara, atraente e divertida.

Um dos projetos em que mais amamos trabalhar nos últimos anos é esta coleção de livros, trazendo para o Brasil as edições do Big Fat Notebook em parceria com a Editora Sextante. Montamos uma equipe de professores e especialistas e, juntos, avaliamos o conteúdo, adaptamos as questões e revisamos cada capítulo, com o intuito de apresentar uma obra de qualidade para os jovens estudantes.

E finalmente chegou a vez das ciências exatas! Como sabemos que problemas matemáticos podem dar muita dor de cabeça às vezes, nós caprichamos nesta edição. Com um projeto colorido e ilustrado, simulando o caderno de um aluno, *O Grande Livro de Matemática do Manual do Mundo* vai guiá-lo pela infinitude de números, retas e formas e ajudá-lo a descobrir o xis da questão!

Você vai aprender a resolver operações com frações, a calcular porcentagens, a desvendar equações e a medir a área dos mais variados polígonos e o volume de objetos, com dicas fáceis de aprender e exercícios com gabaritos.

Tudo para você se divertir e ainda se dar bem nas provas!

Iberê Thenório & Mari Fulfaro

O GRANDE LIVRO DE MATEMÁTICA DO MANUAL DO MUNDO

OLÁ!

Estas são as anotações das minhas aulas de Matemática. Quer saber quem sou eu? Bom, algumas pessoas diziam que eu era o aluno mais esperto da turma.

Eu escrevi tudo de que você precisa para arrasar em **MATEMÁTICA**, de FRAÇÕES até PLANOS CARTESIANOS, incluindo aquilo que costuma cair nas provas!

$\frac{1}{2}$

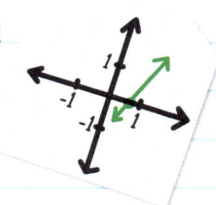

Tentei manter tudo bem organizado, por isso quase sempre:
- Destaco em **AMARELO** alguns termos que acho bom definir.
- Realço as definições com marcador verde.
- Uso CANETA AZUL para termos importantes.
- Faço um gráfico de pizza bem legal e desenho tudo que for preciso para mostrar visualmente as grandes ideias.

HUMMM... PIZZA!

Se você não ama de paixão os livros da escola e fazer anotações durante as aulas não é o seu forte, este livro é para você. Ele trata de muitos assuntos importantes. (Se o professor dedicar uma aula inteira a um assunto que não aparece no livro, faça as anotações você mesmo.)

ZZZ... O QUÊ?

Agora que eu já tirei 10 em tudo, este livro é **SEU**. Como não preciso mais dele, a missão deste livro é ajudar **VOCÊ** a aprender e a se lembrar de tudo de que precisa para mandar bem nas provas.

SUMÁRIO

UNIDADE 1: Sistema de numeração **1**
1. Tipos de números e a reta numérica **2**
2. Números positivos e negativos **11**
3. Módulo ou valor absoluto **19**
4. Divisores e máximo divisor comum **25**
5. Múltiplos e mínimo múltiplo comum **33**
6. Introdução às frações: tipos de frações, adição e subtração de frações **39**
7. Multiplicação e divisão de frações **49**
8. Adição e subtração de números decimais **53**
9. Multiplicação de números decimais **57**
10. Divisão de números decimais **61**
11. Soma de números positivos e negativos **65**
12. Subtração de números positivos e negativos **71**
13. Multiplicação e divisão de números positivos e negativos **75**
14. Desigualdades **79**

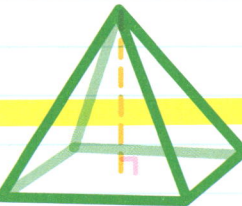

UNIDADE 2: Razões, proporções e porcentagens 85

15. Razões 86
16. Taxa unitária e preço unitário 91
17. Proporções 95
18. Conversão de unidades 103
19. Porcentagens 111
20. Problemas descritivos com porcentagem 117
21. Impostos e taxas 123
22. Descontos e aumentos 131
23. Gratificações e comissões 141
24. Juros simples 147
25. Taxa de variação percentual 155
26. Tabelas e razões 159

UNIDADE 3: Expressões e equações 165

27. Expressões 166
28. Propriedades 173
29. Termos semelhantes 183
30. Expoentes 189
31. Ordem das operações 197
32. Notação científica 203
33. Raiz quadrada e raiz cúbica 209

34. Comparação de números irracionais **215**
35. Equações **219**
36. Cálculo do valor de variáveis **225**
37. Solução de equações de uma variável **231**
38. Solução e representação gráfica de inequações **237**
39. Problemas descritivos que envolvem equações e desigualdades **243**

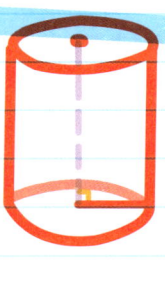

UNIDADE 4: Geometria **251**
40. Introdução à geometria **252**
41. Ângulos **267**
42. Quadriláteros **277**
43. Triângulos **287**
44. O teorema de Pitágoras **295**
45. Circunferências e círculos **301**
46. Sólidos geométricos **309**
47. Volume **318**
48. Área superficial **327**
49. Ângulos, triângulos e retas transversais **337**
50. Figuras semelhantes e desenhos em escala **345**

UNIDADE 5: Estatística e probabilidade — 355

51. Introdução à estatística **356**
52. Medidas de tendência central e dispersão **365**
53. Apresentação de dados **375**
54. Probabilidade **395**

UNIDADE 6: O plano cartesiano e funções — 405

55. O plano cartesiano **406**
56. Relações e funções **417**
57. Inclinação **431**
58. Equações e funções lineares **446**
59. Sistemas de equações lineares **456**
60. Funções não lineares **468**
61. Polígonos e o plano cartesiano **480**
62. Transformações **487**
63. Relações de proporcionalidade e gráficos **508**

OUVI FALAR QUE TINHA QUEIJO EM ALGUM LUGAR DESTE LIVRO...

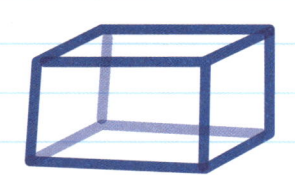

Unidade 1

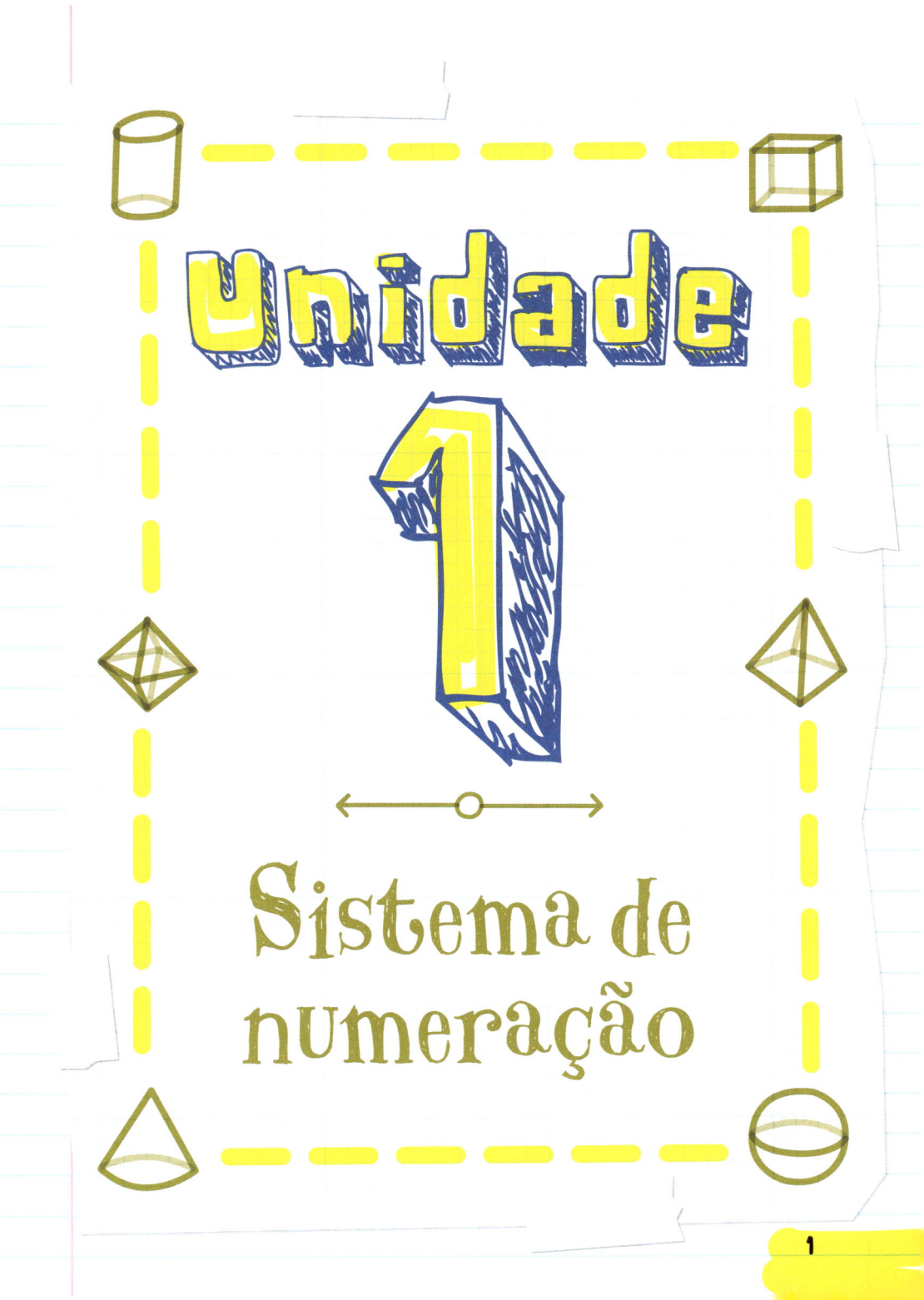

Sistema de numeração

Capítulo 1
TIPOS DE NÚMEROS E A RETA NUMÉRICA

Existem vários tipos de números. Os mais comuns são os seguintes:

NÚMEROS NATURAIS: Números não negativos sem uma parte fracionária ou decimal. Não podem ser negativos.

EXEMPLOS: 0, 1, 2, 3, 4...

NÚMEROS NATURAIS NÃO NULOS: Números naturais maiores que 0.

EXEMPLOS: 1, 2, 3, 4, 5...

NÚMEROS INTEIROS: Números positivos e negativos sem uma parte fracionária ou decimal.
EXEMPLOS: ...−4, −3, −2, −1, 0, 1, 2, 3, 4...

NÚMEROS RACIONAIS: Números que podem ser escritos na forma de uma fração (o termo racional vem do fato de representarem a *razão* entre dois números inteiros – veremos esse assunto mais à frente).

EXEMPLOS: $\frac{1}{2}$ (que equivale a 0,5);

0,25 (que equivale a $\frac{1}{4}$); −7 (que equivale a $\frac{-7}{1}$);

4,12 (que equivale a $\frac{412}{100}$); $\frac{1}{3}$ (que equivale a $0,\overline{3}$)...

A BARRA ACIMA DO 3 SIGNIFICA QUE ELE SE REPETE PARA SEMPRE!

−0,3333333333333333......

NÚMEROS IRRACIONAIS: Números que não podem ser escritos como uma fração.

("..." SIGNIFICA QUE CONTINUA PARA SEMPRE)

EXEMPLOS: 3,14159265..., $\sqrt{2}$

Todo número pode ser escrito com uma expansão decimal: 2, por exemplo, pode ser escrito como 2,000... No caso dos números irracionais, porém, a expansão decimal continua para sempre sem se repetir.

NÚMEROS REAIS: Todos os números que podem ser encontrados em uma reta numérica. Os números reais podem ser grandes ou pequenos, positivos ou negativos, decimais, frações etc.

EXEMPLOS: 5π; -17; $0{,}312$; $\dfrac{1}{2}$; $\sqrt{2}$ etc.

Os vários tipos de números se relacionam da seguinte forma:

NÚMEROS REAIS
- RACIONAIS
  - INTEIROS
    - NATURAIS
      - NATURAIS NÃO NULOS
- NÚMEROS IRRACIONAIS

EXEMPLO: -2 é um número inteiro, racional e real!

OUTROS EXEMPLOS:

46 é um número natural não nulo, inteiro, racional e real.

0 é um número natural, inteiro, racional e real.

$\dfrac{1}{4}$ é um número racional e real.

6,675 é um número racional e real. (Todo número com um NÚMERO FINITO DE CASAS DECIMAIS é racional.)

$\sqrt{5}$ = 2,2360679775... é um número irracional e real. (Todo número com um número infinito de casas decimais que não se repetem é irracional.)

Os NÚMEROS RACIONAIS e a RETA NUMÉRICA

Todos os números racionais podem ser encontrados em uma **RETA NUMÉRICA**. Na reta numérica, os números estão dispostos em ordem crescente, da esquerda para a direita.

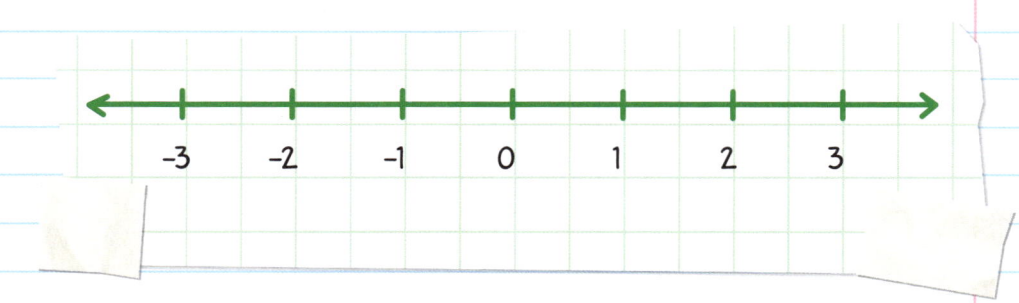

EXEMPLO: Como 2 é maior que 1 e 0, ele fica à direita dos dois números.

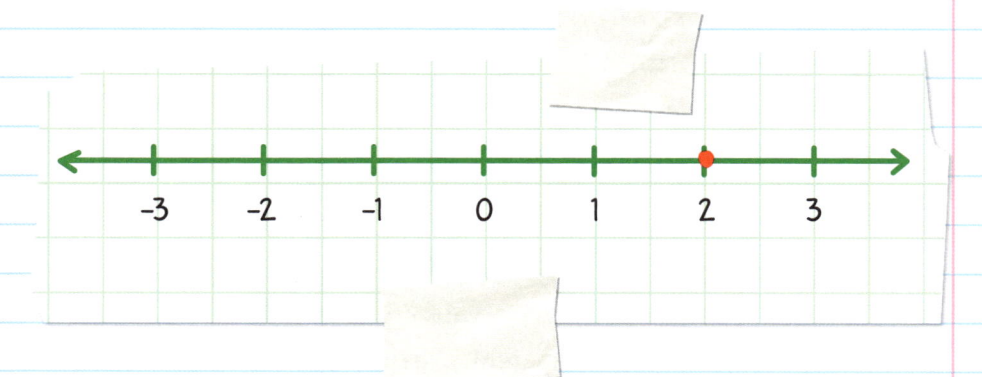

EXEMPLO: Da mesma forma, como -3 é menor que -2 e -1, ele fica à esquerda dos dois números.

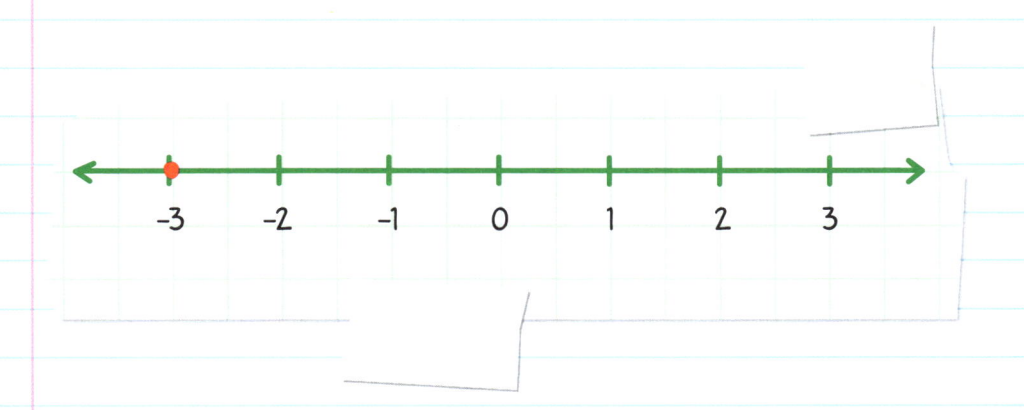

EXEMPLO: Em uma reta numérica, podemos colocar não só os números inteiros, mas também qualquer número racional.

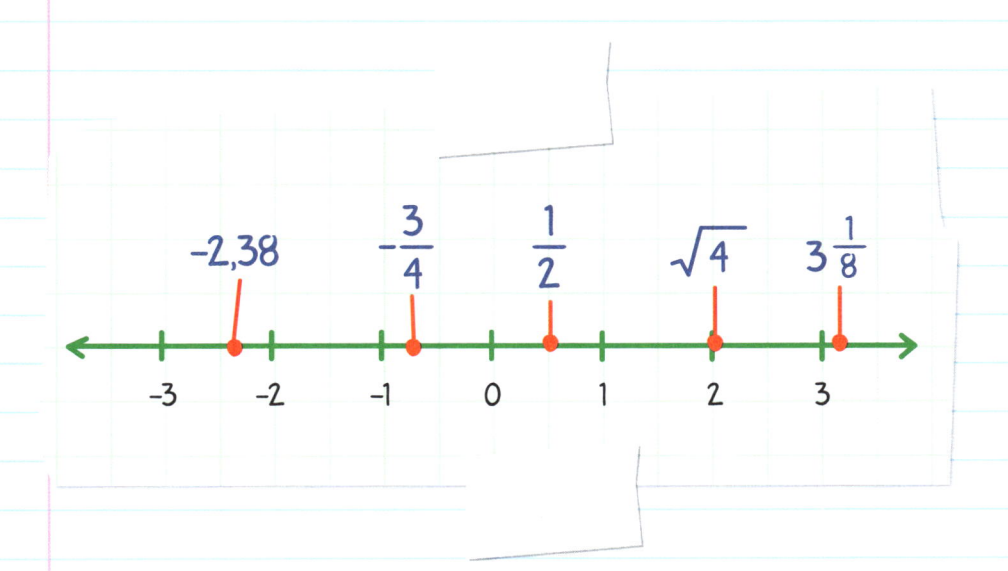

33333333333333333......

RUMO AO INFINITO!

VERIFIQUE SEUS CONHECIMENTOS

Nas questões de **1** a **8**, classifique cada número em tantas categorias quanto for possível.

1. −3

2. $4,\overline{5}$

3. −4,8937587253765348728743984 3098...

4. −9,7654321

5. 1

6. $-\dfrac{9}{3}$

7. $\sqrt{2}$

8. $5,6\overline{78}$

9. $\dfrac{1}{45}$ fica à esquerda ou à direita do 0 na reta numérica?

10. −0,001 fica à esquerda ou à direita do 0 na reta numérica?

RESPOSTAS

CONFIRA AS RESPOSTAS

1. Inteiro, racional, real.

2. Racional, real.

3. Irracional, real.

4. Racional, real.

5. Natural, natural não nulo, inteiro, racional, real.

6. Inteiro, racional, real (porque $-\frac{9}{3}$ pode ser reescrito como -3).

7. Irracional, real.

8. Racional, real. (Lembra que a barra em cima significa que os números se repetem?)

9. À direita.

10. À esquerda.

Capítulo 2
NÚMEROS POSITIVOS E NEGATIVOS

Os **NÚMEROS POSITIVOS** são usados para quantificar grandezas maiores que zero e os **NÚMEROS NEGATIVOS** são usados para quantificar grandezas menores que zero. Muitas vezes números positivos e negativos são usados aos pares para quantificar grandezas que possuem dois sentidos ou valores opostos.

Os números positivos não precisam de sinal (+4 e 4 significam a mesma coisa). Os números negativos, no entanto, são sempre precedidos por um sinal negativo: −4, por exemplo.

NEGATIVO

NEUTRO

POSITIVO

LEMBRETE:
Os números positivos e negativos sem uma parte fracionária ou decimal são chamados de números inteiros.

Se você puser todos os números inteiros em uma reta numérica, o zero ficará no centro, porque zero não é nem positivo nem negativo.

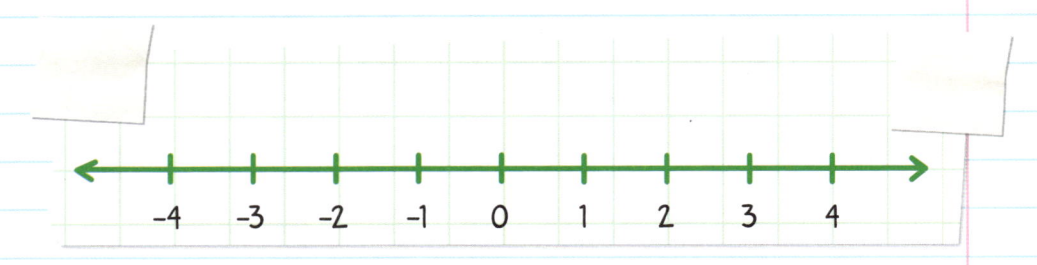

←|—|—|—|—|—|—|—|—|→
-4 -3 -2 -1 0 1 2 3 4

Os números positivos e negativos têm muitas aplicações práticas, como, por exemplo:

NEGATIVO — −8

POSITIVO — +8

Dívida
(dinheiro que você deve)

Poupança
(dinheiro que você economiza)

Retirada de uma conta-corrente	**Depósito em uma conta-corrente**
Carga elétrica negativa	**Carga elétrica positiva**
Temperatura abaixo de zero	**Temperatura acima de zero**
Altitude abaixo do nível do mar	**Altitude acima do nível do mar**

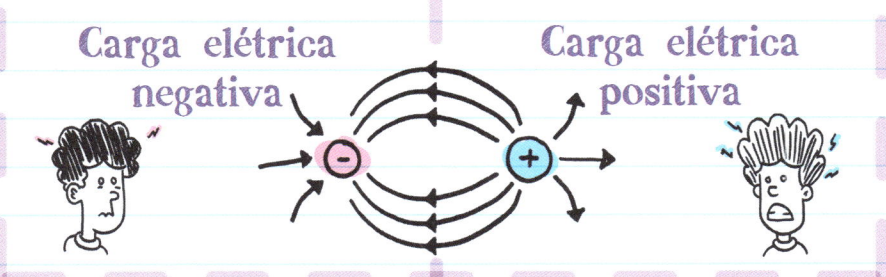

Em uma reta numérica horizontal, os números à esquerda do zero são negativos e os números à direita do zero são positivos. Os números aumentam da esquerda para a direita e diminuem da direita para a esquerda. Desenhamos **SETAS** nas extremidades da reta numérica para mostrar que os números não param de aumentar e de diminuir (rumo ao **INFINITO** negativo e positivo).

INFINITO
Algo que não tem fim, ilimitado ou sem fronteiras.

O SÍMBOLO DE INFINITO É ∞.

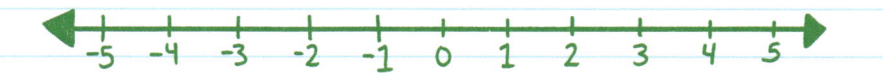

-5 -4 -3 -2 -1 0 1 2 3 4 5

Os sinais de positivo (+) e negativo (−) são **SIMÉTRICOS**, de modo que +5 e −5 são chamados de números opostos. Eles estão à mesma distância do zero na reta numérica, mas em lados opostos.

Em uma reta numérica vertical (como em um termômetro), os números acima do zero são positivos e os números abaixo do zero são negativos.

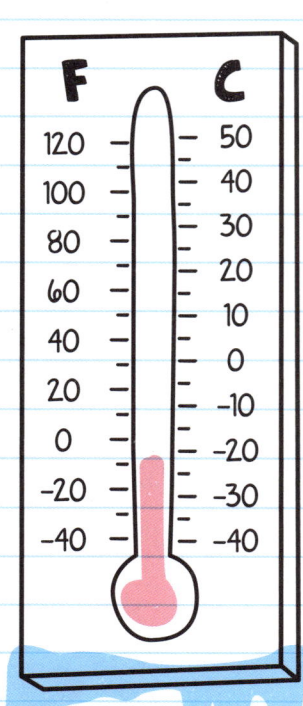

EXEMPLO: Qual é o simétrico de 8?

−8

EXEMPLO: João toma emprestados R$ 2 do amigo José. Represente a quantia que João deve a José por um número inteiro.

−2

De acordo com a **PROPRIEDADE DO NEGATIVO DO NEGATIVO**, o negativo do negativo de um número é o próprio número!

EXEMPLO: Qual é o negativo do negativo de −16?

O negativo de −16 é 16. O negativo de 16 é −16.

Logo, o negativo do negativo de −16 é −16 (que é igual ao número original).

VOCÊ DISSE QUE EU PODIA IR AO CINEMA!
EU DISSE?

BOM, VOCÊ **NÃO DISSE** QUE EU **NÃO PODIA** IR.
VOCÊ ESTÁ LEVANDO A PROPRIEDADE DO NEGATIVO DO NEGATIVO LONGE DEMAIS.

VERIFIQUE SEUS CONHECIMENTOS

Nas questões de **1** a **5**, escreva o número inteiro que representa cada quantidade.

1. Um submarino está 60 metros abaixo do nível do mar.

2. Um helicóptero está 160 metros acima do heliponto.

3. A temperatura é 4 graus abaixo de zero.

4. Gabriela deve 68 reais à amiga Maria.

5. Maria tem R$ 5 000 na poupança.

6. Mostre a posição do simétrico de 2 na reta numérica.

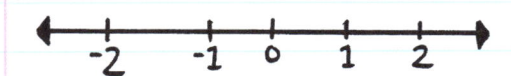

```
←——|——|——|——|——|——→
   -2  -1  0  1  2
```

7. Qual é o oposto de –100?

8. Desenhe uma reta numérica que vá de –3 a 3.

9. Qual é o negativo do negativo de 79?

10. Qual é o negativo do negativo de –47?

RESPOSTAS

CONFIRA AS RESPOSTAS

1. −60

2. +160 (ou 160)

3. −4

4. −68

5. +5 000 (ou 5 000)

6.
```
←——•——+——+——+——+——→
   -2  -1  0  1  2
```

7. 100

8.
```
←——+——+——+——+——+——+——+——→
   -3  -2  -1  0  1  2  3
```

9. 79

10. −47

Capítulo 3
MÓDULO OU VALOR ABSOLUTO

O **MÓDULO** ou **VALOR ABSOLUTO** de um número é a distância entre o número e o zero na reta numérica. Além disso, ele é sempre positivo e não tem sinal. Para indicar que se trata do valor absoluto, colocamos o número entre duas barras verticais.

EXEMPLO: $|-4|$

A expressão $|-4|$ é lida como "valor absoluto de -4". Como -4 está a 4 espaços de distância do zero na reta numérica, o valor absoluto de -4 é 4.

EXEMPLO: $|9|$

A expressão $|9|$ é lida como "valor absoluto de 9". Como 9 está a 9 espaços de distância do zero na reta numérica, o valor absoluto de 9 é 9.

4 ESPAÇOS   9 ESPAÇOS

−9 −8 −7 −6 −5 −4 −3 −2 −1 0 1 2 3 4 5 6 7 8 9

Como as barras de valor absoluto também são símbolos de agrupamento, é preciso executar todas as operações que estão no interior das barras antes de calcular o valor absoluto.

EXEMPLO: $|5-3| = |2| = 2$

Às vezes existe um sinal de mais ou de menos na frente da primeira barra de valor absoluto. Nesse caso, a regra é a seguinte: primeiro calcule o valor absoluto do que está do lado de dentro das barras, depois aplique o símbolo que está do lado de fora.

EXEMPLO: $-|6| = -6$

(O valor absoluto de 6 é 6. Aplicando ao valor absoluto o sinal negativo que está do lado de fora das barras, obtemos a resposta: -6.)

ISSO MUDA TUDO!

EXEMPLO: $-|-16| = -16$

(O valor absoluto de -16 é 16. Aplicando ao valor absoluto o sinal negativo que está do lado de fora das barras, obtemos a resposta: -16.)

Um número antes da primeira barra de valor absoluto deve ser multiplicado pelo resultado da operação de valor absoluto, como acontece quando uma operação está entre parênteses.

EXEMPLO: $2|-4|$ (O valor absoluto de -4 é 4.)

$2 \cdot 4 = 8$ (Depois de obter o valor absoluto do que está do lado de dentro das barras de valor absoluto, é só executar a multiplicação.)

A multiplicação pode ser representada de várias formas além de •.
Todos os símbolos a seguir representam multiplicação:

$2 \times 4 = 8$
$2 \cdot 4 = 8$
$(2)(4) = 8$
$2(4) = 8$

Uma **VARIÁVEL** pode ser precedida por outra variável ou por um número para indicar multiplicação, como nos exemplos abaixo:

$ab = 8$
$3x = 15$

VARIÁVEL: uma letra ou símbolo usado no lugar de uma grandeza cujo valor ainda não é conhecido.

EU ♡ inteiros

VERIFIQUE SEUS CONHECIMENTOS

Calcule o valor de **1** a **8**:

1. $|-19|$

2. $|49|$

3. $|-4,5|$

4. $\left|-\frac{1}{5}\right|$

5. $|7-3|$

6. $|1 \cdot 5|$

7. $-|65|$

8. $-|-9|$

9. Joana tem um déficit no seu orçamento de −R$ 226. Qual é o valor absoluto do déficit?

10. Um vale fica 29 metros abaixo do nível do mar. Qual é o valor absoluto da diferença de altitude entre o vale e o nível do mar?

RESPOSTAS

CONFIRA AS RESPOSTAS

1. 19

2. 49

3. 4,5

4. $\dfrac{1}{5}$

5. 4

6. 5

7. −65

8. −9

9. 226

10. 29

Capítulo 4
DIVISORES E MÁXIMO DIVISOR COMUM

DIVISORES são números inteiros que, multiplicados entre si, dão como resultado outro número inteiro.

EXEMPLO: Quais são os divisores de 6?

2 e 3 são divisores de 6, porque 2 · 3 = 6.
1 e 6 também são divisores de 6 porque 1 · 6 = 6.

Portanto, os divisores de 6 são: 1, 2, 3 e 6.

Para descobrir os divisores de um número, você deve se perguntar: "Que números devem ser multiplicados para que eu possa obter esse número?"

> ESTOU EM TODA PARTE!

Todo número maior que 1 tem pelo menos dois divisores, porque todo número pode ser dividido por 1 e por si mesmo!

EXEMPLO: Quais são os divisores de 10?
(Dica: "Que números devem ser multiplicados entre si para obter 10?")

1 • 10
2 • 5

Os divisores de 10 são 1, 2, 5 e 10.

> Embora 5 • 2 também seja igual a 10, como esses números já foram citados, não precisamos citá-los de novo.

EXEMPLO: Emílio precisa organizar cadeiras em filas para uma reunião do clube de teatro da escola. São esperados 30 alunos. De quantas maneiras diferentes Emílio pode dispor as cadeiras para que cada fila tenha o mesmo número de cadeiras?

1 fila de 30 cadeiras
2 filas de 15 cadeiras
3 filas de 10 cadeiras
5 filas de 6 cadeiras
6 filas de 5 cadeiras
10 filas de 3 cadeiras
15 filas de 2 cadeiras
30 filas de 1 cadeira

> ISSO É O MESMO QUE DIZER: "ENCONTRE O NÚMERO DE DIVISORES DE 30."

Os divisores de 30 são 1, 2, 3, 5, 6, 10, 15 e 30. Existem, portanto, oito modos diferentes de dispor as cadeiras.

Existem alguns truques para descobrir os divisores de um número inteiro.

⭐ Um número inteiro só é divisível por 2 quando termina em um algarismo par.
EXEMPLO: 10, 92, 44, 26 e 8 são divisíveis por 2 porque terminam em um algarismo par.

⭐ Um número inteiro só é divisível por 3 quando a soma dos algarismos é divisível por 3.
EXEMPLO: 42 é divisível por 3 porque 4 + 2 = 6 e 6 é divisível por 3.

⭐ Um número inteiro é divisível por 5 quando o último algarismo é 0 ou 5.
EXEMPLO: 10, 65 e 2320 são divisíveis por 5 porque o último algarismo é 0 ou 5.

⭐ Um número inteiro só é divisível por 9 quando a soma dos algarismos é divisível por 9.
EXEMPLO: 297 é divisível por 9 porque 2 + 9 + 7 = 18 e 18 é divisível por 9.

⭐ Um número inteiro só é divisível por 10 quando o último algarismo é 0.
EXEMPLO: 50, 110 e 31330 são divisíveis por 10 porque o último algarismo é 0.

Números primos

NÚMERO PRIMO é um número que possui apenas dois divisores: o próprio número e 1. Exemplos de números primos: 2, 3, 7 e 13.

> 2 É TAMBÉM O ÚNICO NÚMERO PRIMO QUE É PAR.

Divisores comuns

Quando um número é divisor de dois (ou mais) números, ele é chamado de DIVISOR COMUM.

EXEMPLO: Quais são os divisores comuns de 12 e 18?

Os divisores de 12 são 1, 2, 3, 4, 6 e 12.
Os divisores de 18 são 1, 2, 3, 6, 9 e 18.
Os divisores comuns de 12 e 18 (divisores que 12 e 18 têm em comum) são 1, 2, 3 e 6.

O maior divisor que os números partilham é chamado de **MÁXIMO DIVISOR COMUM** ou **MDC**. O MDC de 12 e 18 é 6.

EXEMPLO: Qual é o MDC de 4 e 10?

Os divisores de 4 são 1, 2 e 4.
Os divisores de 10 são 1, 2, 5 e 10.

Portanto, o MDC de 4 e 10 é 2.

ESSA HISTÓRIA DE SER PAR E PRIMO AO MESMO TEMPO SUBIU À CABEÇA DELE...

EXEMPLO: Qual é o MDC de 18 e 72?

Os divisores de 18 são 1, 2, 3, 6, 9 e 18.
Os divisores de 72 são 1, 2, 3, 4, 6, 8, 9, 12, 18, 24, 36 e 72.

18 é o MDC de 18 e 72.

QUERO VER, SABIDÃO, SE ACHA UM DIVISOR **DISTO AQUI**!!
611 219 398
ARGH!
6112
398
RASG!

VERIFIQUE SEUS CONHECIMENTOS

1. Quais são os divisores de 12?

2. Quais são os divisores de 60?

3. 348 é divisível por 2?

4. 786 é divisível por 3?

5. 936 é divisível por 9?

6. 3 645 211 é divisível por 10?

7. Descubra o máximo divisor comum de 6 e 20.

8. Descubra o máximo divisor comum de 33 e 74.

9. Descubra o máximo divisor comum de 24 e 96.

10. Sara tem 8 canetas vermelhas e 20 canetas amarelas. Ela quer dividir as canetas em grupos de tal forma que o número de canetas vermelhas e amarelas seja igual em cada grupo e não sobre nenhuma caneta. Qual é o maior número de grupos que ela pode criar?

RESPOSTAS

CONFIRA AS RESPOSTAS

1. 1, 2, 3, 4, 6 e 12.

2. 1, 2, 3, 4, 5, 6, 10, 12, 15, 20, 30 e 60.

3. Sim, porque 348 termina em um algarismo par.

4. Sim, porque 7+8+6=21 e 21 é divisível por 3.

5. Sim, porque 9+3+6=18 e 18 é divisível por 9.

6. Não, porque o último algarismo não é 0.

7. 2

8. 1

9. 24

10. 4 grupos (cada grupo tem 2 canetas vermelhas e 5 canetas amarelas).

Capítulo 5

MÚLTIPLOS E MÍNIMO MÚLTIPLO COMUM

Quando multiplicamos um número por um número natural não nulo (qualquer número inteiro positivo, exceto o 0), o produto é um **MÚLTIPLO** desse número. Todo número possui um número infinito de múltiplos.

EXEMPLO: Quais são os múltiplos de 4?

4 • 1 = 4
4 • 2 = 8
4 • 3 = 12
4 • 4 = 16
e assim por diante!

Os múltiplos de 4 são 4, 8, 12, 16...

Todos os números que são múltiplos de dois (ou mais) números ao mesmo tempo são chamados de **MÚLTIPLOS COMUNS**.

EXEMPLO: Quais são os múltiplos de 2 e 5?
Os múltiplos de 2 são 2, 4, 6, 8, 10, 12, 14, 16, 18, 20…
Os múltiplos de 5 são 5, 10, 15, 20…

Até o número 20, 2 e 5 possuem os múltiplos 10 e 20 em comum.

Qual é o menor múltiplo que 2 e 5 possuem em comum? O menor múltiplo é 10. Chamamos esse valor de **MÍNIMO MÚLTIPLO COMUM** ou **MMC**.

Para descobrir o MMC de dois ou mais números, faça uma lista dos múltiplos de cada número em ordem crescente até encontrar o primeiro múltiplo que os números têm em comum.

EXEMPLO: Determine o MMC de 9 e 11.
Os múltiplos de 9 são 9, 18, 27, 36, 45, 54, 63, 72, 81, 99, 108…
Os múltiplos de 11 são 11, 22, 33, 44, 55, 66, 77, 88, 99, 110…

Como 99 é o primeiro múltiplo que 9 e 11 têm em comum, o MMC de 9 e 11 é 99.

Às vezes é mais fácil começar pelo número maior. Em vez de fazer uma lista de todos os múltiplos de 9, comece pelos múltiplos de 11 e se pergunte, depois de calcular cada múltiplo: "Este número é divisível por 9?"

EXEMPLO: Susana se inscreveu para trabalhar como voluntária no abrigo de animais de 6 em 6 dias. Luísa se inscreveu para trabalhar como voluntária no abrigo de 5 em 5 dias. Se as duas começaram a trabalhar no mesmo dia, quantos dias depois elas voltarão a trabalhar juntas?

> É O MESMO QUE DIZER "ENCONTRE O MMC DE 5 E 6".

Susana trabalha 6 dias depois, assim como 12, 18, 24 e 30.

Como 30 é o primeiro número divisível por 5, o MMC é 30.

Ou seja, Susana e Luísa trabalharão juntas 30 dias depois!

VERIFIQUE SEUS CONHECIMENTOS

1. Faça uma lista com os primeiros cinco múltiplos de 3.

2. Faça uma lista com os primeiros cinco múltiplos de 12.

3. Encontre o MMC de 5 e 7.

4. Encontre o MMC de 10 e 11.

5. Encontre o MMC de 4 e 6.

6. Encontre o MMC de 12 e 15.

7. Encontre o MMC de 18 e 36.

8. Carlos vai à academia de ginástica de 3 em 3 dias. Diogo vai à academia de ginástica de 4 em 4 dias. Se eles forem juntos à academia pela primeira vez, quantos dias depois eles vão se encontrar novamente?

9. Beta e Jane têm o mesmo número de moedas. Beta organiza suas moedas em pilhas de 6 e não sobra nenhuma moeda. Jane organiza suas moedas em pilhas de 8 e não sobra nenhuma moeda. Qual é o menor número possível de moedas que cada uma delas tem?

CONFIRA AS RESPOSTAS

1. 3, 6, 9, 12, 15

2. 12, 24, 36, 48, 60

3. 35

4. 110

5. 12

6. 60

7. 36

8. 12 dias depois.

9. 24 moedas.

Capítulo 6

INTRODUÇÃO ÀS FRAÇÕES: TIPOS DE FRAÇÕES, ADIÇÃO E SUBTRAÇÃO DE FRAÇÕES

INTRODUÇÃO às FRAÇÕES

Frações são números que representam uma parte de um todo. Uma barra é usada para separar a parte do todo:

$$\frac{\text{PARTE}}{\text{TODO}}$$

A "parte" é chamada de **NUMERADOR** e o "todo", de **DENOMINADOR**.

Suponha, por exemplo, que você divida uma pizza em 6 pedaços e coma 5 desses pedaços. A "parte" que você comeu é 5 e o "todo" inicial é 6. Isso quer dizer que você comeu $\frac{5}{6}$ da pizza.

Se 3 pessoas dividem uma pizza em 8 pedaços, cada pessoa fica com 2 pedaços e sobram 2 pedaços. Esses 2 pedaços que sobraram são o **RESTO**.

RESTO
parte, quantidade ou número que sobra de uma divisão.

Existem 3 tipos de frações:

1. Frações próprias: o numerador é menor que o denominador.

EXEMPLOS: $\dfrac{5}{6}$, $\dfrac{2}{3}$, $\dfrac{1}{1000}$, $-\dfrac{4}{27}$

2. Frações impróprias: o numerador é maior ou igual ao denominador.

EXEMPLOS: $\dfrac{10}{3}$, $\dfrac{8}{8}$, $-\dfrac{25}{5}$

3. Números mistos: um número inteiro associado a uma fração.

EXEMPLOS: $2\dfrac{2}{3}$, $18\dfrac{1}{8}$, $-9\dfrac{5}{7}$

CONVERSÃO de NÚMEROS MISTOS e FRAÇÕES IMPRÓPRIAS

Importante! Para CONVERTER UM NÚMERO MISTO EM UMA FRAÇÃO IMPRÓPRIA, multiplique pelo denominador antes de somar ao numerador.

EXEMPLO: Para converter o número misto $3\frac{1}{5}$ em uma fração imprópria, primeiro calcule $3 \cdot 5 = 15$ e, em seguida, some 1 para obter a fração imprópria $\frac{16}{5}$.

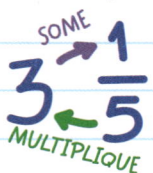

$$3\frac{1}{5}$$

SOME 1
MULTIPLIQUE 5

Para CONVERTER UMA FRAÇÃO IMPRÓPRIA EM UM NÚMERO MISTO, divida o numerador pelo denominador. Pergunte a si mesmo: "Quantas vezes o denominador cabe dentro do numerador? Qual é o resto?"

EXEMPLO: para converter a fração imprópria $\frac{23}{8}$ em um número misto, calculamos:

$23 \div 8 = 2\ R7$, de modo que o número misto é $2\frac{7}{8}$.

"R" É O RESTO.

SIMPLIFICANDO FRAÇÕES

Às vezes o numerador e o denominador têm divisores comuns. Você pode **SIMPLIFICÁ-LOS** dividindo o numerador e o denominador pelo máximo divisor comum (MDC). Isso é chamado de "**REDUÇÃO**", "**SIMPLIFICAÇÃO**" ou "**CANCELAMENTO**". O nome pouco importa, é um atalho!

EXEMPLO: $\frac{6}{10}$ pode ser simplificado para $\frac{3}{5}$, pois 2 é o MDC de 6 e 10.

$$\frac{6}{10} = \frac{6 \div 2}{10 \div 2} = \frac{3}{5}$$

EXEMPLO: $\frac{20}{8}$ pode ser simplificado para $\frac{5}{2}$ porque o MDC de 20 e 8 é 4.

$$\frac{20}{8} = \frac{20 \div 4}{8 \div 4} = \frac{5}{2}$$

> A maioria dos professores exige que você simplifique as respostas, então é melhor ir se acostumando!

SOMA de FRAÇÕES

Para somar frações, é preciso que os denominadores sejam iguais.

EXEMPLO: $\frac{1}{5} + \frac{3}{5} = \frac{4}{5}$

Nas somas de frações, o denominador não muda e os numeradores são somados. Suponha, por exemplo, que você tem duas barras de chocolate iguais e divide cada uma em 5 pedaços. Você dá ao seu irmão menor 1 pedaço da primeira barra de chocolate e dá à sua irmã 2 pedaços da segunda barra. Que fração de uma barra inteira você deu aos seus irmãos?

Você deu 1 dos 5 pedaços da primeira barra ao seu irmão = $\frac{1}{5}$

Você deu 2 dos 5 pedaços da segunda barra à sua irmã = $\frac{2}{5}$

Agora é só fazer a soma: $\frac{1}{5} + \frac{2}{5} = \frac{3}{5}$ (O denominador não muda e os numeradores são somados.)

DENOMINADOR IRADO!

TUDO EM CIMA!

Como as duas barras de chocolate têm o mesmo tamanho e foram divididas no mesmo número de pedaços, você conserva o denominador 5 e soma os numeradores para obter a resposta, $\frac{3}{5}$.

VOCÊ PODE SE LEMBRAR COM ESTES VERSOS:
Denominador igual, assim é muito mais legal!
Some em cima, simplifique e vai ficar uma obra-prima!

A MATEMÁTICA É DELICIOSA.

SUBTRAÇÃO de FRAÇÕES

A mesma ideia se aplica à subtração: para subtrair frações, é preciso que os denominadores sejam iguais.

EXEMPLO: $\dfrac{8}{9} - \dfrac{7}{9} = \dfrac{1}{9}$ (O denominador não muda e você subtrai os numeradores.)

SOMA e SUBTRAÇÃO de FRAÇÕES com DENOMINADORES DIFERENTES

Para somar ou subtrair frações com denominadores diferentes, é preciso torná-los iguais! Para isso, basta calcular o MMC dos denominadores.

Como somar ou subtrair frações com denominadores diferentes:

1. Encontre o **MÍNIMO MÚLTIPLO COMUM (MMC)** dos dois denominadores.

EXEMPLO: $\dfrac{2}{5} + \dfrac{1}{4}$

O MMC de 5 e 4 é 20.

2. Converta os numeradores para que a fração permaneça com o mesmo valor.

$$\frac{2 \cdot 4}{5 \cdot 4} = \frac{8}{20}$$ (5 • 4 é igual a 20. Portanto, você também precisa multiplicar o numerador por 4 para que o valor da fração não mude.)

$$\frac{1 \cdot 5}{4 \cdot 5} = \frac{5}{20}$$ (4 • 5 é igual a 20. Portanto, você também precisa multiplicar o numerador por 5 para converter o numerador.)

3. Some ou subtraia e simplifique, se possível.

$$\frac{2}{5} + \frac{1}{4} = \frac{8}{20} + \frac{5}{20} = \frac{13}{20}$$

EXEMPLO: $\frac{4}{7} - \frac{1}{3}$

O MMC de 7 e 3 é 21.

$$\frac{4 \cdot 3}{7 \cdot 3} = \frac{12}{21}$$

$$\frac{1 \cdot 7}{3 \cdot 7} = \frac{7}{21}$$

$$\frac{4}{7} - \frac{1}{3} = \frac{12}{21} - \frac{7}{21} = \frac{5}{21}$$

VERIFIQUE SEUS CONHECIMENTOS

Faça as operações indicadas e simplifique a resposta, se for possível.

1. $\dfrac{1}{8} + \dfrac{2}{8}$
2. $\dfrac{7}{11} - \dfrac{4}{11}$
3. $\dfrac{3}{5} + \dfrac{3}{5}$
4. $\dfrac{9}{10} - \dfrac{4}{10}$
5. $\dfrac{13}{15} - \dfrac{4}{15}$
6. $\dfrac{3}{5} - \dfrac{1}{2}$
7. $\dfrac{4}{5} - \dfrac{1}{10}$
8. $\dfrac{8}{9} - \dfrac{3}{6}$
9. $\dfrac{1}{2} - \dfrac{3}{8}$
10. $\dfrac{5}{6} - \dfrac{3}{8}$

RESPOSTAS

CONFIRA AS RESPOSTAS

1. $\dfrac{3}{8}$

2. $\dfrac{3}{11}$

3. $\dfrac{6}{5} = 1\dfrac{1}{5}$

4. $\dfrac{5}{10} = \dfrac{1}{2}$

5. $\dfrac{9}{15} = \dfrac{3}{5}$

6. $\dfrac{1}{10}$

7. $\dfrac{7}{10}$

8. $\dfrac{7}{18}$

9. $\dfrac{1}{8}$

10. $\dfrac{11}{24}$

Capítulo 7

MULTIPLICAÇÃO E DIVISÃO DE FRAÇÕES

MULTIPLICAÇÃO de FRAÇÕES

Na multiplicação de frações, diferentemente da adição e da subtração, os denominadores não precisam ser iguais. Para multiplicar frações, primeiro multiplique os numeradores. Depois, multiplique os denominadores e, se for possível, simplifique o resultado. É simples assim!

EXEMPLO: $\dfrac{3}{5} \cdot \dfrac{4}{7} = \dfrac{12}{35}$

Às vezes, ao multiplicar frações, você percebe que o numerador de uma das frações e o denominador da outra possuem divisores comuns. Você pode simplificá-los antes de multiplicar, da mesma forma como simplificamos o numerador e o denominador da mesma fração. Essa operação é chamada de **"SIMPLIFICAÇÃO CRUZADA"** ou **"CANCELAMENTO"**. O nome pouco importa; é um atalho!

EXEMPLO: $\dfrac{1}{\cancel{4}_{1}} \cdot \dfrac{\cancel{8}^{2}}{9} = \dfrac{2}{9}$ (O MDC de 8 e 4 é 4.)

EXEMPLO: Uma receita fala em $\frac{4}{5}$ de xícara de achocolatado, mas você quer preparar apenas metade da quantidade prevista na receita. Qual é a quantidade necessária de achocolatado?

$$\frac{\cancel{4}^{2}}{5} \cdot \frac{1}{\cancel{2}_{1}} = \frac{2}{5}$$

DIVISÃO de FRAÇÕES

Para dividir frações, siga estes passos:

1. Inverta a segunda fração, transformando-a em uma fração **INVERSA**.

2. Mude o sinal de divisão para multiplicação.

3. Execute a multiplicação.

EXEMPLO: $\frac{3}{5} \div \frac{8}{9} = \frac{3}{5} \cdot \frac{9}{8} = \frac{27}{40}$

> O **INVERSO** de um número é outro número que, ao ser multiplicado pelo primeiro, terá como produto o valor de **1**. Simplificando: uma grandeza multiplicada pelo inverso é sempre igual a **1**.
>
> $$\frac{8}{1} \cdot \frac{1}{8} = 1$$
>
> $$\frac{2}{3} \cdot \frac{3}{2} = 1$$
>
> Para obter a fração inversa, basta virar a fração de cabeça para baixo.

Não esqueça que, para multiplicar ou dividir números mistos, é preciso primeiro convertê-los em frações impróprias!

EXEMPLO: $2\frac{1}{3} \div 1\frac{1}{4}$

$$\frac{7}{3} \div \frac{5}{4} = \frac{7}{3} \cdot \frac{4}{5} = \frac{28}{15} = 1\frac{13}{15}$$

VERIFIQUE SEUS CONHECIMENTOS

1. $\dfrac{3}{4} \cdot \dfrac{1}{2}$

2. $\dfrac{7}{10} \cdot 1\dfrac{1}{3}$

3. $\dfrac{4}{5} \cdot \dfrac{1}{8}$

4. Uma máquina bombeia $16\dfrac{1}{2}$ litros de água por hora. Quantos litros de água ela bombeia em um intervalo de $2\dfrac{2}{3}$ horas?

5. Bruno corre $\dfrac{4}{5}$ quilômetro por minuto. Quantos quilômetros ele percorre em $6\dfrac{1}{8}$ minutos?

6. $\dfrac{5}{7} \div \dfrac{1}{2}$

7. $\dfrac{7}{8} \div \dfrac{2}{9}$

8. $9\dfrac{1}{2} \div 3\dfrac{1}{5}$

9. Quantos copos de $\dfrac{1}{5}$ litro de água cabem em uma jarra de $1\dfrac{1}{2}$ litro?

10. Quantos quilogramas de chocolate cada pessoa vai receber se 3 pessoas dividirem igualmente $\dfrac{4}{5}$ quilograma de chocolate?

RESPOSTAS

CONFIRA AS RESPOSTAS

1. $\dfrac{3}{8}$

2. $\dfrac{14}{15}$

3. $\dfrac{1}{10}$

4. 44 litros

5. $\dfrac{49}{10}$ quilômetros ou $4\dfrac{9}{10}$ quilômetros

6. $\dfrac{10}{7}$ ou $1\dfrac{3}{7}$

7. $\dfrac{63}{16}$ ou $3\dfrac{15}{16}$

8. $\dfrac{95}{32}$ ou $2\dfrac{31}{32}$

9. $\dfrac{15}{2}$ copos ou $7\dfrac{1}{2}$ copos

10. $\dfrac{4}{15}$ quilograma

Capítulo 8

ADIÇÃO E SUBTRAÇÃO DE NÚMEROS DECIMAIS

Ao adicionar e subtrair números decimais, não se esqueça de alinhar as vírgulas que separam as partes inteiras das partes decimais antes de realizar a operação. Os algarismos à esquerda da vírgula (como as unidades, dezenas e centenas) devem estar alinhados. Da mesma forma, os algarismos à direita da vírgula (como os décimos, centésimos e milésimos) também precisam estar alinhados. Só assim é possível executar a operação e manter a vírgula no mesmo lugar no resultado.

EXEMPLO: Calcule a soma de 6,45 e 23,34.

$$\begin{array}{r} 6{,}45 \\ +\,23{,}34 \\ \hline 29{,}79 \end{array}$$

Na hora de somar um número inteiro e um número decimal, é aconselhável acrescentar uma vírgula decimal à direita do número inteiro e um número de zeros igual à quantidade de algarismos decimais do outro número.

EXEMPLO: Calcule a soma de 5 e 3,55.

$$\begin{array}{r} 3{,}55 \\ +\,5{,}00 \\ \hline 8{,}55 \end{array}$$

(5 é transformado em 5,00.)

> Ao somar quantias em dinheiro, tudo que está à esquerda da vírgula decimal representa reais e tudo que está à direita representa centavos.

Faça o mesmo para a subtração: alinhe as vírgulas decimais dos dois números (complete com zeros, se necessário), execute a subtração e mantenha a vírgula decimal do resultado na mesma posição.

EXEMPLO: Calcule a diferença entre R$ 14,52 e R$ 2,40.

$$\begin{array}{r} \text{R\$ } 14{,}52 \\ -\,\text{R\$ } 2{,}40 \\ \hline \text{R\$ } 12{,}12 \end{array}$$

VERIFIQUE SEUS CONHECIMENTOS

1. R$ 5,89 + R$ 9,23

2. 18,1876 + 4,3215

3. 6 + 84,32

4. 1234,56 + 8 453,234

5. 8,573 + 2,2 + 17,01

6. R$ 67,85 - R$ 25,15

7. 100 - 6,781

8. 99,09 - 98,29

9. 14 327,81 - 2,6382

10. Júlio vai a um shopping com R$ 480,00. Gasta R$ 218,68 em roupas, R$ 53,96 em artigos escolares e R$ 32,56 no almoço. Quanto sobra?

RESPOSTAS

CONFIRA AS RESPOSTAS

1. R$ 15,12

2. 22,5091

3. 90,32

4. 9 687,794

5. 27,783

6. R$ 42,70

7. 93,219

8. 0,8

9. 14 325,1718

10. R$ 174,80

Capítulo 9
MULTIPLICAÇÃO DE NÚMEROS DECIMAIS

Quando você estiver multiplicando números decimais, não precisa se preocupar com a vírgula, a não ser no final.

Para multiplicar números decimais:

1. Multiplique os números como se fossem inteiros.

2. Coloque a vírgula apenas na hora da resposta. A quantidade de casas decimais da resposta é igual à soma da quantidade de algarismos à direita da vírgula dos fatores.

INTEIROS QUE VOCÊ ESTÁ MULTIPLICANDO.

EXEMPLO: 4,24 • 2,1

```
    4,24
  × 2,1
  ──────
    424
+ 848
  ──────
   8904
```

VOCÊ NÃO PRECISA ALINHAR AS VÍRGULAS DOS FATORES!

Como a quantidade total de casas decimais em 4,24 e 2,1 é 3, a resposta é 8,904.

Veja este outro exemplo:

EXEMPLO: Bernardo corre a 1,2 quilômetro por minuto. Se ele correr durante 5,8 minutos, que distância vai percorrer?

```
    1,2
  × 5,8
  ─────
     96
+   60
  ─────
    696
```

Como a soma da quantidade de casas decimais de 1,2 e 5,8 é 2, a resposta é 6,96 quilômetros.

Na hora de contar as casas decimais, não inclua os zeros que ficam no final da parte decimal.

0,30 ← NÃO DEVE SER CONTADO

0,30 = 0,3 (apenas 1 casa decimal)

VERIFIQUE SEUS CONHECIMENTOS

1. 5,6 · 6,41

2. (3,55) (4,82)

3. 0,350 · 0,40

4. (9,8710) (3,44)

5. (1,003) (2,4)

6. 310 · 0,0002

7. 0,003 · 0,015

8. Um tecido custa R$ 7,60 o metro. Lauro comprou 5,5 metros de tecido. Quanto ele pagou?

9. Cada centímetro de um mapa representa 3,2 metros. Quantos metros 5,04 centímetros representam?

10. Um litro de gasolina custa R$ 7,16. Roberto colocou 13,5 litros de gasolina no tanque do carro. Quanto ele pagou?

RESPOSTAS

CONFIRA AS RESPOSTAS

1. 35,896

2. 17,111

3. 0,14

4. 33,95624

5. 2,4072

6. 0,062

7. 0,000045

8. R$ 41,80

9. 16,128 metros

10. R$ 96,66

Capítulo 10
DIVISÃO DE NÚMEROS DECIMAIS

Para dividir números decimais, é mais fácil transformá-los primeiro em números inteiros. Para isso, basta multiplicar o **DIVIDENDO** e o **DIVISOR** pela menor potência de 10 que transforme os dois números em inteiros. Como os números novos são proporcionais aos números originais, o resultado da divisão não mudará! *— AUMENTAM NA MESMA PROPORÇÃO!*

EXEMPLO: $2,5 \div 0,05 = (2,5 \cdot 100) \div (0,05 \cdot 100)$
$= 250 \div 5 = 50$

O **DIVIDENDO** é o número que está sendo dividido.
O **DIVISOR** é o número pelo qual o dividendo é dividido.
O resultado de uma divisão é chamado de **QUOCIENTE**.

$$\frac{dividendo}{divisor} = quociente \quad \text{OU} \quad dividendo \div divisor = quociente$$

OU dividendo | divisor
             | quociente

Os dois números decimais foram multiplicados por 100 porque era necessário deslocar a vírgula duas casas decimais para a direita para transformar o dividendo e o divisor em números inteiros. Sempre que você multiplica um número decimal por 10, a vírgula decimal é deslocada uma casa para a direita!

Vamos ver mais um exemplo:

EXEMPLO: Um carro percorreu $226,8$ quilômetros em $2,7$ horas. Qual foi a velocidade média do carro?

$$\frac{226,8}{2,7} = \frac{226,8 \cdot 10}{2,7 \cdot 10} = \frac{2\,268}{27} = 84 \text{ quilômetros/hora}$$

DICA: VELOCIDADE MÉDIA = $\dfrac{\text{DISTÂNCIA}}{\text{TEMPO}}$

Não se confunda ao deparar com divisões de números decimais deste tipo:

$$226,8 \,|\underline{2,7}$$

Para dividir, faça o seguinte: multiplique os dois números por 10 para que se tornem inteiros.

$$226,8\,|\underline{2,7} = 2\,268\,|\underline{27}$$
$$\times 10 \quad \times 10 \qquad \textbf{84 quilômetros}$$

VERIFIQUE SEUS CONHECIMENTOS

1. 7,5 ÷ 2,5

2. 18,4 ÷ 4,6

3. 102,84 ÷ 0,2

4. 1250 ÷ 0,05

5. $\dfrac{3,98}{0,4}$

6. $\dfrac{0,27}{0,4}$

7. $\dfrac{1,5}{3,75}$

8. $\dfrac{1,054}{0,02}$

9. Uma máquina bombeia 31,6 litros de água a cada 3,2 minutos. Quantos litros a máquina bombeia por minuto?

10. Guilherme dá 45,6 voltas na piscina em 2,85 horas. Quantas voltas ele dá por hora?

RESPOSTAS

CONFIRA AS RESPOSTAS

1. 3

2. 4

3. 514,2

4. 25 000

5. 9,95

6. 0,675

7. 0,4

8. 52,7

9. 9,875 litros por minuto

10. 16 voltas

Capítulo 11
SOMA DE NÚMEROS POSITIVOS E NEGATIVOS

Para somar números positivos e negativos, você pode usar uma reta numérica ou o valor absoluto.

TÉCNICA #1:
USANDO uma RETA NUMÉRICA

Desenhe uma reta numérica e comece no **ZERO**.

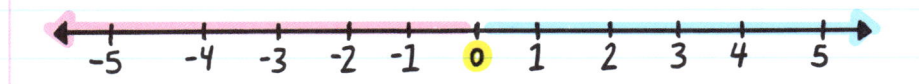

‎<--|----|----|----|----|----|----|----|----|----|----|-->
  -5 -4 -3 -2 -1   0   1   2   3   4   5

Se o número for **NEGATIVO** (−), ande para a esquerda uma quantidade de espaços igual ao número dado.

Se o número for **POSITIVO** (+), ande para a direita uma quantidade de espaços igual ao número dado.

O lugar onde você para é a resposta!

EXEMPLO: −5 + 4

Comece no zero. Como −5 é negativo, ande 5 espaços para a esquerda.

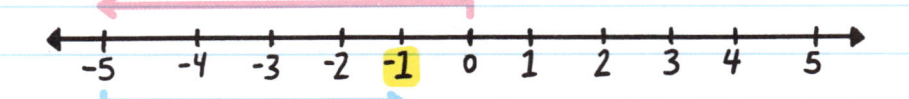

```
←—————————————————
  -5  -4  -3  -2  -1   0   1   2   3   4   5
          —————————→
```

Como 4 é positivo, ande 4 espaços para a direita. Onde você parou?

−1 é a resposta correta!

EXEMPLO: −1 + (−2)

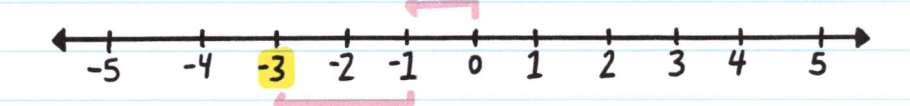

```
  -5  -4  -3  -2  -1   0   1   2   3   4   5
```

Comece no zero. Ande 1 espaço para a esquerda. Em seguida, ande mais 2 espaços para a esquerda. Onde você parou? −3

> A soma de um número com seu negativo é sempre igual a zero. Por exemplo: 4 + (−4) = 0. O raciocínio é simples: se você dá quatro passos para a frente e quatro passos para trás, termina exatamente onde começou.

TÉCNICA #2:
USANDO o VALOR ABSOLUTO

Se precisar somar números maiores, provavelmente não vai querer desenhar uma reta numérica. Nesse caso, observe os sinais e decida o que fazer:

> Se os sinais dos números que você está somando são todos positivos ou todos negativos, você pode somar os números e conservar o sinal.

EXEMPLO: $-1 + (-2)$

Como -1 e -2 são negativos, podemos somá-los e conservar o sinal para obter -3.

Mas o que fazer se os sinais dos números que você está somando são diferentes? Nesse caso, siga duas etapas simples. Primeiro, calcule a diferença entre os valores absolutos dos dois números. Depois, pergunte-se: qual dos dois números tem o maior valor absoluto? O resultado terá o sinal desse número.

> Para não se esquecer, guarde na memória os seguintes versos:
>
> *Mesmo sinal,
> tem que somar!
> Outro sinal, subtrair!
> Se o sinal do número
> maior você usar,
> a resposta vai atingir!*

EXEMPLO: −10 + 4

Como −10 e 4 possuem sinais diferentes, subtraia o valor absoluto, da seguinte forma: $|-10| - |4| = 10 - 4 = 6$

Como −10 possui o maior valor absoluto, a resposta será negativa: −6.

EXEMPLO: −35 + 100

−35 + 100 = 65 (Como os sinais são diferentes, temos que subtrair! O maior valor absoluto é +100, de modo que a resposta será positiva.)

EXEMPLO: A temperatura em Buenos Aires era de −2°C ao amanhecer. Ao meio-dia, tinha aumentado 5°C. Qual era a temperatura ao meio-dia? Use números inteiros para resolver.

−2 + 5 = 3

A temperatura ao meio-dia era de 3°C.

VERIFIQUE SEUS CONHECIMENTOS

1. −8 + 8

2. −22 + (−1)

3. −14 + 19

4. 28 + (−13)

5. −12 + 3 + (−8)

6. −54 + (−113)

7. −546 + 233

8. 1256 + (−4 450)

9. Está fazendo 15°C na rua à meia-noite. A temperatura do ar cai 5°C de madrugada e sobe 3°C quando o sol nasce. Qual é a temperatura depois que o sol nasce?

10. Denise deve R$ 25,00 à amiga Jéssica. Ela paga R$ 17,00 a Jéssica. Quanto Denise continua devendo?

RESPOSTAS

CONFIRA AS RESPOSTAS

1. 0

2. −23

3. 5

4. 15

5. −17

6. −167

7. −313

8. −3 194

9. 13ºC

10. Ela ainda deve R$ 8,00 (−R$ 8,00).

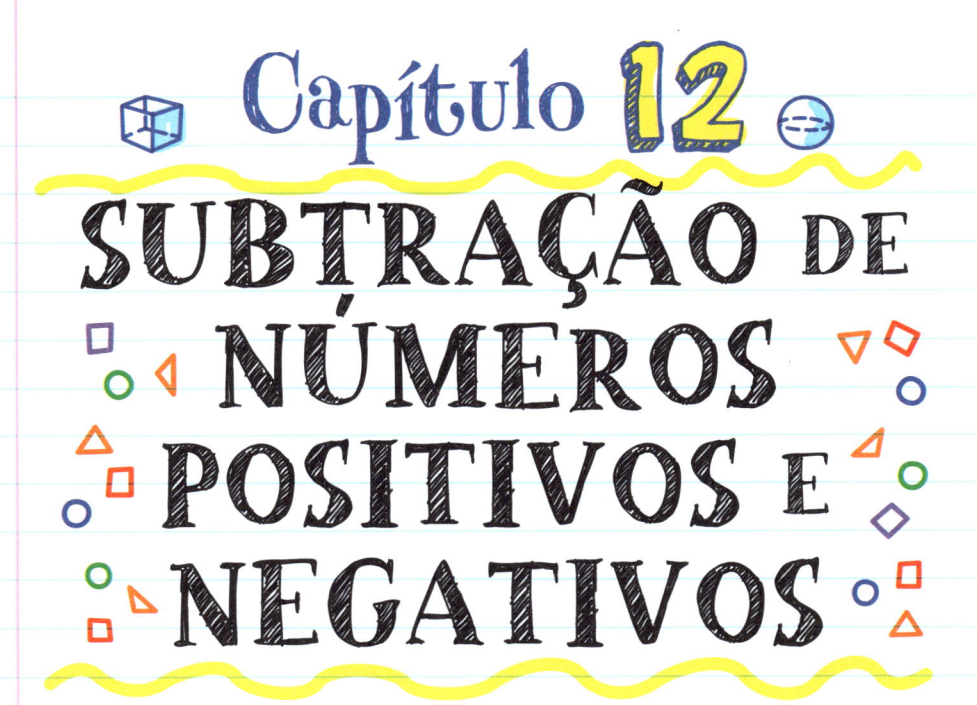

Capítulo 12
SUBTRAÇÃO DE NÚMEROS POSITIVOS E NEGATIVOS

A SEGUIR vamos aprender a subtrair números positivos e negativos. Já sabemos que a subtração e a adição são operações "opostas". Isso nos permite usar o seguinte atalho:

Transformar um problema de subtração em um problema de adição somando o número simétrico do número dado!

EXEMPLO: $7 - 10$

Como o número simétrico de 10 é -10, podemos transformar o problema proposto em um problema de adição da seguinte forma:
$7 - 10 = 7 + (-10)$

$7 + (-10) = -3$

EXEMPLO: $3 - (-1)$

O número simétrico de -1 é 1.
$3 - (-1) = 3 + 1 = 4$

$3 + 1 = 4$

EXEMPLO: Um pássaro está voando 42 metros acima do nível do mar. Um peixe está nadando 12 metros abaixo do nível do mar. Qual é a distância entre o pássaro e o peixe?

A altitude do pássaro é 42.
A altitude do peixe é -12.
Para obter a diferença, temos que executar uma subtração:
$42 - (-12) = 42 + 12 = 54$

Resposta: A distância entre eles é de 54 metros.

EXEMPLO: $-3 - 14 = -3 + (-14) = -17$

EXEMPLO: $-4 - (-9) + 8 = -4 + 9 + 8 = 13$

VERIFIQUE SEUS CONHECIMENTOS

1. $5 - (-3)$

2. $16 - (-6)$

3. $-3 - 9$

4. $-8 - 31$

5. $-14 - (-6)$

6. $-100 - (-101)$

7. $11 - 17$

8. $84 - 183$

9. $-12 - (-2) + 10$

10. A temperatura às 2 horas da tarde era de 27°C. Às 2 horas da madrugada a temperatura caiu para −4°C. Qual foi a variação de temperatura entre 2 horas da tarde e 2 horas da madrugada?

RESPOSTAS

CONFIRA AS RESPOSTAS

1. 8
2. 22
3. −12
4. −39
5. −8
6. 1
7. −6
8. −99
9. 0
10. 31°C

Capítulo 13

MULTIPLICAÇÃO E DIVISÃO DE NÚMEROS POSITIVOS E NEGATIVOS

Multiplique ou divida os números e conte o número de sinais negativos.

Se existe um **NÚMERO ÍMPAR** de números negativos, a resposta é **NEGATIVA**.

COMO EXISTEM 3 NÚMEROS NEGATIVOS, A RESPOSTA É NEGATIVA.

(+) • (−) = (−)
(−) ÷ (+) = (−)
(+) • (+) • (−) = (−)
(−) ÷ (−) ÷ (−) = (−)

Se existe um **NÚMERO PAR** de números negativos,

a resposta é **POSITIVA**.

COMO EXISTEM 2 NÚMEROS NEGATIVOS, A RESPOSTA É POSITIVA.

$(-) \cdot (-) = (+)$
$(-) \div (-) = (+)$
$(-) \cdot (+) \cdot (-) = (+)$

$(😠) \cdot (😆) = (😠)$

VOCÊ NUNCA VAI ME MUDAR.

...

DROGA!

EXEMPLOS:

$(-4)(-7) = 28$ (número par de números negativos)

$-11 \cdot 4 = -44$ (número ímpar de números negativos)

$\dfrac{-84}{-4} = 21$ (número par de números negativos)

$-2 \cdot 2 \cdot (-2) = 8$ (número par de números negativos)

VERIFIQUE SEUS CONHECIMENTOS

1. $(-2)(-8)$

2. $9 \cdot (-14)$

3. $-20 \cdot (-18)$

4. $100 \cdot (-12)$

5. João deixa cair uma pedra no mar. A pedra cai 5 centímetros por segundo. Quantos centímetros abaixo do nível do mar ela cai durante 6 segundos?

6. $66 \div (-3)$

7. $-119 \div (-119)$

8. $\dfrac{27}{-3}$

9. $\dfrac{-9}{3} \div (-1)$

10. Na semana passada o negócio de Sandro teve um prejuízo de R$ 126,00. Se ele perdeu a mesma quantia em cada um dos 7 dias da semana, quanto dinheiro ele perdeu em cada dia?

RESPOSTAS

CONFIRA AS RESPOSTAS

1. 16

2. −126

3. 360

4. −1200

5. 30 centímetros

6. −22

7. 1

8. −9

9. 3

10. Ele perdeu R$ 18,00 por dia (ou −R$ 18,00).

Capítulo 14

DESIGUALDADES

Desigualdade é uma expressão matemática usada para comparar números ou variáveis. Eis alguns exemplos:

> $a < b$ significa "a é menor que b".
> $a > b$ significa "a é maior que b".
> $a \neq b$ significa "a é diferente de b".

LADO ABERTO > LADO DO VÉRTICE
Ao usar um sinal de desigualdade para comparar duas grandezas, posicione o sinal entre os números com o lado "aberto" do lado da grandeza maior e o lado do "vértice" do lado da grandeza menor.

Você pode usar uma reta numérica para comparar valores. Quanto mais à esquerda na reta, menor será o valor; quanto mais à direita, maior será o valor. Qualquer número à esquerda de outro é menor que o outro número.

O MONSTRO DA MATEMÁTICA QUER SEMPRE COMER O MAIOR NÚMERO!

EXEMPLO: Compare -2 e 4.

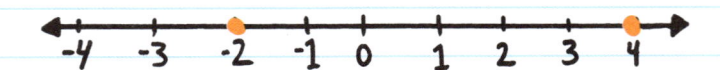

$$\xleftarrow{\quad|\quad|\quad\bullet\quad|\quad|\quad|\quad|\quad\bullet\quad}\rightarrow$$
$$-4\ -3\ -2\ -1\ \ 0\ \ 1\ \ 2\ \ 3\ \ 4$$

Como -2 está à esquerda de 4, podemos concluir que $-2 < 4$.

Podemos também inverter a expressão e dizer que $4 > -2$.

$-2 < 4$ é o mesmo que $4 > -2$.

> Lembre-se de que todos os números negativos são menores que zero e que todos os números positivos são maiores que zero e, por consequência, maiores que os números negativos.

> Para comparar frações, temos que reduzi-las ao mesmo denominador, como fazemos para somar e subtrair frações.

EXEMPLO: Compare $-\dfrac{1}{2}$ e $-\dfrac{1}{3}$.

O MMC de 2 e 3 é 6.

$$-\dfrac{1 \cdot 3}{2 \cdot 3} = -\dfrac{3}{6}$$

$$-\dfrac{1 \cdot 2}{3 \cdot 2} = -\dfrac{2}{6}$$

Compare $-\dfrac{3}{6}$ e $-\dfrac{2}{6}$.

$$-\dfrac{3}{6} < -\dfrac{2}{6}, \text{ logo } -\dfrac{1}{2} < -\dfrac{1}{3}$$

Existem mais dois importantes símbolos de desigualdade:

> $a \leq b$ significa "a é menor ou igual a b".
> $a \geq b$ significa "a é maior ou igual a b".

EXEMPLO: $x \leq 3$ significa que x é um número menor ou igual a 3.

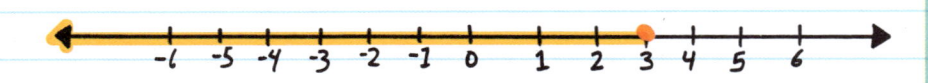

Ou seja, isso inclui o 3 e qualquer número à esquerda de 3 na reta numérica. O valor de x pode ser 3, 2, 1, 0, −1 e assim por diante. Por outro lado, x não pode ser 4, 5, 6 e assim por diante.

EXEMPLO: $x \geq -\dfrac{1}{2}$

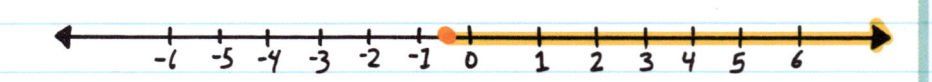

Ou seja, $-\dfrac{1}{2}$ e qualquer número à direita de $-\dfrac{1}{2}$ podem ser x. Ele pode ser 0, $\dfrac{1}{2}$, 1 e assim por diante, mas não pode ser −1, $-1\dfrac{1}{2}$ e assim por diante.

VERIFIQUE SEUS CONHECIMENTOS

1. Compare −12 e 8.

2. Compare −14 e −15.

3. Compare 0 e −8.

4. Compare 0,025 e 0,026.

5. Compare $\frac{2}{5}$ e $\frac{4}{5}$.

6. Compare $-\frac{2}{3}$ e $-\frac{1}{2}$.

7. Se $y \leq -4$, cite 3 valores possíveis para y.

8. Se $m \geq 0$, liste 3 valores que NÃO são possíveis para m.

9. Qual é a maior temperatura: −5°C ou −8°C?

10. Preencha as lacunas: o número que está à esquerda de outro na reta numérica é _ _ _ _ _ _ _ _ _ o outro número.

RESPOSTAS 83

CONFIRA AS RESPOSTAS

1. –12 < 8 ou 8 > –12

2. –14 > –15 ou –15 < –14

3. 0 > –8 ou –8 < 0

4. 0,025 < 0,026 ou 0,026 > 0,025

5. $\frac{2}{5} < \frac{4}{5}$ ou $\frac{4}{5} > \frac{2}{5}$

6. $-\frac{2}{3} < -\frac{1}{2}$ ou $-\frac{1}{2} > -\frac{2}{3}$

7. –4 e/ou qualquer número menor que –4, como –5, –6 etc.

8. Qualquer número menor que 0, como –1, –2, –3 etc.

9. –5°C

10. menor que

As questões 7 e 8 têm mais de uma resposta.

Unidade 2

Razões, proporções e porcentagens

Capítulo 15

RAZÕES

RAZÃO é uma comparação entre dois valores. Uma razão pode ser usada, por exemplo, para comparar o número de alunos que possuem um celular com o número de alunos que não possuem. Uma razão pode ser escrita de várias formas.

A razão entre 3 e 2 pode ser escrita nas formas:

3:2 ou $\frac{3}{2}$ ou 3 para 2.

Use "a" para representar o primeiro valor e "b" para representar o segundo valor. A razão entre a e b pode ser escrita nas formas:

a:b ou $\frac{a}{b}$ ou a para b.

> Uma fração pode ser também uma razão.

EXEMPLOS: Foi perguntado a cinco alunos se possuíam um celular. Quatro disseram que sim e um respondeu que não. Qual é a razão entre o número de alunos que não possuem um celular e o número de alunos que possuem?

1:4 ou $\frac{1}{4}$ ou 1 para 4. (Outra forma de dizer isso é: "Para cada 1 aluno que não possui um celular, existem 4 que possuem.")

Qual é a razão entre o número de alunos que possuem um celular e o número total de alunos entrevistados?

4:5 ou $\frac{4}{5}$ ou 4 para 5.

EXEMPLO: Júlio abre um saquinho de jujubas e verifica que ele contém 10 jujubas. Dessas 10 jujubas, 2 são verdes e 4 são amarelas. Qual é a razão entre o número de jujubas verdes e amarelas? Qual é a razão entre o número de jujubas verdes e o total de jujubas?

A razão entre o número de jujubas verdes e amarelas em forma de fração é $\frac{2}{4}$, que pode ser simplificada para $\frac{1}{2}$.

Isso quer dizer que, para cada 1 jujuba verde, existem 2 jujubas amarelas.

A razão entre jujubas verdes e o número total de jujubas é $\frac{2}{10}$.

Essa razão pode ser simplificada para $\frac{1}{5}$.

Isso quer dizer que 1 em cada 5 jujubas contidas no saco é verde.

Assim como você pode simplificar frações, também pode simplificar razões!

Muitas vezes as razões são usadas para fazer **DESENHOS EM ESCALA**, que são parecidos com objetos ou lugares de verdade, só que maiores ou menores.

ESCALA DO MAPA: 1 CM = 320 QUILÔMETROS

Um mapa mostra a razão entre a distância no mapa e a distância no mundo real.

VERIFIQUE SEUS CONHECIMENTOS

Nas questões de **1** a **6**, escreva cada razão como uma fração. Simplifique se for possível.

1. 2:9
2. 42:52
3. 5 em 30
4. Para cada 100 maçãs, 22 estão podres.
5. 16 carros pretos para cada 2 carros vermelhos.
6. 19:37

Nas questões de **7** a **10**, escreva uma razão no formato $a:b$ para descrever a situação.

7. Das 27 pessoas pesquisadas, 14 moram em apartamentos.
8. No sexto ano existem 8 meninas para cada 10 meninos.
9. Exatamente 84 de cada 100 residências têm um computador.
10. Lucinda comprou artigos escolares. Ela comprou 8 canetas, 12 lápis e 4 marcadores. Qual é a razão entre o número de canetas e o número total de aquisições?

CONFIRA AS RESPOSTAS

1. $\dfrac{2}{9}$

2. $\dfrac{21}{26}$

3. $\dfrac{1}{6}$

4. $\dfrac{11}{50}$

5. $\dfrac{8}{1}$

6. $\dfrac{19}{37}$

7. 14:27

8. 8:10 ou 4:5

9. 84:100 ou 21:25

10. 8:24 ou 1:3

Capítulo 16

TAXA UNITÁRIA E PREÇO UNITÁRIO

TAXA é um tipo especial de razão no qual as unidades dos dois valores que estão sendo comparados são diferentes. A taxa pode ser usada, por exemplo, para comparar 3 xícaras de farinha de trigo com 2 colheres de açúcar. As unidades (xícaras e colheres) são diferentes.

TAXA UNITÁRIA é uma taxa cujo denominador é 1. Para calcular uma taxa unitária, escreva uma razão na forma de fração e divida o numerador pelo denominador.

EXEMPLO: Um carro percorre 480 quilômetros com 40 litros de gasolina. Qual é a taxa unitária da distância percorrida em relação ao consumo de gasolina?

INDICA DIVISÃO

$$480 \text{ quilômetros} : 40 \text{ litros} = \frac{480 \text{ quilômetros}}{40 \text{ litros}} = 12 \text{ quilômetros por litro.}$$

A taxa unitária é de 12 quilômetros por litro.

ISSO QUER DIZER QUE O CARRO PERCORRE 12 QUILÔMETROS COM 1 LITRO DE GASOLINA.

EXEMPLO: Um nadador percorre $\frac{1}{2}$ quilômetro na piscina em $\frac{1}{3}$ de hora. Qual é a taxa unitária da distância percorrida pelo nadador em relação ao tempo?

> EM OUTRAS PALAVRAS: QUAL É A VELOCIDADE MÉDIA DO NADADOR EM QUILÔMETROS POR HORA?

$\frac{1}{2}$ quilômetro : $\frac{1}{3}$ de hora = $\dfrac{\frac{1}{2}}{\frac{1}{3}} = \frac{1}{2} \cdot \frac{3}{1} = \frac{3}{2}$

$= 1\frac{1}{2}$ quilômetro por hora.

Quando a taxa unitária se refere a um preço, é chamada de **PREÇO UNITÁRIO**. Ao calcular um preço unitário, não se esqueça de que o preço deve estar no numerador!

EXEMPLO: Jacó paga R$ 6,40 por 2 garrafas de água. Qual é o preço unitário das garrafas?

R$ 6,40/2 garrafas = R$ 3,20.

O preço unitário é R$ 3,20 por garrafa.

VERIFIQUE SEUS CONHECIMENTOS

Nas questões de **1** a **10**, calcule a taxa unitária ou o preço unitário.

1. Minha mãe corre 50 quilômetros em 5 horas.

2. Nós nadamos 100 metros em 2 minutos.

3. Julieta comprou 8 fitas por R$ 6,08.

4. Ele bombeou 204 litros de água em 12 minutos.

5. Um clube gastou R$ 8 418,00 para comprar 122 bolas de futebol.

6. Um jogador de futebol corre $\frac{1}{2}$ quilômetro em $\frac{1}{15}$ de hora.

7. Linda lava 26 tigelas em 4 minutos.

8. Safira gasta R$ 225,00 para abastecer o carro com 45 litros de gasolina.

9. Daniel faz 240 flexões em 5 minutos.

10. Uma equipe de operários cava 12 buracos em 20 horas.

RESPOSTAS

CONFIRA AS RESPOSTAS

1. 10 quilômetros por hora.

2. 50 metros por minuto.

3. R$ 0,76 por fita.

4. 17 litros por minuto.

5. R$ 69,00 por bola.

6. $7\frac{1}{2}$ quilômetros por hora.

7. 6,5 tigelas por minuto.

8. R$ 5,00 por litro de gasolina.

9. 48 flexões por minuto.

10. 0,6 buraco por hora.

Capítulo 17
PROPORÇÕES

PROPORÇÃO é uma sentença numérica que expressa a igualdade entre duas razões. Por exemplo: se alguém corta uma pizza em 2 pedaços iguais e come 1 pedaço, a razão entre o número de pedaços que essa pessoa come e o número total de pedaços da pizza é $\frac{1}{2}$. O número $\frac{1}{2}$ representa a mesma razão caso a pizza fosse cortada em 4 pedaços iguais e a pessoa comesse 2 pedaços.

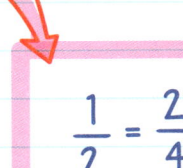

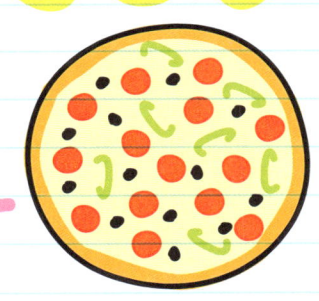

$$\frac{1}{2} = \frac{2}{4}$$

Você pode verificar se duas razões são proporcionais usando produtos cruzados. Para calcular os produtos cruzados, coloque as razões lado a lado e multiplique o denominador de cada uma pelo numerador da outra. Se os dois produtos forem iguais, as duas razões serão proporcionais.

$$\frac{1}{2} \times \frac{2}{4}$$

⬅ ALGUNS PROFESSORES TAMBÉM CHAMAM DE **MULTIPLICAÇÃO CRUZADA**.

$1 \cdot 4 = 4$
$2 \cdot 2 = 4$

$4 = 4$

Os produtos cruzados são iguais, logo $\frac{1}{2} = \frac{2}{4}$.

EXEMPLO: $\frac{3}{5}$ e $\frac{9}{15}$ são proporcionais?

$$\frac{3}{5} \times \frac{9}{15}$$

$3 \cdot 15 = 45$
$9 \cdot 5 = 45$

Duas razões proporcionais são chamadas de **FRAÇÕES EQUIVALENTES**.

$45 = 45$

$\frac{3}{5}$ e $\frac{9}{15}$ são proporcionais, pois os produtos cruzados são iguais.

Também podemos usar uma proporção para **DESCOBRIR UM VALOR DESCONHECIDO**. Por exemplo, quando se está preparando uma limonada, a receita recomenda usar 5 xícaras de água para cada limão que você espreme. Quantas xícaras de água você deve usar se for espremer 6 limões?

Primeiro monte uma razão: $\dfrac{5 \text{ xícaras}}{1 \text{ limão}}$

Depois, monte uma razão para aquilo que está tentando descobrir. Como você não sabe quantas xícaras são necessárias para 6 limões, use x para a quantidade de água.

$\dfrac{x \text{ xícaras}}{6 \text{ limões}}$

Em seguida, monte uma proporção igualando as razões. Esse procedimento é chamado de **REGRA DE TRÊS**:

$$\dfrac{5 \text{ xícaras}}{1 \text{ limão}} \times \dfrac{x \text{ xícaras}}{6 \text{ limões}}$$

NOTE QUE AS UNIDADES DE CADA RAZÃO SÃO IGUAIS.

Por fim, execute produtos cruzados para descobrir o número que falta!

$1 \cdot x = 5 \cdot 6$
$1x = 30$

$x = 30$

Você precisa de 30 xícaras para 6 limões!

EXEMPLO: Você dirige 240 quilômetros em 3 horas. A essa taxa, que distância você percorre em 7 horas?

$$\frac{240 \text{ quilômetros}}{3 \text{ horas}} = \frac{x \text{ quilômetros}}{7 \text{ horas}}$$

$240 \cdot 7 = 3 \cdot x$
$1680 = 3x$

Para deixar o x isolado, passe o 3 para o lado esquerdo fazendo a operação contrária: em vez da multiplicação, será a divisão.

$1680 \div 3 = x$
$560 = x$

Você vai percorrer 560 quilômetros em 7 horas.

> Sempre que você encontrar "a essa taxa", escreva uma proporção!

Às vezes uma proporção permanece inalterada, mesmo em cenários diferentes. Por exemplo, Tiago corre $\frac{1}{2}$ quilômetro e bebe 1 copo d'água. Se Tiago correr 1 quilômetro, ele precisará de 2 copos d'água. Se Tiago percorrer 1,5 quilômetro, ele beberá 3 copos d'água (e assim por diante). A proporção permanece a mesma e multiplicamos pelo mesmo número em cada cenário (neste caso, multiplicamos por 2). Esse número é chamado de **CONSTANTE DE PROPORCIONALIDADE** e tem uma relação muito próxima com a taxa unitária (ou o preço unitário).

EXEMPLO: Uma receita recomenda usar 6 copos d'água para fazer 2 jarras de ponche. A mesma receita recomenda 15 copos d'água para fazer 5 jarras de ponche. Quantos copos d'água são necessários para fazer 1 jarra de ponche?

Escrevemos uma proporção:

$$\frac{6 \text{ copos}}{2 \text{ jarras}} = \frac{x \text{ copos}}{1 \text{ jarra}} \quad \text{ou} \quad \frac{15 \text{ copos}}{5 \text{ jarras}} = \frac{x \text{ copos}}{1 \text{ jarra}}$$

Nos dois casos, quando calculamos o valor de x, descobrimos que a resposta é 3 copos.

Também podemos obter a taxa unitária usando uma tabela. Com os dados da tabela, podemos montar uma proporção.

EXEMPLO: Tânia gosta de se exercitar dando voltas em uma pista de atletismo. A tabela abaixo mostra por quanto tempo ela caminhou e quantas voltas deu na pista. Quantos minutos Tânia levou, em média, para completar uma volta?

Tempo total do exercício	28	42
Número total de voltas	4	6

$$\frac{28 \text{ minutos}}{4 \text{ voltas}} = \frac{x \text{ minutos}}{1 \text{ volta}} \quad \text{ou} \quad \frac{42 \text{ minutos}}{6 \text{ voltas}} = \frac{x \text{ minutos}}{1 \text{ volta}}$$

Isolando x, descobrimos que a resposta é 7 minutos.

VERIFIQUE SEUS CONHECIMENTOS

1. As razões $\frac{3}{4}$ e $\frac{6}{8}$ são proporcionais? Justifique sua resposta por meio de produtos cruzados.

2. As razões $\frac{4}{9}$ e $\frac{6}{11}$ são proporcionais? Justifique sua resposta por meio de produtos cruzados.

3. As razões $\frac{4}{5}$ e $\frac{12}{20}$ são proporcionais? Justifique sua resposta usando produtos cruzados.

4. Descubra o valor da incógnita: $\frac{3}{15} = \frac{9}{x}$.

5. Descubra o valor da incógnita: $\frac{8}{5} = \frac{y}{19}$. Escreva a resposta em forma decimal.

6. Descubra o valor da incógnita: $\frac{m}{6,5} = \frac{11}{4}$. Escreva a resposta em forma decimal.

7. Para obter tinta cor-de-rosa, uma pintora costuma misturar 2 latas de tinta branca com 5 latas de tinta vermelha. Se a pintora pretende usar 4 latas de tinta branca, quantas latas de tinta vermelha precisa usar para obter a mesma cor?

8. Quatro pacotes de biscoito custam R$ 28,00. A essa taxa, quanto custam 9 pacotes de biscoito?

9. Três torradas custam R$ 10,68. A essa taxa, quanto custam 10 torradas?

10. Choveu 45 mm em 15 horas. Se a taxa fosse mantida, quanto teria chovido em 35 horas?

CONFIRA AS RESPOSTAS

1. Sim, porque

$$\frac{3}{4} \times \frac{6}{8} \quad \begin{array}{l} 3 \cdot 8 = 24 \\ 6 \cdot 4 = 24 \\ 24 = 24 \end{array}$$

2. Não, porque

$$\frac{4}{9} \times \frac{6}{11} \quad \begin{array}{l} 4 \cdot 11 = 44 \\ 6 \cdot 9 = 54 \\ 44 \neq 54 \end{array}$$

3. Não, porque

$$\frac{4}{5} \times \frac{12}{20} \quad \begin{array}{l} 4 \cdot 20 = 80 \\ 12 \cdot 5 = 60 \\ 80 \neq 60 \end{array}$$

4. $x = 45$

5. $y = 30,4$

6. $m = 17,875$

7. 10 latas

8. R$ 63,00

9. R$ 35,60

10. 105 mm

Capítulo 18
CONVERSÃO DE UNIDADES

Às vezes queremos mudar de uma unidade de medida (como milha) para outra (como quilômetro). Isso se chama **CONVERSÃO DE UNIDADES**.

O SISTEMA INTERNACIONAL de UNIDADES

A maioria dos países, entre eles o Brasil, adota o **SISTEMA INTERNACIONAL DE UNIDADES**, também conhecido como **SISTEMA SI** ou, simplesmente, **SI**. Veja a seguir as principais unidades do SI, juntamente com os múltiplos e submúltiplos mais usados e algumas unidades usuais que não pertencem ao SI:

Comprimento
Unidade do SI: metro (m)
1 metro (m) = 100 centímetros (cm) = 1000 milímetros (mm)
1000 metros (m) = 1 quilômetro (km)

Massa

Unidade do SI: quilograma (kg)
1 quilograma (kg) = 1000 gramas (g)

Volume

Unidade do SI: metro cúbico (m^3)
1 metro cúbico (m^3) = 1000 decímetros cúbicos (dm^3) ou litros (l)
1 litro (l) = 1000 mililitros (ml)
1 decímetro cúbico (dm^3) = 1 litro (l)
1 colher de sopa = 0,015 decímetros cúbicos (dm^3) ou 15 mililitros (ml)
1 colher de chá = 0,005 decímetros cúbicos (dm^3) ou 5 mililitros (ml)

Para converter unidades, basta usar a proporcionalidade apropriada.

EXEMPLO: Quantos metros equivalem a 2 quilômetros?

Podemos usar razões e proporções porque sabemos que 1000 metros equivalem a 1 quilômetro:

$$\frac{x \text{ metros}}{2 \text{ quilômetros}} = \frac{1000 \text{ metros}}{1 \text{ quilômetro}}$$

Nós cruzamos a multiplicação para descobrir que 2 quilômetros equivalem a 2 000 metros.

EXEMPLO: João está enchendo com água 4 copos de 360 mililitros cada. De quantos litros ele vai precisar para encher esses 4 copos?

Também podemos usar razões e proporções neste caso, já que sabemos que 1 litro equivale a 1000 mililitros.

$$\frac{x \text{ litros}}{360 \text{ mililitros}} = \frac{1 \text{ litro}}{1000 \text{ mililitros}}$$

Nós cruzamos a multiplicação para descobrir que cada copo terá 0,36 litro.

Para converter mililitros em litros é só **DIVIDIR** o valor por 1000!

Pela mesma lógica, caso queira converter litros em mililitros, é só **MULTIPLICAR** por 1000.

Em seguida, só precisamos calcular o total em 4 copos.

$$\frac{0,36 \text{ litro}}{1 \text{ copo}} = \frac{x \text{ litros}}{4 \text{ copos}}$$

Com mais uma simples multiplicação cruzada, descobrimos que João precisa de 1,44 litro no total.

CONVERSÃO de um SISTEMA de UNIDADES para OUTRO

Às vezes precisamos converter o valor de uma grandeza em outro sistema de unidades, como o **SISTEMA IMPERIAL DE UNIDADES**, adotado pelos Estados Unidos, pela Libéria e por Mianmar, para o valor no SI.

Veja a seguir algumas das equivalências mais comuns entre unidades do Sistema Imperial e unidades do SI, aproximando os fatores de conversão para três algarismos significativos:

Comprimento
1 polegada (in) = 0,0254 metro (m)
1 pé (ft) = 0,305 metro (m)
1 jarda (yd) = 0,914 metro (m)
1 milha (mi) = 1,61 km

Massa
1 onça (oz) = 28,3 gramas (g)
1 libra (lb) = 0,454 quilograma (kg)
1 tonelada curta (ton) = 907 kg

Volume
1 onça fluida (fl oz) = 0,0296 decímetro cúbico (dm^3) ou litro (l)
1 pinta (pt) = 0,473 decímetro cúbico (dm^3) ou litro (l)
1 quarto (qt) = 0,946 decímetro cúbico (dm^3) ou litro (l)
1 galão (gal) = 3,79 decímetros cúbicos (dm^3) ou litros (l)

Para converter unidades, basta usar a proporcionalidade apropriada.

EXEMPLO: 12 litros correspondem a quantos galões?

Em primeiro lugar, escrevemos uma igualdade de frações usando x para representar o valor que queremos calcular.

$$\frac{1 \text{ galão}}{3{,}79 \text{ litros}} = \frac{x \text{ galões}}{12 \text{ litros}}$$

Em seguida, usamos produtos cruzados para obter uma equação que envolve x.

$$3{,}79x = 12$$

Para obter o valor de x, passe $3{,}79$ para o lado direito (segundo membro) fazendo a operação contrária: em vez da multiplicação, será a divisão.

$$x = 12 \div 3{,}79$$

$$x = 3{,}17 \text{ galões}$$

Assim, 12 litros correspondem a aproximadamente 3 galões.

VERIFIQUE SEUS CONHECIMENTOS

Nas questões de **1** a **8**, complete as lacunas.

1. 4 centímetros = _____ milímetros

2. _____ litro = 600 mililitros

3. 1,5 litro = _____ mililitros

4. _____ milímetros = 0,08 quilômetro

5. 30 centímetros = _____ milímetros

6. 4,5 quilômetros = _____ metros

7. _____ gramas = 3 quilogramas

8. 300 mililitros = _____ litro

9. Quando está fazendo uma trilha de 12 quilômetros, você vê uma placa que diz: "Distância percorrida: 8 000 metros." Quantos metros faltam para você chegar ao final da trilha?

10. O monte Everest, na fronteira do Nepal com a China, tem 8 848 metros de altitude, enquanto o monte Chimborazo, no Equador, tem 6 310 metros de altitude. Qual é a diferença de altitude entre as duas montanhas, em quilômetros?

CONFIRA AS RESPOSTAS

1. 40

2. 0,6

3. 1500

4. 80 000

5. 300

6. 4500

7. 3000

8. 0,3

9. 4000 metros

10. 2,538 quilômetros

Capítulo 19

PORCENTAGENS

PORCENTAGENS são razões que comparam uma grandeza com 100. Assim, por exemplo, **33%** significa "**33 por cento**" e também pode ser escrito como $\frac{33}{100}$ ou 0,33.

> **DICA:** Sempre que encontrar uma porcentagem, você pode dividir o número por 100 e se livrar do sinal de %. Não se esqueça de simplificar a fração se for possível!

EXEMPLOS de conversão de porcentagem em fração:

$$3\% = \frac{3}{100}$$

$$25\% = \frac{25}{100} = \frac{1}{4}$$

EXEMPLOS de conversão de fração em porcentagem:

$$\frac{11}{100} = 11\%$$

$$\frac{1}{5} = \frac{20}{100} = 20\%$$

↰ ISTO É UMA PROPORÇÃO!

EXEMPLOS de conversão de porcentagem em número decimal:

$$65\% = \frac{65}{100} = 0{,}65 \qquad 6{,}5\% = \frac{6{,}5}{100} = 0{,}065$$

Para transformar uma fração em um número decimal, basta dividir o **NUMERADOR** (parte de cima da fração) pelo **DENOMINADOR** (parte de baixo da fração).

> **DICA:** Para dividir por 100, basta deslocar a vírgula duas casas decimais para a esquerda!

EXEMPLO de conversão de fração em porcentagem:

$$\frac{14}{50} = 14 \div 50 = 0{,}28 = 28\%$$

Depois de obter o número decimal, desloque a vírgula duas casas decimais para a direita e acrescente o sinal de porcentagem (%) no final.

> **LEMBRE-SE:**
> Qualquer número inteiro pode ser transformado em número decimal acrescentando uma vírgula e um ou mais zeros à direita da vírgula.
> Por exemplo, 14 é equivalente a 14,0.

SOMOS INVISÍVEIS! NOS ESCONDEMOS NAS SOMBRAS! CERTO, ZERO?

CERTO, CHEFE!

VAMOS TENTAR DE NOVO

Cinco em cada oito discos que Lauro possui são de jazz. Os discos de jazz correspondem a que percentual de sua coleção de discos?

$$\frac{5}{8} = 5 \div 8 = 0{,}625$$ (Desloque a vírgula duas casas decimais para a direita e acrescente um sinal de porcentagem.)

Os discos de jazz correspondem a **62,5%** da coleção de discos de Lauro.

Método alternativo: Você também pode resolver o problema escrevendo a seguinte igualdade de frações:

$$\frac{5}{8} \times \frac{x}{100}$$

$8 \cdot x = 5 \cdot 100$
$8 \cdot x = 500$ (Passe o 8 para o lado direito, fazendo a divisão.)

$x = 500 \div 8$

$x = 62{,}5$ → **62,5%** dos discos de Lauro são de jazz.

— CHEFE... TÔ COM MEDO DO ESCURO...

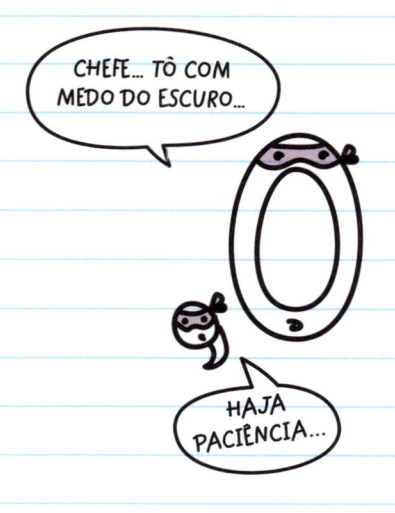

— HAJA PACIÊNCIA...

VERIFIQUE SEUS CONHECIMENTOS

1. Escreva 45% em forma de fração.

2. Escreva 68% em forma de fração.

3. Escreva 275% em forma de fração. ← VOCÊ PODE ESCREVER A RESPOSTA NA FORMA DE UMA FRAÇÃO IMPRÓPRIA OU DE UM NÚMERO MISTO.

4. Escreva 8% como um número decimal.

5. Escreva 95,4% como um número decimal.

6. Escreva 0,003% como um número decimal.

7. $\frac{6}{20}$ corresponde a que porcentagem?

8. $\frac{15}{80}$ corresponde a que porcentagem?

9. Na eleição da escola, Talita recebeu 3 em cada 7 votos. Qual a porcentagem de votos que ela recebeu? Arredonde a resposta para o número inteiro mais próximo.

10. Se você acerta 17 questões de um total de 20 em uma prova, qual é a porcentagem de respostas erradas?

RESPOSTAS

CONFIRA AS RESPOSTAS

1. $\dfrac{45}{100} = \dfrac{9}{20}$

2. $\dfrac{68}{100} = \dfrac{17}{25}$

3. $\dfrac{275}{100} = \dfrac{11}{4}$ ou $2\dfrac{3}{4}$

4. 0,08

5. 0,954

6. 0,00003

7. 30%

8. 18,75%

9. Aproximadamente 43%

10. 15%

Capítulo 20
PROBLEMAS DESCRITIVOS COM PORCENTAGEM

O segredo para resolver problemas descritivos com porcentagem é converter as palavras em símbolos matemáticos. O roteiro a seguir explica como fazer isso.

1º PASSO: Localize a palavra "é". Substitua a palavra por um sinal de igual. Este é o centro da equação.

2º PASSO: Tudo que vem antes da palavra "é" deve ser convertido em símbolos matemáticos e escrito à esquerda do sinal de igual. Tudo que vem depois da palavra "é" deve ser convertido em símbolos matemáticos e escrito à direita do sinal de =.

3º PASSO: Procure palavras-chave:

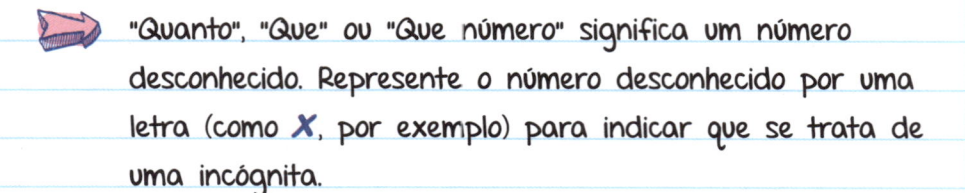

➤ "Quanto", "Que" ou "Que número" significa um número desconhecido. Represente o número desconhecido por uma letra (como x, por exemplo) para indicar que se trata de uma incógnita.

➤ "De" significa "vezes".

➤ As porcentagens devem ser representadas na forma de números decimais. Se você encontrar o símbolo %, desloque a vírgula duas casas para a esquerda e elimine o sinal de porcentagem.

4º PASSO: Agora que você transformou o problema em uma equação, é só resolvê-la!

EXEMPLO: Quanto é **75%** de **45**?

USE x NO LUGAR DE "QUANTO".
USE O SINAL DE IGUAL NO LUGAR DE "É".
USE O SINAL DE MULTIPLICAÇÃO NO LUGAR DE "DE".
CONVERTA 75% EM 0,75.

$$x = 0{,}75 \cdot 45$$

$$x = 33{,}75$$

Logo, **33,75** é **75%** de **45**.

EXEMPLO: 13 é que porcentagem de 25?

$13 = x \cdot 25$
$0{,}52 = x$ (Para converter $0{,}52$ em porcentagem, desloque a vírgula duas casas para a direita e acrescente o sinal de %.)

$52\% = x$

Logo, 13 é 52% de 25.

> Para conferir o resultado, releia o problema com cuidado e verifique se a resposta faz sentido.

EXEMPLO: 4 é 40% de que número?

$4 = 0{,}40 \cdot x$

$10 = x$

Logo, 4 é 40% de 10.

EXEMPLO: Que porcentagem de 5 é 1,25?

$x \cdot 5 = 1,25$
$x = 0,25$

Logo, 1,25 é 25% de 5.

VERIFIQUE SEUS CONHECIMENTOS

1. Quanto é 45% de 60?

2. Quanto é 15% de 250?

3. Quanto é 3% de 97?

4. 11 é que porcentagem de 20?

5. 2 é que porcentagem de 20?

6. 17 é que porcentagem de 25?

7. 35 é 10% de que número?

8. 40 é 80% de que número?

9. 102 000 é 8% de que número?

10. Jorge quer economizar dinheiro para comprar uma bicicleta nova, que custa R$ 1 120,00. Até o momento, ele economizou R$ 224,00. Que porcentagem do preço total ele já economizou?

RESPOSTAS

CONFIRA AS RESPOSTAS

1. 27

2. 37,5

3. 2,91

4. 55%

5. 10%

6. 68%

7. 350

8. 50

9. 1 275 000

10. Jorge já economizou 20% do preço total.

Capítulo 21

IMPOSTOS E TAXAS

IMPOSTOS

IMPOSTOS são taxas cobradas pelo governo para custear a criação e a manutenção de bens públicos, como estradas e parques. O **IMPOSTO SOBRE VENDAS** é uma taxa cobrada sobre a venda de um produto. Em geral, o valor do imposto sobre vendas é uma porcentagem do valor da transação.

> A taxa de imposto permanece a mesma, ainda que o preço dos produtos mude. Por isso, quanto maior o preço, mais imposto pagamos. É uma forma de proporção!

Assim, por exemplo, um imposto de **8%** sobre vendas significa que pagamos **8** centavos a mais para cada **100** centavos (**R$ 1**) que gastamos. Oito por cento também pode ser escrito como uma razão (**8:100**) ou fração $\left(\frac{8}{100}\right)$.

EXEMPLO: Você quer comprar um suéter que custa R$ 160,00 e o imposto sobre vendas do seu estado é 8%. Quanto será o imposto? Existem três maneiras diferentes de descobrir quanto você vai pagar.

Método 1: Multiplique o preço do suéter pela porcentagem para calcular o imposto.

1º PASSO: Converta 8% em um número decimal.

8% = 0,08

2º PASSO: Multiplique 0,08 por 160.

160 · 0,08 = 12,8

Logo, o imposto será de R$ 12,80.

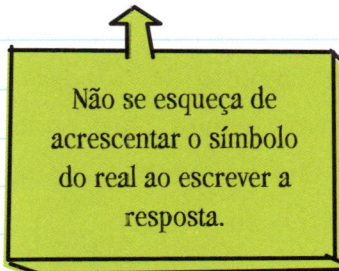

> Não se esqueça de acrescentar o símbolo do real ao escrever a resposta.

Método 2: Escreva uma proporção e resolva para calcular o imposto.

1º PASSO: $8\% = \dfrac{8}{100}$

2º PASSO: Iguale a porcentagem do imposto à razão entre o imposto a pagar, representado pela letra x, e o preço do produto.

$$\dfrac{8}{100} = \dfrac{x}{160}$$

3º PASSO: Use produtos cruzados para calcular o valor de x.

$100x = 1280$
$x = 12,8$

Logo, o imposto será de **R$ 12,80**.

Método 3: Escreva uma equação para calcular a resposta.

1º PASSO: Faça uma pergunta: "Quanto é 8% de R$ 160?"

2º PASSO: Converta a formulação do problema para símbolos matemáticos.

$x = 0,08 \cdot 160$
$x = 12,8$

Logo, o imposto será de **R$ 12,80**.

Cálculo do preço original

Você também pode calcular o preço original se conhecer o preço final e a porcentagem do imposto.

EXEMPLO: Você comprou fones de ouvido. De acordo com o recibo, os fones de ouvido custaram R$ 53,99 e você sabe que no preço está incluído um imposto sobre vendas de 8%. Qual é o preço dos fones de ouvido sem o imposto?

1º PASSO: Some a porcentagem do preço dos fones de ouvido e a porcentagem do imposto para obter a porcentagem total.

100% + 8% de imposto = 108%

> COMO VOCÊ NÃO PARCELOU A COMPRA, O PREÇO DOS FONES DE OUVIDO É 100% DO PREÇO ORIGINAL.

2º PASSO: Converta a porcentagem em um número decimal.

108% = 1,08

3º PASSO: Resolva a equação para obter o preço original.

$53,99 = 1,08 \cdot x$

$x = 49,99$

O preço original dos fones de ouvido foi R$ 49,99.

MULTAS

Muitas multas são parecidas com impostos, já que o valor da multa é uma porcentagem de alguma coisa.

> **EXEMPLO:** Uma empresa de aluguel de bicicletas cobra uma multa por atraso de **17%** quando uma bicicleta é devolvida depois do prazo. Se o preço do aluguel é **R$ 65,00**, qual será o valor da multa e qual é o valor total que você tem que pagar? (Vamos usar o método 1, descrito anteriormente.)
>
> *QUASE... CHEGUEI... NA HORA!*
>
> **17% = 0,17** ➝ **65 · 0,17 = 11,05**
>
> Logo, a multa por atraso é de **R$ 11,05**.
>
> Para obter o total que você tem que pagar, basta adicionar a multa por atraso ao preço de aluguel original.
>
> **R$ 65,00 + R$ 11,05 = R$ 76,05**
>
> Logo, você tem que pagar **R$ 76,05**.

Cálculo do preço original

Também é possível calcular o valor original se você conhece o valor pago e a porcentagem da multa.

EXEMPLO: Você alugou uma prancha de surfe, mas ficou tão empolgado pegando ondas que perdeu a noção do tempo e devolveu a prancha depois do prazo. O recibo diz que o preço total do aluguel foi R$ 66,08, com uma multa por atraso de 12%. Qual é o preço do aluguel da prancha sem a multa?

1º PASSO: Some a porcentagem do preço do aluguel e a porcentagem da multa para obter o preço total:

$$100\% + 12\% \text{ de multa} = 112\%$$

> COMO VOCÊ NÃO PARCELOU O PAGAMENTO, O PREÇO DO ALUGUEL DA PRANCHA É 100% DO PREÇO ORIGINAL.

2º PASSO: Converta a porcentagem em um número decimal.

$$112\% = 1,12$$

3º PASSO: Resolva a equação para obter o preço original.

$$66,08 = 1,12 \cdot x$$

$$x = 59$$

O preço do aluguel da prancha é de R$ 59,00.

VERIFIQUE SEUS CONHECIMENTOS

1. Complete a tabela a seguir. Arredonde as respostas para o centavo mais próximo.

	Imposto de vendas de 8%	Imposto de vendas de 8,5%	Imposto de vendas de 9,25%
Livro R$ 12,00			
Preço total (com imposto)			
Jogo de tabuleiro R$ 27,50			
Preço total (com imposto)			
Televisão R$ 234,25			
Preço total (com imposto)			

2. Você comprou o novo disco da sua banda favorita. O recibo informa que o disco custou R$ 11,65, com o imposto de vendas de 6% incluído. Qual é o preço do disco sem o imposto?

CONFIRA AS RESPOSTAS

1.

	Imposto de vendas de 8%	Imposto de vendas de 8,5%	Imposto de vendas de 9,25%
Livro R$ 12,00	R$ 0,96	R$ 1,02	R$ 1,11
Preço total (com imposto)	R$ 12,96	R$ 13,02	R$ 13,11
Jogo de tabuleiro R$ 27,50	R$ 2,20	R$ 2,34	R$ 2,54
Preço total (com imposto)	R$ 29,70	R$ 29,84	R$ 30,04
Televisão R$ 234,25	R$ 18,74	R$ 19,91	R$ 21,67
Preço total (com imposto)	R$ 252,99	R$ 254,16	R$ 255,92

2. R$ 10,99

Capítulo 22
DESCONTOS E AUMENTOS

DESCONTOS

As lojas usam **DESCONTOS** para nos induzir a comprar produtos. Em qualquer shopping encontramos cartazes como este:

25% DE DESCONTO EM TODOS OS PRODUTOS!

Não se deixe levar por cartazes ou comerciais que prometem descontos. Calcule quanto você vai pagar para saber se o preço é mesmo convidativo.

> Outros exemplos de palavras e expressões que anunciam que você vai economizar (ou seja, que vai comprar um produto por um preço abaixo do valor de mercado): economia, redução de preço, *markdown*, liquidação, queima de estoque.

Calcular um desconto é como calcular um imposto, só que, como você está pagando menos, é preciso subtrair o valor calculado do preço original.

EXEMPLO: Um chapéu custa R$ 12,50. Uma placa na vitrine da loja anuncia que "**TODOS OS PRODUTOS ESTÃO COM DESCONTO DE 20%**". Qual é o desconto no preço do chapéu e qual é o preço do chapéu com desconto?

Método 1: Calcule o valor do desconto e o subtraia do valor do preço original.

1º PASSO: Converta o desconto percentual em um número decimal.
20% = 0,20.

2º PASSO: Multiplique o número decimal pelo preço original para obter o desconto.
0,20 · R$ 12,50 = R$ 2,50

3º PASSO: Subtraia o desconto do preço original.
R$ 12,50 − R$ 2,50 = R$ 10,00
O preço do chapéu com desconto é R$ 10,00.

Método 2: Monte uma equação para calcular a resposta.

1º PASSO: Formule uma pergunta: "Quanto é 20% de R$ 12,50?"

2º PASSO: Substitua as palavras por símbolos matemáticos.
$x = 0{,}20 \cdot 12{,}50$
$x = 2{,}5$

3º PASSO: Subtraia o desconto do preço original.
R$ 12,50 − R$ 2,50 = R$ 10,00
O preço do chapéu com desconto é R$ 10,00.

Certo, mas o que acontece se você tiver a sorte de ganhar um segundo desconto após o primeiro? É fácil! Calcule um desconto de cada vez!

EXEMPLO: A loja da Valéria está vendendo jogos com um desconto de 25%. Além disso, quem usa o cartão de crédito da loja tem direito a um desconto adicional de 15%. Qual preço você vai pagar se comprar R$ 100,00 em jogos com o cartão de crédito da loja?

Vamos começar calculando o primeiro desconto:
25% = 0,25
0,25 • R$ 100,00 = R$ 25,00

Logo, o primeiro desconto é de R$ 25,00.
R$ 100,00 − R$ 25,00 = R$ 75,00
O preço com o primeiro desconto é R$ 75,00.

Agora podemos calcular o desconto cumulativo de 15% para as compras feitas com o cartão da loja.
15% = 0,15
0,15 • R$ 75,00 = R$ 11,25

(NÃO SE ESQUEÇA DE QUE, COMO O SEGUNDO DESCONTO É CUMULATIVO, ELE DEVE SER CALCULADO COM BASE NO PREÇO **COM O PRIMEIRO DESCONTO** E NÃO COM BASE NO PREÇO ORIGINAL.)

Logo, o segundo desconto é R$ 11,25.
R$ 75,00 − R$ 11,25 = R$ 63,75

O preço final é R$ 63,75. Ei, é um excelente negócio!

Cálculo do preço original

Também é possível calcular o preço original a partir do preço final e do desconto.

EXEMPLO: Um jogo está à venda com 30% de desconto. Se o preço com o desconto é R$ 41,99, qual era o preço original?

1º PASSO: Subtraia a porcentagem de desconto da porcentagem do preço original:

100% − 30% = 70%

> AO CONTRÁRIO DOS EXEMPLOS DO CAPÍTULO ANTERIOR, VOCÊ NÃO PAGOU O PREÇO TOTAL, MAS **APENAS** 70% DO PREÇO ORIGINAL. MELHOR ASSIM!

2º PASSO: Converta a porcentagem em um número decimal.

70% = 0,7

3º PASSO: Calcule o preço original.

R$ 41,99 = 0,7 · x

x = R$ 59,99

O preço original do jogo era aproximadamente R$ 59,99.

Cálculo da porcentagem de desconto

Um raciocínio semelhante pode ser usado para calcular a porcentagem de desconto a partir do preço original e do preço com desconto.

EXEMPLO: Júlia pagou R$ 35,00 por uma camisa que está em liquidação. O preço original era R$ 50,00. Qual foi a porcentagem de desconto?

$35 = x \cdot 50$

$x = 0,7$ (Isso significa que Júlia pagou 70% do preço original pela camisa.)

$1 - 0,7 = 0,3$ (Subtraímos do preço original a porcentagem paga para obter a porcentagem de desconto.)

O desconto foi de 30% do preço original.

AUMENTOS de PREÇO

Às vezes lojas fazem liquidações para estimular as vendas. Se elas fizessem isso o tempo todo, porém, iriam à falência. Muitas vezes as lojas e os fabricantes precisam aumentar preços, tanto para ganhar mais dinheiro quanto para compensar mais gastos.

EXEMPLO: Um jogo de computador era vendido a R$ 40,00. Para obter mais lucro, o fabricante aumenta o preço em 20%. Qual é o valor do aumento? Qual é o novo preço do jogo?

Método 1: Calcule o valor do aumento.
1º PASSO: Converta a porcentagem de aumento em um número decimal.
20% = 0,20

2º PASSO: Multiplique o número decimal pelo preço antigo para obter o valor do aumento.
0,20 • R$ 40,00 = R$ 8,00

3º PASSO: Acrescente o valor adicional ao preço original.
R$ 40,00 + R$ 8,00 = R$ 48,00.
O novo preço do jogo é R$ 48,00.

Método 2: Monte uma equação para calcular a resposta.
1º PASSO: Formule uma pergunta: "Quanto é 20% de R$ 40?"

2º PASSO: Substitua as palavras por símbolos matemáticos.
$x = 0,20 \cdot 40 \rightarrow x = 8$

3º PASSO: Acrescente o aumento ao preço antigo.
R$ 40,00 + R$ 8,00 = R$ 48,00
O novo preço do jogo é R$ 48,00.

Cálculo do preço original

Como no caso de impostos e multas, também é possível calcular o preço original a partir do preço novo.

EXEMPLO: Para cobrir os novos gastos, uma padaria aplica um aumento de 70% no preço do bolinho e passa a cobrar R$ 5,08. Qual era o preço antigo do bolinho?

1º PASSO: O preço antigo será considerado 100%. Some a porcentagem do aumento para obter a porcentagem total do novo preço:
100% + 70% = 170%

> COMO O PREÇO COBRADO É O PREÇO ANTIGO MAIS O PERCENTUAL DE AUMENTO, O NOVO PREÇO DO BOLINHO É 170% DO PREÇO ANTERIOR.

2º PASSO: Converta a porcentagem em um número decimal.
170% = 1,7

3º PASSO: Calcule o preço original.
$5,08 = 1,7 \cdot x$

$x = 2,99$

O preço original do bolinho era R$ 2,99.

VERIFIQUE SEUS CONHECIMENTOS

1. O preço normal de um jogo é R$ 300,00, mas a loja está oferecendo um desconto de 15%. Calcule o valor do desconto e o novo preço do jogo.

2. Calcule o valor do desconto e o novo preço quando uma loja oferece 20% de desconto para uma bermuda que custa R$ 48,00.

3. Uma bicicleta está em liquidação com um desconto de 45%. Se o preço de liquidação é R$ 299,75, qual era o preço original?

4. Em uma loja de roupas, uma placa na vitrine anuncia: "Queima de estoque: 15% de desconto em todos os produtos." Você encontra uma camisa legal. O preço mostrado na etiqueta é R$ 30,00, mas há uma nota colada na etiqueta com os seguintes dizeres: "Desconto de 10% do preço acima." Quanto vai custar a camisa depois que os dois descontos forem aplicados?

5. Você está interessado em comprar um caminhão. Na concessionária A, o caminhão que você quer custa R$ 145 000,00, mas o vendedor oferece um desconto de 10%. Você encontra o mesmo caminhão na concessionária B por R$ 160 000,00, mas o vendedor oferece um desconto de 14%. Qual das duas concessionárias está oferecendo o menor preço?

6. Uma loja de móveis vendia estantes por um preço unitário de R$ 500,00, mas resolveu aumentar o preço em 8%. Calcule o aumento de preço e o novo preço cobrado pela loja.

7. Uma loja vendia bicicletas por R$ 350,00, mas o proprietário resolveu lucrar mais e acrescentou 15% ao preço. Qual é o valor do aumento? Qual é o novo preço cobrado pela loja?

8. Um supermercado passou a cobrar R$ 3,24 por uma caixa de leite depois de aumentar seu preço em 35%. Quanto o supermercado cobrava antes?

9. Fabiana está interessada em comprar uma TV. A loja 1 vende a TV por R$ 3 000,00. A loja 2 tem uma TV que custava R$ 2 500,00, mas sofreu um aumento de 25%. Em que loja Fabiana deve comprar a TV?

10. Uma loja de móveis tem uma cama que custava R$ 2 000,00, mas estava sendo vendida com um desconto de 30%. A loja decidiu aumentar o preço em 20%. Qual é o preço atual da cama?

CONFIRA AS RESPOSTAS

1. Desconto: R$ 45,00; preço com desconto: R$ 255,00.

2. Desconto: R$ 9,60; preço com desconto: R$ 38,40.

3. Preço original: R$ 545,00.

4. R$ 22,95

5. O caminhão da concessionária A vai custar R$ 130 500,00. O caminhão da concessionária B vai custar R$ 137 600,00. A concessionária A está oferecendo o menor preço.

6. Aumento de preço: R$ 40,00; novo preço: R$ 540,00.

7. Aumento: R$ 52,50; novo preço: R$ 402,50.

8. Preço antigo: R$ 2,40.

9. Loja 1: R$ 3 000,00; loja 2: R$ 3 125,00. Fabiana deve comprar a TV na loja 1.

10. Preço original: R$ 2 000,00; valor do desconto: R$ 600,00; preço após o desconto: R$ 1 400,00; valor do aumento: R$ 280,00; preço após o aumento: R$ 1 680,00.

Capítulo 23
GRATIFICAÇÕES E COMISSÕES

GRATIFICAÇÃO é uma gorjeta, um presente, geralmente em forma de dinheiro, em reconhecimento por um serviço bem-feito. Os garçons costumam receber gratificações. **COMISSÃO** é um pagamento por serviços prestados na intermediação de negócios ou no cumprimento de metas financeiras previamente estabelecidas. Os vendedores de lojas costumam receber comissões. Nos dois casos, a quantia paga é proporcional à despesa do freguês ou cliente. Gratificações e comissões podem ser calculadas da mesma forma que o imposto sobre vendas.

> Quanto maior é a conta, maior é a gratificação ou comissão: elas são proporcionais.

EXEMPLO DE GRATIFICAÇÃO: No final de uma refeição, o garçom traz a conta de R$ 25,00. Você quer deixar uma gratificação de 15%. Qual é o valor da gorjeta e quanto você vai pagar?

15% = 0,15
R$ 25,00 • 0,15 = R$ 3,75

A gorjeta é de R$ 3,75.

R$ 25,00 + R$ 3,75 = R$ 28,75

Você vai pagar R$ 28,75.

EXEMPLO DE COMISSÃO: Minha irmã arrumou um emprego temporário em sua loja de roupas favorita no shopping. O gerente concordou em pagar **12%** de comissão sobre as vendas. No final da primeira semana, ela vendeu **R$ 3 500,00** em roupas. Quanto ela ganhou de comissão?

12% = 0,12
R$ 3 500 · 0,12 = R$ 420,00

Ela ganhou **R$ 420,00**.

Método alternativo: Você também pode resolver problemas como este montando proporções, da seguinte forma:

$$\frac{12}{100} = \frac{x}{3500}$$

100x = 42 000

x = R$ 420,00

VERIFIQUE SEUS CONHECIMENTOS

1. Um casal janta em um restaurante e a conta é R$ 95,00. Eles decidem deixar uma gorjeta de 18%. Qual é o valor da gorjeta?

2. Uma vendedora vai receber 35% de comissão sobre suas vendas. As vendas chegam a R$ 6 000,00. Quanto de comissão ela recebe?

3. Uma empresa pagou a um serviço de bufê R$ 2 750,00 por um evento especial. A empresa decidiu oferecer uma gorjeta de 25%. Qual é o valor da gorjeta e quanto a empresa pagou no total ao serviço de bufê?

4. Um casal paga a uma babá R$ 70,00 para tomar conta das crianças por uma noite. Eles decidem oferecer uma gorjeta de 32%. Qual será o valor da gorjeta e quanto a babá receberá no total?

5. Se um corte de cabelo custa R$ 25,00 e você deixa uma gorjeta de 10%, quanto você pagou ao barbeiro?

6. A conta do jantar no Restaurante Zolo's é R$ 32,75. Você decide deixar uma gorjeta de 17%. Quanto você pagou ao garçom?

7. Júlio arrumou um emprego em uma loja de bicicletas e ganha 8% de comissão em todas as vendas. Em uma semana, as vendas de Júlio totalizaram R$ 5 450,00. Quanto ele ganhou de comissão?

8. O chefe de Ana diz que ela pode escolher ganhar 12% de comissão ou um pagamento fixo de R$ 500,00. No período em que ela trabalhou, suas vendas totalizaram R$ 3 950,00. Qual é a melhor opção?

9. Maurício e Judite são vendedores em lojas diferentes e os dois ganham comissão. Maurício ganha uma comissão de 8% sobre suas vendas totais e Judite ganha uma comissão de 9,5%. No mês anterior, Maurício vendeu R$ 25 000,00, enquanto Judite vendeu R$ 22 000,00. Quem ganhou mais?

10. Lucas trabalha como garçom em um restaurante. Ele ganhou uma gorjeta de 18% de um grupo cuja conta foi R$ 236,00. Maria é uma vendedora de eletrodomésticos na loja ao lado. Ela ganhou 12% de comissão por uma venda de R$ 380,00. Quem ganhou mais?

CONFIRA AS RESPOSTAS

1. R$ 17,10

2. R$ 2 100,00

3. Gorjeta: R$ 687,50; total: R$ 3 437,50.

4. Gorjeta: R$ 22,40; total: R$ 92,40.

5. R$ 27,50

6. R$ 38,32

7. R$ 436,00

8. Como a comissão de Ana seria R$ 474,00, ela deve escolher o pagamento fixo de R$ 500,00.

9. Maurício ganhou R$ 2 000,00 de comissão e Judite ganhou R$ 2 090,00 de comissão. Judite ganhou mais.

10. Lucas ganhou uma gorjeta de R$ 42,48. Maria ganhou uma comissão de R$ 45,60. Logo, Maria ganhou mais do que Lucas.

Capítulo 24

JUROS SIMPLES

JURO é uma quantia paga quando se toma dinheiro emprestado. Os juros funcionam de duas formas:

1. Um banco paga juros se você depositar dinheiro em uma conta remunerada ou outro tipo de aplicação. Como o depósito aumenta o capital do banco e permite que o dinheiro seja emprestado para outras pessoas, o banco paga juros pelo serviço.

2. Você paga juros ao banco quando toma dinheiro emprestado. É uma taxa cobrada para usar o dinheiro de outra pessoa quando você está sem dinheiro.

é preciso saber três coisas para determinar os juros que você vai pagar (se estiver **TOMANDO EMPRESTADO**) ou receber (se estiver **EMPRESTANDO**):

1. **CAPITAL:** A quantia que está sendo emprestada.

2. **TAXA DE JUROS:** A porcentagem da quantia emprestada que será paga por ano.

3. **TEMPO:** A duração do empréstimo.

> Se o tempo estiver expresso em semanas, meses ou dias, é preciso escrever uma fração para calcular os juros usando a taxa anual.
>
> **EXEMPLOS:**
>
> 9 meses = $\frac{9}{12}$ ano   80 dias = $\frac{80}{365}$ ano   10 semanas = $\frac{10}{52}$ ano

Uma vez conhecidos o capital, a taxa de juros e o tempo, você pode usar a seguinte **FÓRMULA DE JUROS SIMPLES**:

$$\text{juros} = \text{capital} \cdot \text{taxa de juros} \cdot \text{tempo}$$

$J = C \cdot I \cdot T$ (A taxa de juros é tradicionalmente representada pela letra I porque "juros", em inglês, é *interest*.)

MONTANTE é a quantia que resulta da adição dos juros ao capital.

EXEMPLO: Você deposita R$ 200,00 em uma aplicação que oferece uma taxa de juros de 5% ao ano. Quanto de juros você vai ganhar em 3 anos?

SEMPRE CONVERTA AS PORCENTAGENS EM NÚMEROS DECIMAIS!

Capital (C) = R$ 200,00
Taxa de juros (I) = 5% = 0,05
Tempo (T) = 3 anos

> Os juros simples podem ser interpretados como razões.
> 5% de juros = $\frac{5}{100}$
> Logo, para cada R$ 100,00 que você deposita, o banco paga R$ 5,00 ao final de cada ano. Para obter o total de juros pagos, é só multiplicar R$ 5,00 pelo número de anos.

INTERESSANTE...

Agora, substitua esses números na fórmula e faça as contas!

$J = C \cdot I \cdot T$
$J = (200)(0,05)(3)$
$J = 30$

> Muitas vezes, a taxa de juros divulgada pelos bancos é baseada em uma fórmula diferente, os chamados "juros compostos" ou "juros sobre juros". Nesses casos, o rendimento final é maior.

Depois de 3 anos, sua conta rendeu R$ 30,00. É sua recompensa por deixar o dinheiro parado no banco durante todo esse tempo.

EXEMPLO: Para comprar seu primeiro carro usado, você precisa tomar emprestado R$ 11 000,00. O banco concorda em emprestar o dinheiro por 5 anos se você pagar juros anuais de 3,25%. Quanto de juros você terá que pagar nesses 5 anos? Qual será o preço total do carro?

C = R$ 11 000,00
I = 3,25% = 0,0325
T = 5 anos

$J = C \cdot I \cdot T$

$J = (11\,000)(0,0325)(5)$

J = R$ 1 787,50

Você terá que pagar R$ 1 787,50 de juros!

Sendo assim, qual será o preço total do carro?

R$ 11 000,00 + R$ 1 787,50 = R$ 12 787,50

O carro irá custar R$ 12 787,50.

EXEMPLO: João tem **R$ 3 000,00**. Ele deposita o dinheiro em um banco que oferece uma taxa de juros anual de **4%**. Quanto tempo ele precisa deixar o dinheiro no banco para ganhar **R$ 600,00** de juros?

$J = R\$ 600,00$
$C = R\$ 3 000,00$
$I = 4\%$ (use 0,04)
$T = x$

(Neste caso, conhecemos os juros, mas não conhecemos o tempo. Usamos x para representar o tempo e substituímos as outras variáveis pelos valores conhecidos.)

$J = C \cdot I \cdot T$

$600 = 3\,000(0,04)x$

$600 = 120x$ ← (Passe 120 para o primeiro membro para isolar x.)

$5 = x$

Logo, João vai levar **5** anos para ganhar **R$ 600,00** de juros.

JÁ SE PASSARAM 5 ANOS?

NÃO, FORAM SÓ 2 HORAS.

VERIFIQUE SEUS CONHECIMENTOS

> Questões **1** a **5**: Henrique deposita **R$ 750,00** em uma aplicação que paga juros anuais de **4,25%**. Ele pretende deixar o dinheiro no banco durante **3** anos.

1. Qual é o capital?

2. Qual é a taxa de juros? (Escreva a resposta na forma decimal.)

3. Qual é o tempo?

4. Quanto de juros Henrique vai ganhar em **3** anos?

5. Qual é o montante após **3** anos?

> Questões **6** a **9**: Sabrina contrai um empréstimo de **R$ 7 500,00** a juros de **6%** durante **3** anos para comprar um carro.

6. Quanto de juros ela vai pagar durante os **3** anos?

7. Mário também contrai um empréstimo de R$ 7500,00 à taxa de juros de 6%, mas o tempo é de 5 anos. Quanto de juros ele vai pagar durante os 5 anos?

8. Quanto de juros Mário vai pagar a mais que Sabrina para tomar emprestada a mesma quantia, à mesma taxa de juros, durante 5 anos em vez de 3 anos?

9. O que a resposta à questão 8 revela em relação aos empréstimos a juros fixos?

10. Complete a tabela abaixo.

JUROS	CAPITAL	TAXA DE JUROS	TEMPO
	R$ 2 574,50	5,5%	2 anos
R$ 2 976,00	R$ 6 200,00	12%	

CONFIRA AS RESPOSTAS

1. R$ 750,00

2. 0,0425 ao ano

3. 3 anos

4. R$ 95,63

5. R$ 845,63

6. R$ 1350,00

7. R$ 2 250,00

8. R$ 900,00

9. Quanto mais tempo você leva para pagar um empréstimo, mais juros pagará.

10.

JUROS	CAPITAL	TAXA DE JUROS	TEMPO
R$ 283,20	R$ 2 574,50	5,5%	2 anos
R$ 2 976,00	R$ 6 200,00	12%	4 anos

Capítulo 25
TAXA DE VARIAÇÃO PERCENTUAL

Às vezes é difícil dizer se a variação do valor de uma grandeza é significativa. Usamos a **TAXA DE VARIAÇÃO PERCENTUAL** para mostrar quanto o valor de uma grandeza mudou em relação ao valor original. Outra forma de encarar essa taxa é considerá-la simplesmente como a taxa de variação expressa em forma de porcentagem.

> Quando o valor **SOBE**, temos uma taxa de **AUMENTO**.

> Quando o valor **DESCE**, temos uma taxa de **REDUÇÃO**.

Para calcular a taxa percentual de mudança:

Primeiro, monte esta razão: $$\frac{\text{VARIAÇÃO DO VALOR}}{\text{VALOR ORIGINAL}}$$

(A "variação do valor" é a diferença entre o novo valor e o valor original.)

Depois, expresse a fração na forma decimal.

Por fim, desloque a vírgula duas casas decimais para a direita e acrescente o símbolo de porcentagem (%).

EXEMPLO: Uma loja compra camisetas de uma fábrica por R$ 20,00 e vende as camisetas por R$ 23,00. Qual é o aumento percentual do preço?

$$\frac{23-20}{20} = \frac{3}{20} = 0{,}15 = \text{aumento de } 15\%$$

EXEMPLO: Na sua primeira prova do curso de história, você acertou 14 questões. Na segunda prova, como estudou menos, acertou apenas 10 questões. Qual foi a redução percentual da sua nota da primeira prova para a segunda?

$$\frac{14-10}{14} = \frac{4}{14} = \frac{2}{7} = 0{,}29 = \text{redução de } 29\%$$

Lembre-se de simplificar as frações sempre que for possível para facilitar os cálculos.

ANTES DE CALCULAR A PORCENTAGEM, ARREDONDE PARA O ALGARISMO MAIS PRÓXIMO NA CASA DOS CENTÉSIMOS.

VERIFIQUE SEUS CONHECIMENTOS

Questões 1 a 5: A variação é um aumento ou uma redução?

1. De 7% para 17%

2. De 87,5% para 36,2%

3. De 5,0025% para 5,0021%

4. De $92\frac{1}{2}\%$ para $92\frac{1}{5}\%$

5. De 31,5% para 75%

6. Calcule o aumento ou a redução percentual de 8 para 18.

7. Calcule o aumento ou a redução percentual de 0,05 para 0,03.

8. Calcule o aumento ou a redução percentual de 2 para 2 222.

9. Uma loja de bicicletas compra *mountain bikes* do fabricante por R$ 250,00 e as vende por R$ 625,00. Qual é a variação percentual do preço das bicicletas?

10. Geraldo notou que a lanchonete em que ele trabalhava tinha vendido 135 sanduíches no domingo e 108 no dia seguinte. Qual foi a variação percentual do número de sanduíches vendidos de domingo para segunda-feira?

RESPOSTAS

CONFIRA AS RESPOSTAS

1. Um aumento.

2. Uma redução.

3. Uma redução.

4. Uma redução.

5. Um aumento.

6. Um aumento de 125%

7. Uma redução de 40%

8. Um aumento de 111 000%

9. Um aumento de 150%

10. Uma redução de 20%

Capítulo 26
TABELAS E RAZÕES

Podemos usar tabelas para comparar razões e proporções. Por exemplo: enquanto Susana corre em uma pista de atletismo, o técnico anota seu número de voltas e o tempo total.

NÚMERO DE VOLTAS	TEMPO TOTAL
2	6 minutos
5	15 minutos

E se o técnico de Susana quiser descobrir quanto tempo ela leva para completar 1 volta? Como, de acordo com a tabela, a velocidade da moça é constante, isso é fácil de calcular, porque já aprendemos sobre a taxa unitária!

Podemos montar a seguinte proporção: $\frac{1}{x} = \frac{2}{6}$

Outra opção é montar esta proporção: $\frac{1}{x} = \frac{5}{15}$

A resposta é 3 minutos.

> **ATENÇÃO!**
> Só podemos usar tabelas como essa para calcular uma taxa se os valores forem **PROPORCIONAIS**! Se não forem, a taxa não será constante e não fará sentido tentar calcular uma taxa unitária.

EXEMPLO: Linda e Tom estão correndo em uma pista. O técnico registra os tempos abaixo:

Linda

NÚMERO DE VOLTAS	MINUTOS TOTAIS CORRIDOS
1	?
2	8 minutos
6	24 minutos

Tom

NÚMERO DE VOLTAS	MINUTOS TOTAIS CORRIDOS
1	?
3	15 minutos
4	20 minutos

Se a velocidade de cada corredor permanece constante, como o técnico pode saber quem é o(a) mais veloz? O técnico precisa completar as tabelas e descobrir quanto tempo Tom e Linda levam para dar 1 volta e comparar os resultados. O técnico pode descobrir os tempos que faltam usando proporções.

LINDA:

$$\frac{1}{x} = \frac{2}{8}$$

$x = 4$

Logo, Linda leva 4 minutos para dar 1 volta.

TOM:

$$\frac{1}{x} = \frac{3}{15}$$

$x = 5$

Logo, Tom leva 5 minutos para dar 1 volta.

Linda corre mais depressa que Tom!

GANHEI!

VERIFIQUE SEUS CONHECIMENTOS

Natália, Patrícia, Maria e Murilo estão colhendo cocos. Eles registram seus tempos na tabela abaixo. Preencha os números que faltam (supondo que todas as taxas são constantes).

1. Natália

NÚMERO DE COCOS	MINUTOS
1	
5	30
	48

2. Patrícia

NÚMERO DE COCOS	MINUTOS
1	
2	14
6	

3. Maria

NÚMERO DE COCOS	MINUTOS
1	
	4
8	16

4. Murilo

NÚMERO DE COCOS	MINUTOS
1	
	20
9	36
	40

5. Quem colheu 1 coco em menos tempo?

CONFIRA AS RESPOSTAS

1. Natália

NÚMERO DE COCOS	MINUTOS
1	6
5	30
8	48

2. Patrícia

NÚMERO DE COCOS	MINUTOS
1	7
2	14
6	42

3. Maria

NÚMERO DE COCOS	MINUTOS
1	2
2	4
8	16

4. Murilo

NÚMERO DE COCOS	MINUTOS
1	4
5	20
9	36
10	40

5. Maria colheu 1 coco em menos tempo: 2 minutos.

Unidade 3

Expressões e equações

Capítulo 27
EXPRESSÕES

Na matemática, uma **EXPRESSÃO** é uma sentença matemática que contém números, **VARIÁVEIS** (letras ou símbolos usados no lugar de números que ainda não conhecemos) e/ou **OPERADORES** (como + e −).

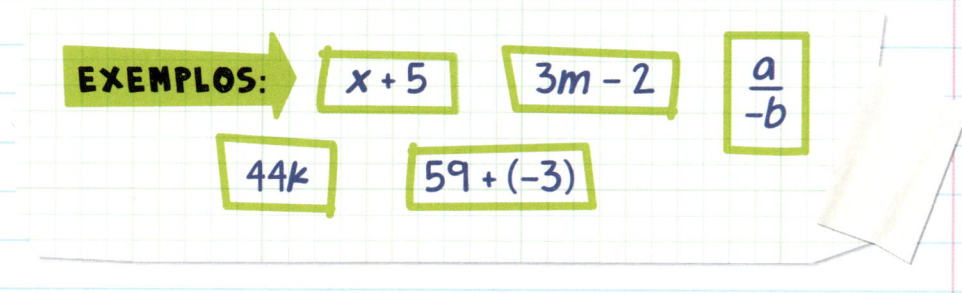

EXEMPLOS: $x + 5$ $3m - 2$ $\dfrac{a}{-b}$

$44k$ $59 + (-3)$

Às vezes uma expressão permite fazer cálculos para descobrir o valor numérico da variável.

EXEMPLO: Nos dias em que Júlia sai para correr, ela corre 6 quilômetros no parque. Como não sabemos quantos dias ela corre por semana, chamamos esse número de "d". Assim, podemos dizer que Júlia corre $6d$ quilômetros por semana. (Em outras palavras, $6d$ é a expressão que representa o número de quilômetros que Júlia corre por semana.)

Quando um número é seguido por uma variável, como na expressão **6d**, isso quer dizer que o número deve ser multiplicado pelo valor da variável. Um número que é usado para multiplicar uma variável (**6**, neste caso) é chamado de **COEFICIENTE**.

Uma **CONSTANTE** é um número que aparece sozinho em uma expressão. Na expressão **6x + 4**, por exemplo, a constante é **4**.

Uma expressão é composta por um ou mais **TERMOS**, que são separados por sinais de adição ou subtração. Na expressão **6x + 4** existem dois termos: **6x** e **4**.

> **TERMO**
> Um número sozinho ou o produto de um número por uma ou mais variáveis. Os termos de uma expressão são separados por um sinal positivo (+) ou negativo (−).

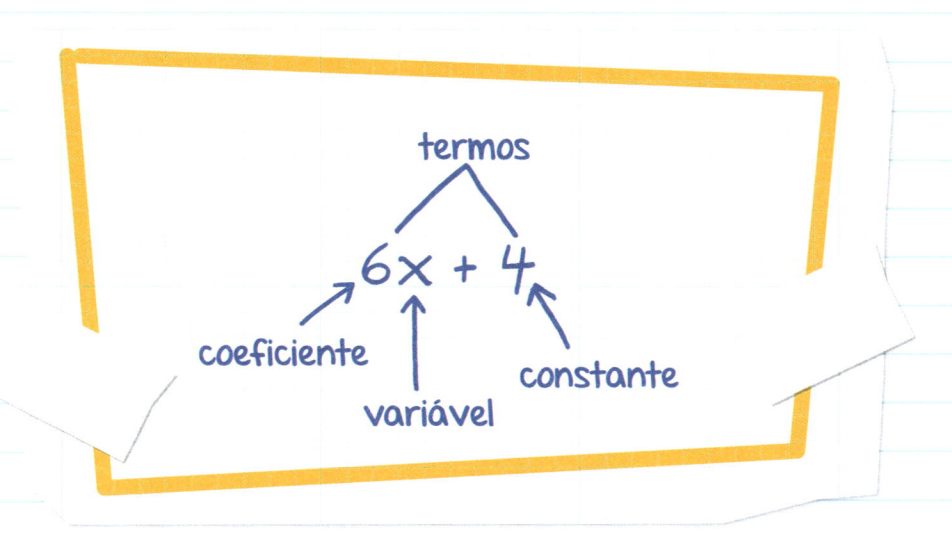

```
              termos
            ╱       ╲
          6x    +    4
         ↗      ↑     ↖
   coeficiente  │   constante
              variável
```

EXEMPLO: Identifique a variável, os termos, o coeficiente e a constante da expressão $8y - 2$.

A variável é y.

Os termos são $8y$ e -2.

O coeficiente é 8.

A constante é -2.

> **HEIN?** Não dissemos que os termos são separados por sinais? Acontece que, se o número a ser somado é negativo, o sinal de adição (+) é substituído pelo sinal de subtração (−). Quando for calcular o valor de uma expressão, preste atenção nos sinais + e − para não somar quando devia subtrair e vice-versa, ok?

Operadores são sinais que nos dizem o que fazer com os números e as variáveis. Os operadores de adição (+), subtração (−), multiplicação (•) e divisão (÷) são os mais comuns. Problemas descritivos que envolvem expressões usam palavras em vez de operadores. Segue uma tabela de equivalências.

OPERAÇÃO	OPERADOR	PALAVRAS-CHAVE
soma	+	maior que a mais que mais somado a aumentado em/de

OPERAÇÃO	OPERADOR	PALAVRAS-CHAVE
diferença	–	menor que diminuído em subtraído de a menos (que)
produto	·	vezes multiplicado por de
quociente	÷	dividido por por

EXEMPLO: "14 aumentado de g" = $14 + g$

EXEMPLO: "17 a menos que h" = $h - 17$
(Cuidado! Na tradução para operadores de "a menos que", o segundo número da expressão descritiva é o primeiro da expressão simbólica!)

EXEMPLO: "O produto de -7 e x" = $-7 \cdot x$
Essa expressão também pode ser escrita como $(-7)(x)$, $-7(x)$ ou $-7x$.

EXEMPLO: "O quociente de 99 e w" = $99 \div w$
Essa expressão também pode ser escrita como $\dfrac{99}{w}$.

VERIFIQUE SEUS CONHECIMENTOS

Nas questões de **1** a **3**, identifique as variáveis, os coeficientes e as constantes, caso existam.

1. $3y$

2. $5x + 11$

3. $-52m + 6y - 22$

Nas questões **4** e **5**, identifique os termos.

4. $2500 + 11t - 3w$

5. $17 + d(-4)$

Nas questões de **6** a **10**, escreva a expressão usando operadores.

6. 19 a menos que y.

7. O quociente de 44 e 11.

8. O produto de -13 e k.

9. Todos os dias Catarina dirige 27 quilômetros para chegar ao trabalho. Na última quarta-feira ela precisou fazer compras depois do trabalho e dirigiu mais alguns quilômetros. Escreva uma expressão que mostre quantos quilômetros ela dirigiu na quarta-feira de casa até o mercado. (Use x como variável.)

10. Um concurso de dança hip-hop acontece todo sábado à noite em um clube. Em um sábado, como um DJ famoso vai tocar, os organizadores esperam que o público seja o dobro do normal. Os organizadores também convidaram 30 pessoas de fora da cidade. Escreva uma expressão para o número de pessoas esperadas para o evento. (Use x como variável.)

CONFIRA AS RESPOSTAS

1. Variável: y; coeficiente: 3; não há constantes.

2. Variável: x; coeficiente: 5; constante: 11.

3. Variáveis: m e y; coeficientes: -52 e 6; constante: -22.

4. 2 500, 11t e $-3w$

5. 17 e $d(-4)$

6. $y - 19$

7. $44 \div 11$ ou $\dfrac{44}{11}$

8. $-13k$

9. $27 + x$

10. $2x + 30$

Capítulo 28

PROPRIEDADES

Propriedades são regras associadas aos operadores matemáticos que podem ser aplicadas a qualquer expressão. O uso dessas regras muitas vezes facilita a solução de equações. Seguem algumas propriedades importantes.

A **PROPRIEDADE DE IDENTIDADE DA ADIÇÃO** tem a seguinte forma: $a + 0 = a$. De acordo com essa propriedade, quando adicionamos zero a um número, o número não muda.

EXEMPLO: $5 + 0 = 5$

A **PROPRIEDADE DE IDENTIDADE DA MULTIPLICAÇÃO** tem a seguinte forma: $a \cdot 1 = a$. De acordo com essa propriedade, quando multiplicamos um número por 1, o número não muda.

EXEMPLO: $7 \cdot 1 = 7$

A **PROPRIEDADE COMUTATIVA DA ADIÇÃO** tem a seguinte forma: $a + b = b + a$. De acordo com essa propriedade, a soma de dois ou mais números não depende da ordem em que os números são somados.

EXEMPLO: $3 + 11 = 11 + 3$ (As duas expressões são iguais a 14.)

A **PROPRIEDADE COMUTATIVA DA MULTIPLICAÇÃO** tem a seguinte forma: $a \cdot b = b \cdot a$. De acordo com essa propriedade, o produto de dois ou mais números não depende da ordem em que os números são multiplicados.

EXEMPLO: $-5 \cdot 4 = 4 \cdot (-5)$ (As duas expressões são iguais a -20.)

ATENÇÃO: As propriedades comutativas só se aplicam à adição e à multiplicação. Elas NÃO PODEM SER USADAS em operações de subtração e divisão!

Nas discussões a respeito de propriedades, o termo **EQUIVALENTES** significa que as expressões possuem o mesmo valor. Por exemplo, como $3 + 11 = 11 + 3$, dizemos que são expressões equivalentes.

A **PROPRIEDADE ASSOCIATIVA DA ADIÇÃO** tem a seguinte forma: $(a + b) + c = a + (b + c)$. De acordo com essa propriedade, quando uma soma envolve três ou mais números, o resultado não depende da ordem em que as somas são executadas.

EXEMPLO: $(2 + 5) + 8 = 2 + (5 + 8)$
(As duas expressões são iguais a 15.)

A **PROPRIEDADE ASSOCIATIVA DA MULTIPLICAÇÃO** tem a seguinte forma: $(a \cdot b) \cdot c = a \cdot (b \cdot c)$. De acordo com essa propriedade, quando uma multiplicação envolve três ou mais números, o resultado não depende da ordem em que as multiplicações são executadas.

EXEMPLO: $(2 \cdot 5) \cdot 8 = 2 \cdot (5 \cdot 8)$
(As duas expressões são iguais a 80.)

> ATENÇÃO: As propriedades associativas só se aplicam à adição e à multiplicação. Elas **NÃO PODEM SER USADAS** em operações de subtração e divisão!

A **PROPRIEDADE DISTRIBUTIVA DA MULTIPLICAÇÃO SOBRE A ADIÇÃO** tem a seguinte forma: $a(b + c) = ab + ac$. De acordo com essa propriedade, multiplicar um número por uma soma de dois ou mais números leva ao mesmo resultado que multiplicar separadamente o número pelas parcelas da soma e depois somar os resultados.

> Usando a **PROPRIEDADE DISTRIBUTIVA**, podemos simplificar uma expressão eliminando os parênteses.

EXEMPLO: $2(4 + 6) = 2 \cdot 4 + 2 \cdot 6$

(Quando "distribuímos" a multiplicação por 2 pelos termos da soma, o resultado é o mesmo: 20, no caso.)

EXEMPLO: $7(x + 8) =$

> Imagine que, para simplificar a expressão, você lançou com uma catapulta o número **7** de fora dos parênteses para dentro.

$$\overset{7\ \ 7}{(x + 8)} = 7(x) + 7(8) = 7x + 56$$

A **PROPRIEDADE DISTRIBUTIVA DA MULTIPLICAÇÃO SOBRE A SUBTRAÇÃO** tem a seguinte forma: $a(b - c) = ab - ac$. De acordo com essa propriedade, multiplicar um número por uma diferença leva ao mesmo resultado que multiplicar separadamente o número pelos dois números que estão entre parênteses e depois calcular a diferença dos produtos.

EXEMPLO: $9(5 - 3) = 9(5) - 9(3)$
(As duas expressões são iguais a 18.)

EXEMPLO: $6(x - 8) =$

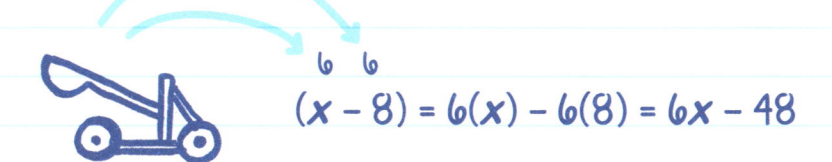

$6(x - 8) = 6(x) - 6(8) = 6x - 48$

FATORAÇÃO de uma expressão é a aplicação da propriedade distributiva no sentido inverso. Como assim? Em vez de eliminar os parênteses, a fatoração os introduz. Isso faz sentido porque às vezes é mais fácil trabalhar com a expressão que foi colocada entre parênteses.

EXEMPLO: Fatorar $15y + 12$.

1º PASSO: Pergunte a si mesmo: "Qual é o máximo divisor comum dos dois termos?" Neste caso, o MDC de $15y$ e 12 é 3. ($15y = 3 \cdot 5y$ e $12 = 3 \cdot 4$)

2º PASSO: Divida todos os termos pelo MDC e coloque o MDC do lado de fora dos parênteses.

$$15y + 12 = 3(5y + 4)$$

> Você pode verificar se a resposta está correta usando a **PROPRIEDADE DISTRIBUTIVA**. A expressão obtida dessa forma deve ser igual à expressão inicial.

EXEMPLO: Fatorar $12a + 18$

Como o MDC de $12a$ e 18 é 6, dividimos todos os termos por 6 e colocamos o 6 do lado de fora dos parênteses.

$$12a + 18 = 6(2a + 3)$$

VERIFIQUE SEUS CONHECIMENTOS

Use a propriedade indicada para escrever uma expressão equivalente no espaço em branco.

PROPRIEDADE	EXPRESSÃO	EXPRESSÃO EQUIVALENTE
Propriedade de identidade da adição	6	
Propriedade de identidade da multiplicação	y	
Propriedade comutativa da adição	6 + 14	
Propriedade comutativa da multiplicação	8m	
Propriedade associativa da adição	(x + 4) + 9	
Propriedade associativa da multiplicação	7(r · 11)	
Propriedade distributiva da multiplicação sobre a adição	5(v + 22)	
Propriedade distributiva da multiplicação sobre a subtração	8(7 − w)	
Fatoração	18x + 6	
Fatoração	14 − 35z	

1. Distribua $3(x + 2y - 5)$.

2. Distribua $\frac{1}{2}(4a - 3b - c)$.

3. Fatore $6x + 10y + 18$.

4. Fatore $3g - 12h - 99j$.

5. Simão pede a João para calcular o valor da expressão $(12 - 8) - 1$. João diz que pode usar a propriedade associativa e escrever a expressão na forma $12 - (8 - 1)$. Você concorda com João? Justifique sua resposta.

CONFIRA AS RESPOSTAS

PROPRIEDADE	EXPRESSÃO	EXPRESSÃO EQUIVALENTE
Propriedade de identidade da adição	6	6 + 0
Propriedade de identidade da multiplicação	y	$y \cdot 1$ ou $1y$
Propriedade comutativa da adição	6 + 14	14 + 6
Propriedade comutativa da multiplicação	$8m$	$m \cdot 8$
Propriedade associativa da adição	$(x + 4) + 9$	$x + (4 + 9)$
Propriedade associativa da multiplicação	$7(r \cdot 11)$	$(7 \cdot r) \cdot 11$
Propriedade distributiva da multiplicação sobre a adição	$5(v + 22)$	$5v + 110$
Propriedade distributiva da multiplicação sobre a subtração	$8(7 - w)$	$56 - 8w$
Fatoração	$18x + 6$	$6(3x + 1)$
Fatoração	$14 - 35z$	$7(2 - 5z)$

1. $3x + 6y - 15$

2. $2a - \left(\dfrac{3}{2}\right)b - \left(\dfrac{1}{2}\right)c$

3. $2(3x + 5y + 9)$

4. $3(g - 4h - 33j)$

5. Não, João está errado. A propriedade associativa não pode ser usada em operações de subtração; em casos como este, a ordem em que as operações são executadas modifica o resultado.

Capítulo 29
TERMOS SEMELHANTES

Um termo é um número isolado ou o produto de um número e uma ou mais variáveis.

EXEMPLOS:

5 (um número isolado)
x (uma variável)
7y (um número e uma variável)
16 mn^2 (um número e mais de uma variável)

Em uma expressão, os termos são separados por um sinal de adição ou subtração.

EXEMPLOS:

5x + 3y + 12 (Os termos são 5x, 3y e 12.)
$3g^2$ + 47h − 19 (Os termos são $3g^2$, 47h e −19.)

> EMBORA SEJA UM SINAL DE SUBTRAÇÃO, ESTE SÍMBOLO PODE SER INTERPRETADO COMO UM SINAL DE ADIÇÃO DE UM NÚMERO NEGATIVO.

A operação conhecida como **AGRUPAR TERMOS SEMELHANTES** (ou **COMBINAR TERMOS SEMELHANTES**) simplifica uma expressão para que contenha menos números, variáveis e operações, ou seja, para que fique mais "simples".

EXEMPLO: Denise carrega 6 maçãs em uma cesta. Vamos chamar cada maçã de "m".

Podemos expressar o número de maçãs na cesta como $m + m + m + m + m + m$, mas é muito mais simples escrever $6m$. Ao fazer isso, estamos agrupando termos semelhantes. (Como cada termo é a variável m, podemos combiná-los com o coeficiente 6, que nos diz quantas m estão na cesta.)

Para combinar termos com a mesma variável, basta adicionar os coeficientes.

EXEMPLO: Denise agora colocou 6 maçãs em uma cesta rosa, 1 maçã em uma cesta roxa e 7 maçãs em uma cesta branca.

Podemos expressar o número total de maçãs como $6m + m + 7m$, mas é muito mais simples escrever $14m$.

> Uma variável sem coeficiente tem o coeficiente igual a 1. Logo, "m" quer dizer "$1m$". E "k^3" na verdade quer dizer "$1k^3$". (Lembre-se da propriedade de identidade da multiplicação!)

EXEMPLO: $9x - 3x + 5x$
(Quando existe um sinal de "−" na frente do termo, temos que subtrair o termo.)
$9x - 3x + 5x = 14x - 3x = 11x$

Se dois termos NÃO envolvem a mesma variável, eles não podem ser combinados.

EXEMPLO: $7m + 3y - 2m + y + 8$
($7m$ e $-2m$ podem ser combinados para formar $5m$. Da mesma forma, $3y$ e y podem ser combinados para formar $4y$. Por fim, a constante 8 permanece como está.)
$7m + 3y - 2m + y + 8 = 5m + 4y + 8$

ATENÇÃO: Um termo com uma variável não pode ser combinado com uma constante.

$3ab$ pode ser combinado com $4ba$, porque, de acordo com a propriedade comutativa da multiplicação, ab e ba são equivalentes!

DESCULPE... NÃO FOMOS FEITOS UM PARA O OUTRO.

Depois de simplificar a expressão, é costume colocar os termos na **ORDEM DECRESCENTE** dos expoentes da variável, deixando por último a constante.

> Além disso, os matemáticos costumam colocar as variáveis em ordem alfabética!

EXEMPLO: $7m^2 + 2m - 6$

> Para combinar termos semelhantes, é preciso que a variável seja a mesma. Assim, por exemplo, não podemos combinar $4y$ com $3y^2$, já que $3y^2$ equivale a $3 \cdot y \cdot y$, um termo com uma variável diferente de y.

Às vezes precisamos usar a propriedade distributiva antes de combinar os termos semelhantes.

EXEMPLO: $3x + 4(x + 3) - 1$

$3x + 4(x + 3) - 1$ — Primeiro use a propriedade distributiva para arremessar com a catapulta o 4 por cima dos parênteses.

$= 3x + 4x + 12 - 1$ — Em seguida, junte os termos semelhantes.

$= 7x + 11$ — Essa é a forma mais simples de conseguir essa expressão!

VERIFIQUE SEUS CONHECIMENTOS

Nas questões de **1** a **3**, identifique os termos das expressões.

1. $4t^3 + 9y + 1$

2. $11gh - 6t + 4$

3. $2 + mn - 4v^2$

Nas questões **4** e **5**, identifique os coeficientes e a constante de cada expressão.

4. $2m^5 + 3y - 1$

5. $19x^5 - 55y^2 + 11$

Nas questões de **6** a **10**, simplifique cada expressão.

6. $7x + 11x$

7. $12y - 5y + 19$

8. $3t + 6z - 4t + 9z + z$

9. $19mn + 6x^2 + 2nm$

10. $5x + 3(x + 1) + 2x - 9$

RESPOSTAS

CONFIRA AS RESPOSTAS

1. $4t^3$, $9y$, 1

2. $11gh$, $-6t$, 4

3. z, mn, $-4v^2$

4. Coeficientes: 2, 3; constante: −1

5. Coeficientes: 19, −55; constante: 11

6. $18x$

7. $7y + 19$

8. $-t + 16z$

9. $6x^2 + 21mn$

10. $10x - 6$

Capítulo 30
EXPOENTES

EXPOENTE é o número de vezes que uma **BASE** deve ser multiplicada por si mesma. O resultado da multiplicação é chamado de potência.

EXEMPLO: 4^3

4 é a base. O índice superior 3, à direita da base e sobrescrito, recebe o nome de expoente e indica o número de vezes que a base deve ser multiplicada por si mesma.

Assim, $4^3 = 4 \cdot 4 \cdot 4 = 64$.

4^3 é lido como "quatro elevado à terceira potência".

CUIDADO COM ESTE ERRO!
A expressão 4^3 NÃO QUER DIZER $4 \cdot 3$.

Pontos importantes sobre expoentes:

1. Todo número sem um expoente tem um expoente implícito igual a 1.

EXEMPLO: $8 = 8^1$

2. Toda base diferente de 0 com expoente 0 é igual a 1.

EXEMPLO: $6^0 = 1$

3. Tome cuidado ao calcular potências de números negativos.

EXEMPLO:
$$-3^2 = -(3^2) = -(3 \cdot 3) = -9$$
É DIFERENTE DE
$$(-3)^2 = (-3) \cdot (-3) = 9$$

Verifique o que VEM ANTES DO EXPOENTE!

No primeiro caso, como o que vem antes do expoente é o NÚMERO 3, o número 3 é elevado à segunda potência e só depois recebe um sinal negativo.

No segundo exemplo, como o que vem antes do expoente é um PARÊNTESE, elevamos à segunda potência *tudo* que está entre parênteses. Como −3 está entre parênteses, ele é elevado à segunda potência e o sinal negativo desaparece.

Simplificação de expressões com expoentes

É possível simplificar expressões que envolvem produtos ou quocientes de potências combinando os expoentes: a única exigência é que a base seja a mesma. É assim que a coisa funciona:

$x^a \cdot x^b = x^{a+b}$

$x^a \div x^b = x^{a-b}$

Para multiplicar potências com a mesma base, escreva a base apenas uma vez e some os expoentes!

*TENHO **78 125** MAIS POTÊNCIA QUE O 5 COMUM!*

EXEMPLO: $5^2 \cdot 5^6 = 5^{2+6} = 5^8$

> Para mostrar que o resultado está certo, use o caminho mais longo:
> $5^2 \cdot 5^6 = 5 \cdot 5 \cdot 5 \cdot 5 \cdot 5 \cdot 5 \cdot 5 \cdot 5 = 5^8$

Para dividir potências com a mesma base, escreva a base apenas uma vez e subtraia os expoentes!

EXEMPLO: $7^6 \div 7^2 = 7^{6-2} = 7^4$

> Para mostrar que o resultado está certo, use o caminho mais longo:
> $$\frac{7^6}{7^2} = \frac{7 \cdot 7 \cdot 7 \cdot 7 \cdot 7 \cdot 7}{7 \cdot 7} = 7^4$$
>
> (Podemos cancelar dois 7 do numerador com dois 7 do denominador porque um número dividido por si mesmo é igual a 1.)
>
> $$\frac{7^6}{7^2} = \frac{7 \cdot 7 \cdot 7 \cdot 7 \cdot \cancel{7} \cdot \cancel{7}}{\cancel{7} \cdot \cancel{7}} = 7^4$$

O método também pode ser usado para variáveis, como nos exemplos a seguir.

EXEMPLO: $x^2 \cdot 2y \cdot x^4$ Para simplificar, mantemos a base (x) e usamos como expoente a soma $2 + 4$ dos expoentes de x.

$= x^6 \cdot 2y$ ← TAMBÉM PODE SER ESCRITO COMO $2x^6y$.

EXEMPLO: $3a^9 \div 7a^5$ Para simplificar $a^9 \div a^5$, mantemos a base (a) e usamos como expoente a diferença $9 - 5$ dos expoentes de a.

$= 3a^4 \div 7$

PARA TORNAR A SOLUÇÃO MAIS EVIDENTE, EXPERIMENTE ESCREVER A EXPRESSÃO ACIMA EM FORMA DE FRAÇÃO. $\dfrac{3a^9}{7a^5}$

Uma expressão em que uma potência entre parênteses é seguida por um segundo expoente do lado de fora dos parênteses é chamada de **POTÊNCIA DE UMA POTÊNCIA**. A potência de uma potência pode ser simplificada multiplicando os expoentes. A coisa funciona assim:

$$(v^a)^b = v^{a \cdot b}$$

Mnemônico para "Potência de Potência: Multiplicar Expoentes":

Poderosos **P**rimatas
Maltrataram **E**lefantes.

EXEMPLOS: $(4^2)^3 = 4^{2 \cdot 3} = 4^6$

> Para mostrar que o resultado está certo, use o caminho mais longo:
> $(4^2)^3 = 4^2 \cdot 4^2 \cdot 4^2 = 4 \cdot 4 \cdot 4 \cdot 4 \cdot 4 \cdot 4 = 4^6$

EXEMPLO:
$(3x^7y^4)^2 = 3^{1 \cdot 2} \cdot x^{7 \cdot 2} \cdot y^{4 \cdot 2} = 3^2 \cdot x^{14} \cdot y^8 = 9x^{14}y^8$

(Não se esqueça: toda base sem expoente tem um expoente implícito igual a 1.)

Expoentes negativos

O que acontece no caso de um **EXPOENTE NEGATIVO**? Você pode calcular o valor de uma potência com um expoente negativo usando a regra a seguir:

O expoente negativo de uma potência no numerador de uma fração se transforma em um expoente positivo quando a potência é transferida para o denominador e vice-versa. A coisa funciona assim:

$$x^{-m} = \frac{1}{x^m}$$

> Você encontrou uma potência com um expoente negativo?
> **FAÇA UMA MUDANÇA!** Se a potência está no numerador de uma fração, mude-a para o denominador e vice-versa. O sinal negativo vai desaparecer!

EXEMPLO: $3^{-3} = \dfrac{1}{3^3} = \dfrac{1}{27}$

O contrário também é verdade: o expoente negativo de uma potência que está no denominador de uma fração se torna um expoente positivo quando a potência é transferida para o numerador. A coisa funciona assim:

$$\dfrac{1}{x^{-m}} = x^m$$

EXEMPLO: $\dfrac{1}{5^{-2}} = 5^2 = 25$

EXEMPLO: $\dfrac{x^5 y^{-3}}{x^{-4} y^4}$ Transforme y^{-3} em y^3 transferindo a potência para o denominador. Transforme x^{-4} em x^4 transferindo a potência para o numerador.

A nova expressão é $\dfrac{x^5 \cdot x^4}{y^3 \cdot y^4}$.

Ela pode ser simplificada para $\dfrac{x^9}{y^7}$.

VERIFIQUE SEUS CONHECIMENTOS

Simplifique as expressões a seguir:

1. 5^3

2. $14m^0$

3. -2^4

4. $x^9 \cdot x^5$

5. $4x^2 \cdot 2y \cdot -3x^5$

6. $\dfrac{t^9}{t}$

7. $\dfrac{-15x^4 y^2}{5x^3 y^2}$

8. $(10^3)^2$

9. $(8m^3n)^3$

10. $\dfrac{y^5 z^{-2}}{y^2 z^6}$

CONFIRA AS RESPOSTAS

1. 125

2. 14

3. −16

4. x^{14}

5. $-24x^7y$

6. t^8

7. $-3x$

8. 10^6 ou 1 000 000

9. $512m^9n^3$

10. $\dfrac{y^3}{z^8}$

Capítulo 31
ORDEM DAS OPERAÇÕES

A **ORDEM DAS OPERAÇÕES** é uma ordem adotada pelos matemáticos que deve ser seguida à risca pelos alunos. A ordem é a seguinte:

1º Os cálculos dentro dos sinais de agrupamento ( ), [ ] e { }, conhecidos, respectivamente, como parênteses, colchetes e chaves, devem ser executados em primeiro lugar.

2º Os expoentes, raízes e valores absolutos devem ser calculados da esquerda para a direita.

3º As multiplicações e divisões têm a mesma prioridade e devem ser executadas da esquerda para a direita.

4º Adições e subtrações têm a mesma prioridade e devem ser executadas da esquerda para a direita.

EXEMPLO: $4 + 3 \cdot 2$ Primeiro multiplique 3 e 2.

$= 4 + 6$ Depois é só somar.
$= 10$

EXEMPLO: $6 + (12 \div 4) \cdot 2$ Comece com o cálculo no interior dos parênteses.

$= 6 + 3 \cdot 2$ Em seguida, multiplique 3 por 2.

$= 6 + 6$ Depois é só somar.
$= 12$

EXEMPLO: $3^2 - 4(6 + 1) - 2$ Comece com o expoente e os cálculos no interior dos parênteses.

$= 9 - 4(7) - 2$ Em seguida, multiplique.

$= 9 - 28 - 2$ Por último, subtraia da esquerda para a direita.

$= -21$

Sempre que encontrar sinais de agrupamento aninhados, como, por exemplo, parênteses dentro de colchetes, EXECUTE AS OPERAÇÕES DO CONJUNTO MAIS INTERNO PARA O EXTERNO.

EXEMPLO: $[14 \div (9 - 2) + 1] \cdot 6$ — Comece com as operações dentro dos parênteses: $9 - 2 = 7$.

$= [14 \div 7 + 1] \cdot 6$ — Em seguida, execute a divisão dentro dos colchetes: $14 \div 7 = 2$.

$= [2 + 1] \cdot 6$ — Depois, execute a adição dentro dos colchetes: $2 + 1 = 3$.

$= 3 \cdot 6$
$= 18$

VERIFIQUE SEUS CONHECIMENTOS

Na questão **1**, complete as lacunas.

1. A ordem das operações é a seguinte: primeiro, faça todos os cálculos no interior dos _____ de _____ ( ), [ ] e { }, conhecidos, respectivamente, como parênteses, colchetes e chaves. Em seguida, calcule expoentes, raízes e _____ _____. Depois, execute as multiplicações e _____, que têm a mesma prioridade e devem ser executadas da _____ para a _____. Finalmente, faça as _____ e subtrações, que têm a mesma prioridade e devem ser executadas da _____ para a _____.

Nas questões de **2** a **10**, simplifique as expressões.

2. $4 + 8 \cdot 2$

3. $2 + 6 + 8^2$

4. $9 + (9 - 4 \cdot 2)$

5. $4^2 + (19 - 15) \cdot 3$

6. $(-4)(-2) + 2(6+5)$

7. $(6-3)^2 - (4-3)^3$

8. $|6-8| + [(2+5) \cdot 3]^2$

9. $\dfrac{27}{-3} + (12 \div 4)^3$

10. $[6 \cdot 4(15 \div 5)] + [2^2 + (1 \cdot -5)]$

RESPOSTAS

CONFIRA AS RESPOSTAS

1. sinais; agrupamento; valores; absolutos; divisões; esquerda; direita; adições; esquerda; direita

2. 20

3. 72

4. 10

5. 28

6. 30

7. 8

8. 443

9. 18

10. 71

Capítulo 32
NOTAÇÃO CIENTÍFICA

No dia a dia, escrevemos os números na **NOTAÇÃO DECIMAL**.

EXEMPLO: 2 300 000

NÃO É MUITO CIENTÍFICO.

A **NOTAÇÃO CIENTÍFICA** serve para escrever números muito pequenos ou muito grandes usando potências de 10.

EXEMPLO: $2,3 \cdot 10^6$

(que é o mesmo que 2 300 000)

EU APROVO!

Na notação científica, o primeiro número é maior ou igual a 1 e menor que 10. O segundo número é uma potência de 10.

EXEMPLO de um número muito **GRANDE**:
$$7,4 \cdot 10^9 = 7\,400\,000\,000$$

EXEMPLO de um número muito pequeno:
$$7,4 \cdot 10^{-9} = 0,0000000074$$

Para CONVERTER UM NÚMERO DA NOTAÇÃO CIENTÍFICA PARA A NOTAÇÃO DECIMAL:

> Se o expoente de 10 for positivo, desloque a vírgula para a **DIREITA** um número de casas igual ao expoente.

> Se o expoente de 10 for negativo, desloque a vírgula para a **ESQUERDA** um número de casas igual ao expoente.

EXEMPLO: Converta $8{,}91 \cdot 10^7$ para a notação decimal.

$8{,}91 \cdot 10^7$ ← Como o expoente 7 é positivo, desloque a vírgula sete casas para a direita
89 100 000 (e complete com zeros).

EXEMPLO: Converta $4{,}667 \cdot 10^{-6}$ para a notação padrão.

$4{,}667 \cdot 10^{-6}$ ← Como o expoente 6 é negativo, desloque a vírgula seis espaços para a esquerda
0,000004667 (e complete com zeros).

Para CONVERTER UM NÚMERO POSITIVO DA NOTAÇÃO DECIMAL PARA A NOTAÇÃO CIENTÍFICA, conte quantas casas você tem que deslocar a vírgula para obter um número entre 1 e 10. Esse número de casas é o valor absoluto do expoente de 10 do número na notação científica.

> Se o número na notação decimal for maior que 1, use o sinal **POSITIVO** para o expoente de 10.

EXEMPLO: Converta 3 320 000 para a notação científica.

3 320 000 — Desloque a vírgula seis casas para obter um número entre 1 e 10: 3,32.

$3,32 \cdot 10^6$ — Como o número da notação decimal (3 320 000) é maior que 1, o expoente de 10 é 6 positivo.

> Se o número de notação decimal for menor que 1, use o sinal **NEGATIVO** para o expoente de 10.

EXEMPLO: Converta 0,0007274 para a notação científica.

0,0007274 — Desloque a vírgula quatro casas para obter um número entre 1 e 10: 7,274.

$7,274 \cdot 10^{-4}$ — Como o número de notação padrão (0,0007274) é menor que 1, o expoente de 10 é 4 negativo.

> Você também pode usar a notação científica para representar números negativos. Assim, por exemplo, -360 em notação científica é $-3,6 \cdot 10^2$. Basta contar quantas casas você precisa deslocar a vírgula para obter um número menor ou igual a -1 e maior que -10.

Multiplicação e divisão de números expressos em notação científica

Para MULTIPLICAR NÚMEROS EM NOTAÇÃO CIENTÍFICA, use o atalho para multiplicar potências de mesma base. Multiplique os números que precedem as potências de 10 e escreva a potência de 10 apenas uma vez, tendo como expoente a soma dos expoentes dos dois números.

EXEMPLO: $(2 \cdot 10^4)(3 \cdot 10^5)$

$= 2 \cdot 10^4 \cdot 3 \cdot 10^5$ ⎰ Multiplique 2 por 3, mantenha a base 10 e some os expoentes: $10^{4+5} = 10^9$.

$= 2 \cdot 3 \cdot 10^9$

$= 6 \cdot 10^9$

Para DIVIDIR NÚMEROS EM NOTAÇÃO CIENTÍFICA, use o atalho para dividir potências com a mesma base. Divida os números que precedem as potências de 10 e escreva a potência de 10 apenas uma vez, tendo como expoente a diferença dos expoentes dos dois números.

EXEMPLO: $\dfrac{8 \cdot 10^9}{4 \cdot 10^6}$

$= \dfrac{8}{4} \cdot \dfrac{10^9}{10^6}$ ⎰ Mantenha a base 10 e subtraia os expoentes: $10^{9-6} = 10^3$.

$= 2 \cdot 10^3$

EXCELENTE! MINHA MISSÃO FOI CUMPRIDA!

VERIFIQUE SEUS CONHECIMENTOS

1. Converta $2{,}29 \cdot 10^5$ para a notação decimal.

2. Converta $8{,}44 \cdot 10^{-3}$ para a notação decimal.

3. Converta $1{,}2021 \cdot 10^{-9}$ para a notação decimal.

4. Converta $4\,502\,000$ para a notação científica.

5. Converta $67\,000\,000\,000$ para a notação científica.

6. Converta $0{,}00005461$ para a notação científica.

Nas questões de **7** a **11**, calcule:

7. $(4{,}6 \cdot 10^3)(2{,}1 \cdot 10^2)$

8. $(2 \cdot 10^{-5})(3{,}3 \cdot 10^{-2})$

9. $(4 \cdot 10^4)(3 \cdot 10^3)$

10. $\dfrac{9 \cdot 10^7}{1{,}8 \cdot 10^3}$

11. $\dfrac{3{,}64 \cdot 10^5}{2{,}6 \cdot 10^{-2}}$

RESPOSTAS

CONFIRA AS RESPOSTAS

1. 229 000

2. 0,00844

3. 0,0000000012021

4. $4,502 \cdot 10^6$

5. $6,7 \cdot 10^{10}$

6. $5,461 \cdot 10^{-5}$

7. $9,66 \cdot 10^5$

8. $6,6 \cdot 10^{-7}$

9. $12 \cdot 10^7 = 1,2 \cdot 10^8$

10. $5 \cdot 10^4$

11. $1,4 \cdot 10^7$

Capítulo 33

RAIZ QUADRADA E RAIZ CÚBICA

RAIZ QUADRADA

Calcular o **QUADRADO** de um número é elevá-lo à segunda potência.

EXEMPLO: 3^2 (Que se lê "três ao quadrado")
$3^2 = 3 \cdot 3 = 9$

O contrário de elevar um número ao quadrado é calcular a **RAIZ QUADRADA** do número. A raiz quadrada de um número é indicada por um **SINAL DE RAIZ** ($\sqrt{}$).

EXEMPLO: $\sqrt{16}$ (Que se lê "raiz quadrada de 16")
$\sqrt{16} = \sqrt{4 \cdot 4} = 4$ e $\sqrt{16} = \sqrt{-4 \cdot -4} = 4$

> Para calcular uma raiz quadrada, pergunte a si mesmo: "Que número multiplicado por ele mesmo é igual ao número que está dentro do sinal de raiz"?

Quadrados perfeitos

EU SOU PERFEITO!

$\sqrt{16}$ é um **QUADRADO PERFEITO**, ou seja, um número que é o quadrado de um número inteiro.

IMPORTANTE: A raiz quadrada de um quadrado perfeito é um número natural. A raiz quadrada de 16 é 4, pois $4 \cdot 4 = 16$.

EXEMPLO: 4 é um quadrado perfeito.

$\sqrt{4} = 2$ $(2 \cdot 2 = 4)$

EXEMPLO: 1 é um quadrado perfeito.

$\sqrt{1} = 1$ $(1 \cdot 1 = 1)$

EXEMPLO: $\frac{1}{4}$ é um quadrado perfeito.

$\sqrt{\frac{1}{4}} = \frac{1}{2}$ $\left(\frac{1}{2} \cdot \frac{1}{2} = \frac{1}{4}\right)$

Todo número dentro de um sinal de raiz que NÃO É um quadrado perfeito é um número irracional.

EXEMPLO: $\sqrt{7}$ é irracional.

EXEMPLO: $\sqrt{10}$ é irracional.

VOCÊ ME CHAMOU DE IRRACIONAL?

RAIZ CÚBICA

Calcular o **CUBO** de um número é elevá-lo à terceira potência.

EXEMPLO: 2^3 (Que se lê "dois ao cubo")
$2^3 = 2 \cdot 2 \cdot 2 = 8$

O contrário de calcular o cubo de um número é calcular a **RAIZ CÚBICA** de um número. A raiz cúbica de um número é indicada por um sinal de raiz com um 3 na parte de cima ($\sqrt[3]{}$).

EXEMPLO: $\sqrt[3]{8} = 2$ (Que se lê "raiz cúbica de 8", porque 8 é igual a $2 \cdot 2 \cdot 2$)

EXEMPLO: $\sqrt[3]{27} = 3$ (Que se lê "raiz cúbica de 27", porque 27 é igual a $3 \cdot 3 \cdot 3$)

EXEMPLO: $\sqrt[3]{\dfrac{1}{125}} = \dfrac{1}{5}$ (Que se lê "raiz cúbica de $\dfrac{1}{125}$", porque $\dfrac{1}{125}$ é igual a $\dfrac{1}{5} \cdot \dfrac{1}{5} \cdot \dfrac{1}{5}$)

> Para calcular uma raiz cúbica, pergunte a si mesmo: "Que número multiplicado duas vezes por ele mesmo é igual ao número que está dentro do sinal de raiz?"

Cubos perfeitos

Números como 8 e 27 às vezes são chamados de **CUBOS PERFEITOS**. Cubos perfeitos também podem ser números negativos.

EXEMPLO: $\sqrt[3]{-8} = -2$ (Que se lê "raiz cúbica de menos 8", porque -8 é igual a $-2 \cdot -2 \cdot -2$)

EXEMPLO: $\sqrt[3]{-1} = -1$ (Que se lê "raiz cúbica de menos 1", porque -1 é igual a $-1 \cdot -1 \cdot -1$)

EXEMPLO: $\sqrt[3]{-\frac{8}{27}} = -\frac{2}{3}$ (Que se lê "raiz cúbica de $-\frac{8}{27}$", porque $-\frac{8}{27}$ é igual a $-\frac{2}{3} \cdot -\frac{2}{3} \cdot -\frac{2}{3}$)

PERFEITO! [16]

PERFEITÃO! [8]

OLHA A HUMILDADE... [27]

VERIFIQUE SEUS CONHECIMENTOS

1. Complete as tabelas:

QUADRADO PERFEITO	RAIZ QUADRADA
1	
	2
9	
	4
25	
	6
49	
	8
81	
	10

CUBO PERFEITO	RAIZ CÚBICA
1	
8	
27	

Calcule a raiz cúbica dos seguintes números:

2. -27

3. 64

4. -1

5. -125

6. 0

7. $\dfrac{1}{8}$

8. $\dfrac{8}{125}$

RESPOSTAS

CONFIRA AS RESPOSTAS

1.

QUADRADO PERFEITO	RAIZ QUADRADA
1	1
4	2
9	3
16	4
25	5
36	6
49	7
64	8
81	9
100	10

CUBO PERFEITO	RAIZ CÚBICA
1	1
8	2
27	3

2. −3

3. 4

4. −1

5. −5

6. 0

7. $\dfrac{1}{2}$

8. $\dfrac{2}{5}$

Capítulo 34
COMPARAÇÃO DE NÚMEROS IRRACIONAIS

Para comparar números irracionais, é mais fácil usar aproximações.

E O RESULTADO É CONFIÁVEL!

> Existe um número irracional especial chamado π. É a letra grega *pi*, cujo valor é 3,14159265... mas costuma ser arredondado para 3,14.

EXEMPLO: Qual é maior, 6 ou 2π?

Como π é aproximadamente igual a 3,14, isso significa que 2π é igual a 2 • 3,14 = 6,28.
$2\pi > 6$

A raiz quadrada de um quadrado perfeito (como $\sqrt{9}$ = 3) é fácil de calcular. Mas também podemos calcular os valores aproximados de números como $\sqrt{2}$ ou $\sqrt{10}$ "raciocinando ao contrário".

215

EXEMPLO: Qual é maior, $\sqrt{5}$ ou $2,1$?

Primeiro, vamos calcular o valor aproximado de $\sqrt{5}$ com precisão de números inteiros.

Sabemos que $1^2 = 1$, $2^2 = 4$, $3^2 = 9$ ou $\sqrt{1} = 1$, $\sqrt{4} = 2$, $\sqrt{9} = 3$.

> ≈ SIGNIFICA APROXIMADAMENTE IGUAL.

Logo, $\sqrt{5}$ está entre 2 e 3... portanto $\sqrt{5} \approx 2$.

Como o número a ser comparado com a raiz de 5 tem uma casa decimal, vamos experimentar números com uma casa decimal:

$2,0^2 = 4$; $2,1^2 = 4,41$; $2,2^2 = 4,84$; $2,3^2 = 5,29$

Logo, $\sqrt{5}$ está entre $2,2$ e $2,3$, mas está mais próximo de $2,2$... portanto $\sqrt{5} \approx 2,2$.

Isso quer dizer que $\sqrt{5}$ é maior que $2,1$.

Se você quisesse calcular o valor aproximado de $\sqrt{5}$ com precisão de centésimos, bastaria repetir o processo de "raciocinar ao contrário" e experimentar números com duas casas decimais:

$2,21^2 = 4,8841$; $2,22^2 = 4,9284$... e assim por diante, até encontrar a melhor aproximação.

VERIFIQUE SEUS CONHECIMENTOS

Nas questões de **1** a **4**, use a aproximação $\pi \approx 3{,}14$.

1. Calcule o valor de 2π.

2. Calcule o valor de 5π.

3. Calcule o valor de -3π.

4. Calcule o valor de $\dfrac{1}{2}\pi$.

5. Qual é o valor aproximado de $\sqrt{3}$ com uma casa decimal?

6. Qual é o valor aproximado de $\sqrt{6}$ com uma casa decimal?

7. Qual é o valor aproximado de $\sqrt{2}$ com duas casas decimais?

8. Qual é o valor aproximado de $\sqrt{5}$ com duas casas decimais?

9. Qual desses números é maior: $\sqrt{10}$, π ou 3?

10. Desenhe uma reta numérica e indique as posições dos seguintes números: -3, 0, 1, π e $\sqrt{5}$.

CONFIRA AS RESPOSTAS

1. 6,28

2. 15,7

3. −9,42

4. 1,57

5. $\sqrt{3} \approx 1{,}7$

6. $\sqrt{6} \approx 2{,}4$

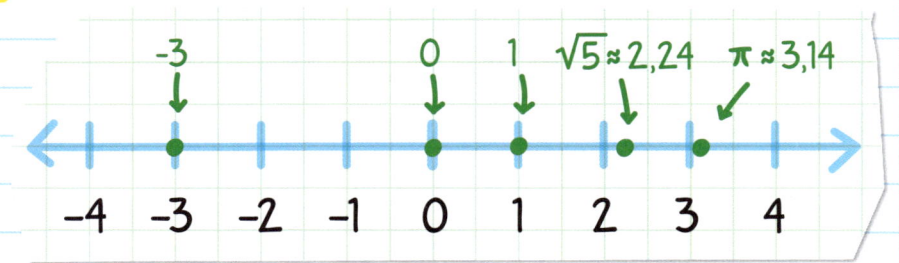

7. $\sqrt{2} \approx 1{,}41$

8. $\sqrt{5} \approx 2{,}24$

9. $\sqrt{10}$

10.

Reta numérica com os pontos: −3, 0, 1, $\sqrt{5} \approx 2{,}24$ e $\pi \approx 3{,}14$.

Capítulo 35
EQUAÇÕES

Uma **EQUAÇÃO** é uma sentença matemática com um sinal de igual e valores desconhecidos, que são chamados de incógnitas e representados por letras ou outros símbolos. Resolver uma equação significa encontrar os valores das incógnitas e tornar a sentença verdadeira. Esse conjunto de valores é chamado de **SOLUÇÃO**.

EXEMPLO: Mostre que $x = 8$ é a solução da equação $x + 12 = 20$.

$8 + 12 = 20$ (Substituindo x por 8.)
$20 = 20$

Como os dois lados são iguais, $x = 8$ torna verdadeira a sentença e, portanto, é a solução da equação.

EXEMPLO: -6 é a solução de $3x = 18$?

$3(-6) = 18$
$-18 \neq 18$

Como os dois lados não são iguais, -6 NÃO é a solução da equação!

Calcular o **VALOR NUMÉRICO** de uma expressão matemática é um processo que consiste em **SUBSTITUIR** símbolos por números e executar os cálculos indicados na expressão, respeitando a ordem das operações. É como se seu professor entrasse de férias e indicasse um professor substituto para desempenhar a mesma função.

OLÁ! SOU SEU SUBSTITUTO NESTA EQUAÇÃO!

ÓTIMO! ESTOU PRECISANDO DESCANSAR!

EXEMPLO: Calcule o valor numérico de $x + 1$ quando $x = 3$.

$3 + 1 = 4$ (Como sabemos que $x = 3$, podemos substituir x por 3.)

EXEMPLO: Calcule o valor numérico de $3y - 6$ quando $y = 8$.

$3 \cdot 8 - 6$ (Como sabemos que $y = 8$, substituímos y por 8. Depois, seguimos a ordem das operações. Neste caso, primeiro executamos a multiplicação.)

$= 24 - 6$
$= 18$

Quando existem duas ou mais variáveis, seguimos os mesmos passos: substituímos as variáveis por números e executamos as operações.

> **EXEMPLO:** Calcule o valor numérico de $4x - 7m$ quando $x = 6$ e $m = 4$.
>
> $4 \cdot 6 - 7 \cdot 4$
> $= 24 - 28$
> $= -4$

> **EXEMPLO:** Calcule o valor numérico de $\dfrac{8y + z}{6 - x}$ quando $y = 3$; $z = -2$; $x = -5$.
>
> $\dfrac{8 \cdot 3 + (-2)}{6 - (-5)}$
>
> $= \dfrac{24 + (-2)}{6 - (-5)}$
>
> $= \dfrac{22}{11}$
>
> $= 2$

DICA: Quando as variáveis estão no numerador e/ou no denominador, calcule o valor total do numerador, depois o valor total do denominador e, por fim, divida o valor do numerador pelo valor do denominador. Em outras palavras, considere a barra de fração como um sinal de agrupamento.

Variáveis independentes e dependentes

Existem diferentes tipos de variáveis que podem aparecer em uma equação:

> As variáveis que você substitui por números são chamadas de **VARIÁVEIS INDEPENDENTES**.

> As variáveis cujo valor você calcula são chamadas de **VARIÁVEIS DEPENDENTES**.

É fácil de lembrar: as variáveis dependentes dependem das variáveis independentes!

EXEMPLO: Calcule o valor de y na expressão $y = 5x + 3$ quando $x = 4$.

$y = 5 \cdot 4 + 3$ (A variável x é a variável independente e y é a variável dependente.)

$y = 20 + 3$
$y = 23$

VERIFICAÇÃO
$y = 5x + 3$
$23 = 5(4) + 3$
$23 = 20 + 3$
$23 = 23$ ✓

A resposta está certa!

> Se você não está seguro de sua resposta, uma dica é voltar à equação original, substituir as variáveis pelos seus valores, fazer as contas e verificar se os dois lados da equação têm o mesmo valor.

VERIFIQUE SEUS CONHECIMENTOS

1. Calcule o valor de $x + 6$ quando $x = 7$.

2. Calcule o valor de $3m - 5$ quando $m = 9$.

3. Calcule o valor de $7b - b$ quando $b = 4$.

4. Calcule o valor de $9x - y$ quando $x = 6$ e $y = 3$.

5. Calcule o valor de $-5m - 2n$ quando $m = 6$ e $n = -2$.

Nas questões de **6** a **10**, calcule o valor de y.

6. $y = 7 - x$ quando $x = -1$

7. $y = 19x$ quando $x = 2$

8. $y = -22t^2$ quando $t = 5$

9. $y = \dfrac{175}{x + z}$ quando $x = 17$ e $z = 8$

10. $y = j(11 + k)^2$ quando $j = -4$ e $k = 1$

RESPOSTAS

CONFIRA AS RESPOSTAS

1. 13

2. 22

3. 24

4. 51

5. −26

6. $y = 8$

7. $y = 38$

8. $y = -550$

9. $y = 7$

10. $y = -576$

Capítulo 36
CÁLCULO DO VALOR DE VARIÁVEIS

Muitas vezes não sabemos qual é o valor de uma variável. Nesses casos, temos que "descobrir o valor da incógnita" ou "descobrir o valor de **x**".

> Resolver uma equação é como se perguntar: "Qual é o valor da variável que torna verdadeira esta igualdade?"

Para atingir esse objetivo, precisamos ISOLAR A VARIÁVEL em um lado do sinal de igual. O lado esquerdo, por convenção, é o preferido.

EXEMPLO: $x + 7 = 13$

Para isolar a variável (x) em um lado do sinal de igual, precisamos:

1. Pensar na equação como uma balança com o sinal de = no meio. É necessário manter a balança equilibrada o tempo todo.

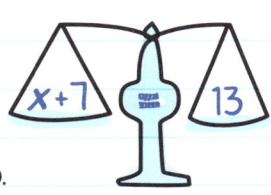

2. Pergunte a si mesmo: "O que está acontecendo com esta variável?" Neste caso, 7 está sendo somado a uma variável.

3. O que fazemos para isolar a variável? Usamos **OPERAÇÕES INVERSAS** nos dois lados da equação. Qual é o inverso de somar 7? Subtrair 7.

> **DICA:** QUANDO ENCONTRAR A PALAVRA **INVERSO**, PENSE NO CONTRÁRIO!

$x + 7 = 13$
$x + \cancel{7} - \cancel{7} = 13 - 7$ (Subtraímos 7 nos dois lados para
$x = 6$ manter a equação equilibrada.)

VERIFICAÇÃO
$x + 7 = 13$ Para verificar se a solução está correta, é
$6 + 7 = 13$ só substituir a variável na equação original
$13 = 13$ ✓   pelo valor que calculou.

Inverso é sinônimo de *contrário*. Segue uma lista de todas as operações que discutimos até o momento e suas operações inversas.

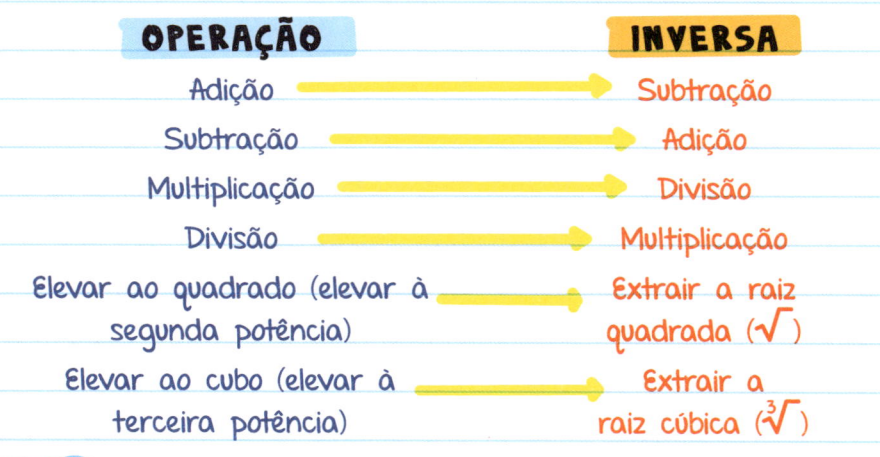

OPERAÇÃO	INVERSA
Adição	Subtração
Subtração	Adição
Multiplicação	Divisão
Divisão	Multiplicação
Elevar ao quadrado (elevar à segunda potência)	Extrair a raiz quadrada ($\sqrt{\ }$)
Elevar ao cubo (elevar à terceira potência)	Extrair a raiz cúbica ($\sqrt[3]{\ }$)

EXEMPLO: Determine o valor de m na equação $m - 9 = -13$.

$m - 9 = -13$ (O que está acontecendo com o m? O 9 está sendo subtraído do m. Qual é o inverso de subtração? Adição!)

$m - 9 + 9 = -13 + 9$
$m = -4$

VERIFICAÇÃO
$m - 9 = -13$
$-4 - 9 = -13$
$-13 = -13$ ✓

Substitua na equação original a variável (m) pelo valor encontrado (4).

EXEMPLO: Determine o valor de t na equação $-3t = 39$.

$-3t = 39$ (Qual é o inverso de multiplicação? Divisão.)

$\dfrac{-3t}{-3} = \dfrac{39}{-3}$

$t = -13$

> Não se esqueça de que, para manter a equação equilibrada, tudo que você faz de um lado **DEVE** ser feito do outro.

VERIFICAÇÃO
$3t = 39$
$-3(-13) = 39$
$39 = 39$ ✓

EXEMPLO: Determine o valor de y na equação $\dfrac{y}{4} = -19$.

$\dfrac{y}{4} = -19$ (Qual é o inverso de divisão? Multiplicação.)

$\dfrac{4}{1} \cdot \dfrac{y}{4} = -19 \cdot 4$

$y = -76$

VERIFICAÇÃO

$\dfrac{y}{4} = -19$

$\dfrac{-76}{4} = -19$

$-19 = -19$ ✓

EXEMPLO: Determine o valor de g na equação $g^2 = 121$.

$g^2 = 121$ (Qual é o inverso de elevar ao
$\sqrt{g^2} = \sqrt{121}$ quadrado? Extrair a raiz quadrada.)
$g = \pm 11$

USAMOS O SINAL ± PORQUE g PODE SER TANTO NÚMERO POSITIVO QUANTO NEGATIVO, COMO SE PODE VER NA VERIFICAÇÃO.

VERIFICAÇÃO

$g^2 = 121$	$g^2 = 121$
$11^2 = 121$	$(-11)^2 = 121$
$121 = 121$ ✓	$121 = 121$ ✓

e

VERIFIQUE SEUS CONHECIMENTOS

Determine o valor da variável.

1. $x + 14 = 22$

2. $7x = -35$

3. $y + 19 = 24$

4. $x - 11 = 8$

5. $-7 + m = -15$

6. $-6r = 72$

7. $-74 = -2w$

8. $\dfrac{v}{7} = -6$

9. $\dfrac{x}{-12} = -14$

10. $h^2 = 169$

RESPOSTAS

CONFIRA AS RESPOSTAS

1. $x = 8$

2. $x = -5$

3. $y = 5$

4. $x = 19$

5. $m = -8$

6. $r = -12$

7. $w = 37$

8. $v = -42$

9. $x = 168$

10. $h = \pm 13$

Capítulo 37
SOLUÇÃO DE EQUAÇÕES DE UMA VARIÁVEL

Para resolver uma equação de uma variável, é só isolar a variável. Dessa forma, do outro lado do sinal de igual estará a resposta!

Aqui estão alguns meios de isolar uma variável.

GOSTO DE FICAR SOZINHA.

1. Use operações inversas (tantas vezes quanto for necessário):

EXEMPLO: Determine o valor de x na equação $3x + 7 = 28$.

$3x + 7 = 28$
$3x = 28 - 7$

Podemos passar o +7 para o segundo membro da equação fazendo a operação inversa da soma. Assim, simplificamos a resolução da equação.

$3x = 21$
$x = \dfrac{21}{3}$ (Qual é o inverso da multiplicação? Divisão.)
$x = 7$

2. Use a propriedade distributiva e depois use operações inversas:

> PROCURE PARÊNTESES COM UM NÚMERO DO LADO DE FORA.

EXEMPLO: Determine o valor de m na equação $3(m - 6) = -12$.

$3(m - 6) = -12$ (Podemos distribuir o 3 pelos termos entre parênteses da seguinte forma: $3(m - 6) = 3m - 3 \cdot 6$.)

$3m - 18 = -12$
$3m = -12 + 18$ (Qual é o inverso da subtração? A adição.)
$3m = 6$ (Passe o 3 para o outro lado dividindo.)
$m = 2$

3. Combine os **TERMOS SEMELHANTES** e depois use operações inversas:

> "TERMOS SEMELHANTES" SÃO OS QUE POSSUEM AS MESMAS VARIÁVEIS E POTÊNCIAS.

EXEMPLO: Determine o valor de y na equação $4y + 5y = 90$.

$4y + 5y = 90$ (Como $4y$ e $5y$ são termos semelhantes, podemos combiná-los: $4y + 5y = 9y$.)

$9y = 90$ (Passe o 9 para o outro lado dividindo.)

$y = 10$

EXEMPLO: Determine o valor de y na equação $6y + 5 = 2y - 3$.

$6y + 5 = 2y - 3$
$6y - 2y + 5 = -3$

($6y$ e $2y$ são termos semelhantes, mas estão em lados diferentes do sinal de igual. Podemos combiná-los fazendo a operação inversa, colocando $-2y$ no primeiro membro da equação.)

$4y + 5 = -3$

> GERALMENTE, É MAIS FÁCIL FAZER A OPERAÇÃO INVERSA DO TERMO MENOR. NESTE CASO, $2y$ É MENOR QUE $6y$.

$4y = -3 - 5$

(O número 5 vem para o segundo membro como -5.)

$y = \dfrac{-8}{4}$

(O 4 muda de lado dividindo.)

$y = -2$

Às vezes são necessárias várias etapas para isolar uma variável em um lado do sinal de igual. A solução do próximo exemplo usa os três métodos que acabamos de discutir!

EXEMPLO: Determine o valor de w na equação
$-3(w - 3) - 9w - 9 = 4(w + 2) - 12$.

$-3w + 9 - 9w - 9 = 4w + 8 - 12$ (Primeiro, use a propriedade distributiva.)

$-12w = 4w - 4$ (Em seguida, combine termos semelhantes nos dois lados do sinal de igual.)

$-12w - 4w = -4$ (Use operações inversas para isolar a variável em um lado da equação.)

$-16w = -4$ (Use operações inversas de novo.)

$w = \dfrac{1}{4}$ (Simplifique sempre as frações!)

> Ah, não se esqueça de substituir w na equação original pelo valor encontrado para verificar se a solução está correta.

VERIFIQUE SEUS CONHECIMENTOS

Resolva as equações abaixo.

1. $6x + 10 = 28$

2. $-2m - 4 = 8$

3. $x + x + 2x = 48$

4. $3y + 4 + 3y - 6 = 34$

5. $9(w - 6) = -36$

6. $-5(t + 3) = -30$

7. $5z + 2 = 3z - 10$

8. $11 + 3x + x = 2x - 11$

9. $-5(n - 1) = 7(n + 3)$

10. $-3(c - 4) - 2c - 8 = 9(c + 2) + 1$

RESPOSTAS

CONFIRA AS RESPOSTAS

1. $x = 3$

2. $m = -6$

3. $x = 12$

4. $y = 6$

5. $w = 2$

6. $t = 3$

7. $z = -6$

8. $x = -11$

9. $n = -\dfrac{4}{3}$ ou $-1\dfrac{1}{3}$

10. $c = -\dfrac{15}{14}$ ou $-1\dfrac{1}{14}$

Capítulo 38
SOLUÇÃO E REPRESENTAÇÃO GRÁFICA DE INEQUAÇÕES

SOLUÇÃO de INEQUAÇÕES

Enquanto uma equação é uma sentença matemática com um sinal que mostra que duas expressões são equivalentes, uma **INEQUAÇÃO** é uma sentença matemática com um sinal que mostra que duas expressões NÃO SÃO equivalentes.

EXEMPLOS: $x > 4 \quad x < 4 \quad x \leq 4 \quad x \geq 4$

Para RESOLVER UMA INEQUAÇÃO, basta seguir os mesmos passos usados para resolver uma equação.

> Resolver uma inequação é como perguntar: "Que conjunto de valores torna verdadeira a inequação?"

EXEMPLO: $5x + 6 < 21$

$5x < 21 - 6$ (Faça a subtração.)

$x < \dfrac{15}{5}$ (Divida para isolar a variável.)

$x < 3$

Existe apenas uma diferença: toda vez que você **MULTIPLICA OU DIVIDE POR UM NÚMERO NEGATIVO**, deve inverter o sinal de desigualdade.

EXEMPLO: Determine o valor de x na equação $-4x \geq 24$.

$x \leq \dfrac{24}{-4}$ (Divida para isolar a variável, mas, ALÉM DISSO, como está dividindo por um número negativo, inverta o sinal de desigualdade.)

$x \leq -6$

VERIFICAÇÃO

Como a resposta diz que x é menor ou igual a -6, podemos testar se isso é verdade escolhendo um número menor ou igual a -6.

Teste de $x = -6$. → $-4(-6) \geq 24$
Certo! $24 \geq 24$ ✓

Teste de $x = -10$. → $-4(-10) \geq 24$
Certo! $40 \geq 24$ ✓

Logo, a resposta está certa.

> A solução de uma desigualdade é um conjunto infinito de números. Por exemplo, a solução $x \leq -6$ significa, literalmente, QUALQUER número menor ou igual a -6, uma lista que não acaba nunca! Podemos representar todos esses números usando um sinal de desigualdade.

REPRESENTAÇÃO GRÁFICA de DESIGUALDADES

Em vez de representar uma desigualdade por meio de símbolos, podemos **REPRESENTÁ-LA GRAFICAMENTE** em uma reta numérica. Existem duas formas de fazer isso:

1. Se a sentença matemática contém o sinal $<$ ou o sinal $>$, usamos um círculo vazio para indicar que o número assinalado na reta numérica NÃO ESTÁ entre os valores possíveis da expressão.

EXEMPLO: Represente graficamente a desigualdade $x < 8$.

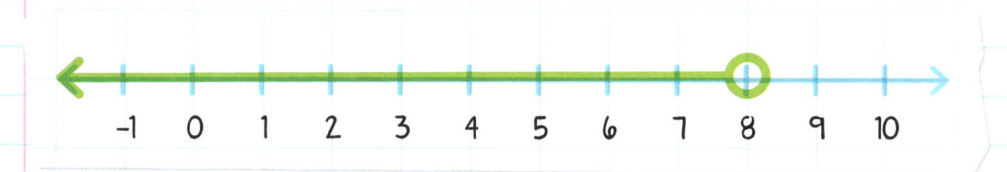

O número representado por x é menor que 8. Logo, 8 NÃO ESTÁ entre os números possíveis. Assim, devemos usar um círculo vazio.

2. Se a sentença matemática contém o sinal ≤ ou o sinal ≥, usamos um círculo cheio para indicar que o número assinalado na reta numérica ESTÁ entre os valores possíveis da expressão.

EXEMPLO: Represente graficamente a desigualdade $x \geq 0$.

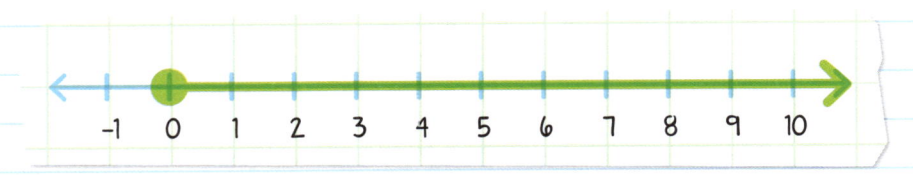

Como o número representado por x é maior ou igual a 0, 0 ESTÁ entre os números possíveis. Logo, devemos usar um círculo cheio.

Questões como a que vem a seguir são muito comuns nas provas:

EXEMPLO: Resolva e represente graficamente a desigualdade $-3x + 1 \geq 7$.

$-3x + 1 - 1 \geq 7 - 1$ Simplesmente isole x e represente a resposta desenhando um círculo cheio na reta numérica.

$-3x \geq 6$
$x \leq -2$

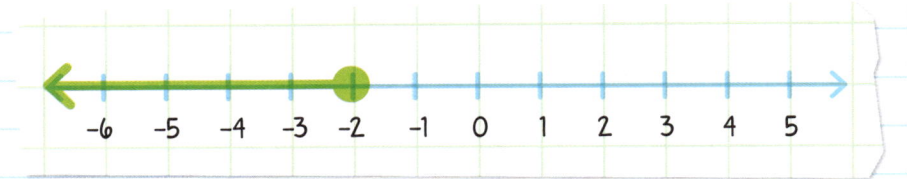

VERIFIQUE SEUS CONHECIMENTOS

1. Represente $x > 3$ em uma reta numérica.

2. Represente $y < -3$ em uma reta numérica.

3. Represente $m \leq -7$ em uma reta numérica.

4. Escreva a desigualdade representada por esta reta numérica usando x como variável:

5. Escreva a desigualdade representada por esta reta numérica usando x como variável:

6. Resolva e represente graficamente: $5x > 45$.

7. Resolva e represente graficamente: $2x + 1 < 7$.

8. Resolva e represente graficamente: $7y - 1 \leq 48$.

9. Resolva e represente graficamente: $8x - 14x < -24$.

10. Resolva e represente graficamente: $-2(w - 4) \geq 18$.

RESPOSTAS

CONFIRA AS RESPOSTAS

1. 

2. 

3. 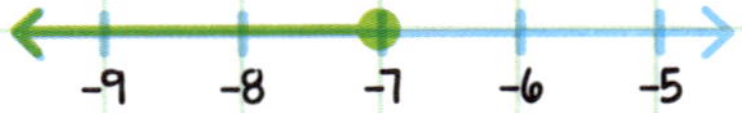

4. $x \geq 0$

5. $x < -9$

6. $x > 9$

7. $x < 3$
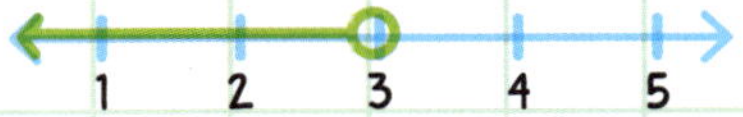

8. $y \leq 7$

9. $x > 4$

10. $w \leq -5$

Capítulo 39

PROBLEMAS DESCRITIVOS QUE ENVOLVEM EQUAÇÕES E DESIGUALDADES

Muitos problemas práticos podem ser resolvidos usando uma equação ou uma desigualdade.

EXEMPLO: João está tentando pesar o cachorro. Como o animal se recusa a ficar sozinho na balança, João decide subir na balança com ele. Os dois juntos pesam 80 quilos. João sabe que seu peso é 68 quilos. Quanto pesa o cachorro?

Para responder a perguntas como essa, precisamos expressar a situação na forma de uma equação ou desigualdade matemática.

1. Faça uma lista das operações envolvidas. ← PENSE: O QUE EU SEI?

Peso do João + peso do cachorro = Peso total

2. Qual é a informação desconhecida? ← PENSE: O QUE EU **NÃO** SEI?
Essa é a incógnita.

A informação desconhecida é o **peso do cachorro**, que vamos chamar de "**c**".

3. Escreva a equação ou desigualdade.

$68 + c = 80$

4. Resolva a equação ou desigualdade.

$68 + c = 80$
$c = 80 - 68$
$c = 12$

NÃO SE ESQUEÇA DE VERIFICAR SE O CÁLCULO ESTÁ CORRETO SUBSTITUINDO O RESULTADO NA EQUAÇÃO ORIGINAL.

O cachorro pesa **12** quilos.

Nos problemas descritivos, procure palavras-chave, como, por exemplo:

"é", que, em geral, significa =
"é maior que", que, em geral, significa >
"é menor que", que, em geral, significa <
"pelo menos", que, em geral, significa ≥
"até", que, em geral, significa ≤

EXEMPLO: Uma vendedora de uma loja de roupas ganha um salário fixo de **R$ 3 200,00** por mês e uma comissão de **20%** sobre as vendas. Quanto a vendedora precisa vender em um mês para receber pelo menos **R$ 4 800,00**?

1. O que eu sei? O salário fixo de **R$ 3 200,00 + 20%** de comissão sobre as vendas precisa ser maior ou igual a **R$ 4 800,00**.

2. O que eu quero saber? As vendas, que vamos chamar de "**V**".

3. $3\,200 + 0{,}2v \geq 4\,800$

4. $0{,}2v \geq 4\,800 - 3\,200$

$$v \geq \frac{1\,600}{0{,}2}$$

$$v \geq 8\,000$$

A vendedora precisa vender pelo menos **R$ 8 000,00** em um mês para ganhar pelo menos **R$ 4 800,00**.

EXEMPLO: Júlio precisa obter uma média de pelo menos 90 para ficar com "A" no curso de história. Até o momento, suas notas foram 92, 86 e 88. Qual é a nota que Júlio precisa tirar, no mínimo, na última prova para ficar com "A"?

Eis o que sabemos: para calcular uma média, devemos somar todos os números e dividir o resultado pela quantidade de valores considerados (neste caso, são quatro valores). Como 90 é o valor mínimo para que a nota final seja A, o sinal de desigualdade deve ser "maior ou igual a". Conhecemos as três primeiras notas, mas não a quarta, que vamos chamar de "n". Convertendo essa descrição em uma desigualdade, temos:

$$\frac{92 + 86 + 88 + n}{4} \geq 90$$

$$266 + n \geq 90 \cdot 4$$

$$n \geq 360 - 266$$

$$n \geq 94$$

Júlio precisa tirar 94 ou mais na quarta prova para ficar com "A" na matéria.

Não se esqueça de verificar se o resultado faz sentido. Neste caso, a resposta é sim! Como Júlio obteve duas notas um pouco abaixo de 90, vai precisar de duas notas um pouco acima de 90 para obter uma média de pelo menos 90.

PUXA VIDA...

VERIFIQUE SEUS CONHECIMENTOS

1. Jeremias gastou R$ 336,00 para comprar uma bola de futebol e um skate. A bola custou R$ 132,00. Quanto custou o skate?

2. Lúcia foi a uma loja de departamentos e gastou R$ 360,00 em roupas. Ela comprou um vestido de R$ 120,00, um chapéu de R$ 48,00 e uma jaqueta. Quanto custou a jaqueta?

3. Dalila quer comprar um carro usado que custa R$ 28 800,00. Ela dispõe no momento de R$ 3 600,00 e pretende economizar R$ 1 800,00 por mês. Daqui a quantos meses ela vai ter dinheiro suficiente para comprar o carro?

4. Roberto dá aulas particulares para dois alunos, André e Susana. André paga R$ 280,00 por mês e Susana paga R$ 200,00 por mês. Por quantos meses Roberto tem que dar aulas para ganhar R$ 2 400,00?

5. Um vendedor de automóveis ganha um salário fixo de R$ 5 600,00 por mês e uma comissão de 5% sobre as vendas. Quanto o vendedor precisa vender em um mês para ganhar pelo menos R$ 18 000,00?

6. Lino ganha um salário fixo de R$ 3 200,00 e uma comissão de 15% sobre as vendas. Quanto ele precisa vender em um mês para ganhar pelo menos R$ 20 000,00?

7. Lauro quer obter uma média no curso de ciências de pelo menos 85. Até o momento, suas notas nas provas foram 85, 76, 94 e 81. Que nota ele precisa tirar na última prova para conseguir o que deseja?

8. Uma empresa de engenharia está construindo vários prédios de um conjunto residencial. A meta é que o tempo médio diário de trabalho na construção seja 15 horas ou menos. No caso dos quatro primeiros edifícios, os tempos médios diários foram os seguintes: 17 horas, 10 horas, 19 horas, 13 horas. Quantas horas de trabalho são necessárias por dia na construção do quinto edifício para que a meta seja mantida?

9. Para perder peso, Geraldo calcula que pode consumir, no máximo, 2 300 calorias por dia. No café da manhã, ele consome 550 calorias. No lanche, come 220 calorias e no almoço, come 600 calorias. Quantas calorias ele pode comer no resto do dia sem exceder o limite?

10. Mauro está dando entrevistas a diferentes repórteres e pode passar até 2 horas fazendo as entrevistas. Ele gasta 35 minutos com a entrevistadora do Canal 7 e 45 minutos com o entrevistador do Canal 11. Se o Canal 4 quer entrevistá-lo, quanto tempo Mauro pode passar com o repórter do canal sem exceder o limite de tempo?

RESPOSTAS 249

CONFIRA AS RESPOSTAS

1. R$ 204,00

2. R$ 192,00

3. 14 meses

4. 5 meses

5. R$ 248 000,00 ou mais

6. R$ 112 000,00 ou mais

7. 89 ou mais

8. 16 horas ou menos

9. 930 calorias ou menos

10. 40 minutos ou menos

Unidade 4

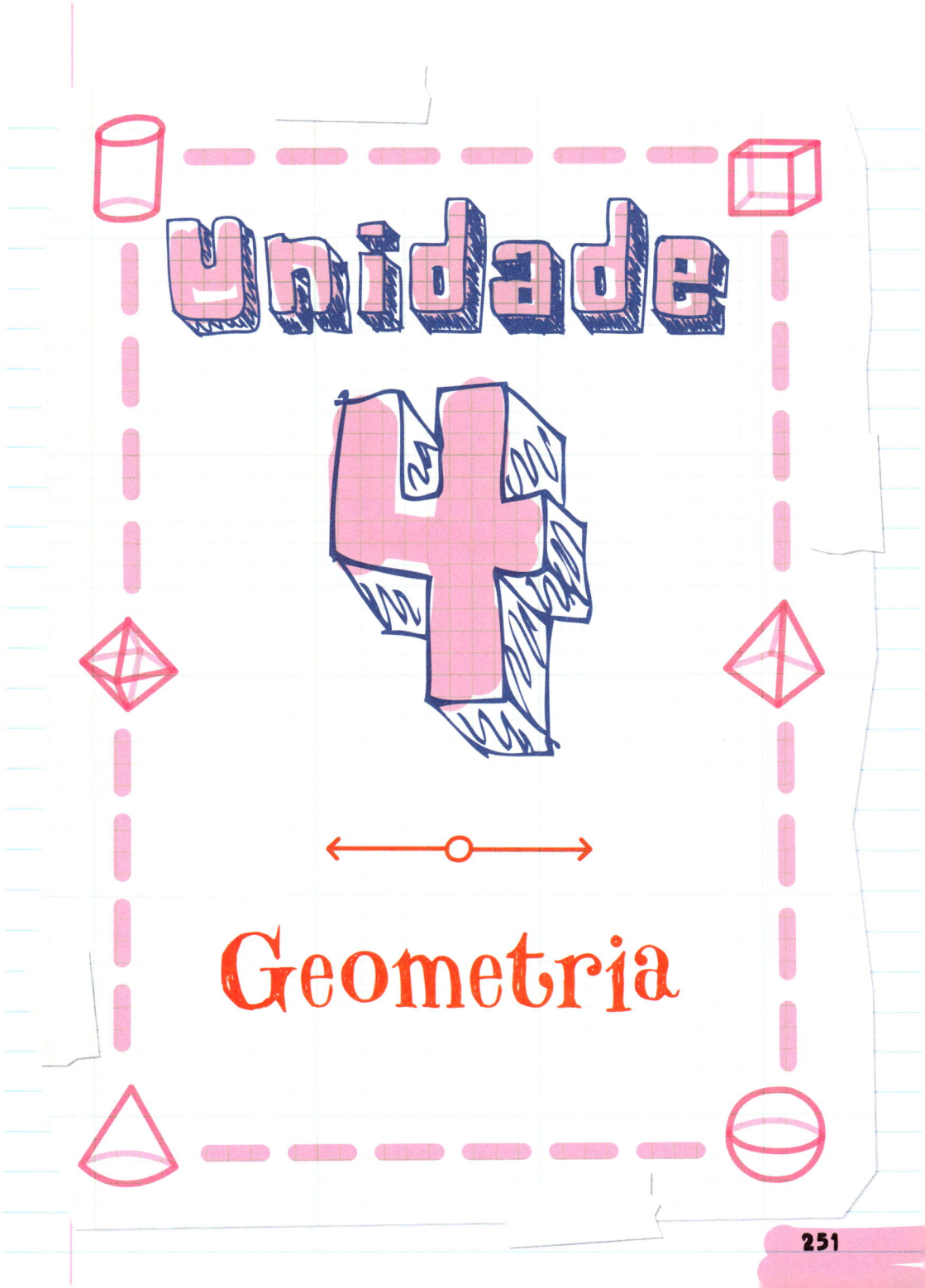

Geometria

Capítulo 40
INTRODUÇÃO À GEOMETRIA

GEOMETRIA é o ramo da matemática que trata de pontos, linhas, figuras e o espaço ao qual eles pertencem. Seguem alguns conceitos-chave da geometria:

Termo e definição	Símbolo	Exemplo
SEGMENTO DE RETA: parte de uma reta com dois pontos extremos.	Uma barra horizontal acima dos pontos extremos. $\overline{AB}$	A ―― B

Termo e definição	Símbolo	Exemplo
RETA: um conjunto de pontos que se estende infinitamente nos dois sentidos, sem mudar de direção.	Uma seta horizontal de duas pontas acima de dois pontos da reta. $\overleftrightarrow{AB}$	A, B
SEMIRRETA: uma reta com apenas um ponto de origem.	Uma seta horizontal acima de dois pontos da semirreta. O primeiro ponto deve ser necessariamente a origem. $\overrightarrow{CD}$	C, D
PONTO	O nome do ponto. A	A.
RETAS PARALELAS: retas que estão sempre afastadas à mesma distância. Elas JAMAIS se cruzam.	Duas barras verticais. $m \parallel n$	m, n
ÂNGULO: figura geométrica delimitada por duas semirretas com a mesma origem.	$\angle A$	A

Termo e definição	Símbolo	Exemplo
VÉRTICE: ponto de interseção de duas semirretas ou retas que formam um ângulo.	O nome do ângulo que forma o vértice ∠A ou dos pontos que formam o ângulo. ∠BAC	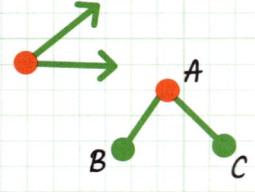
ÂNGULO RETO: um ângulo de 90 graus.		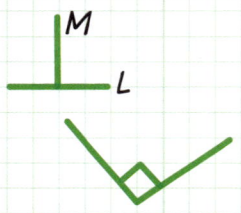
RETAS PERPENDICULARES: duas retas que formam um ângulo reto.	P⊥Q	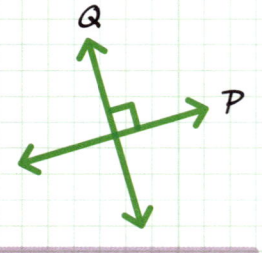
FIGURAS GEOMÉTRICAS CONGRUENTES: figuras geométricas de mesmas dimensões.	≅	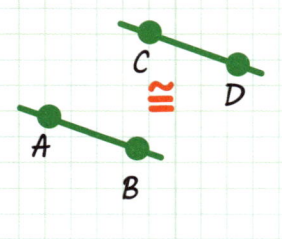 

FORMAS GEOMÉTRICAS

A **geometria plana** trata de figuras **BIDIMENSIONAIS**, como quadrados e círculos. Uma figura bidimensional fechada formada por três ou mais segmentos de reta é chamada de **POLÍGONO**.

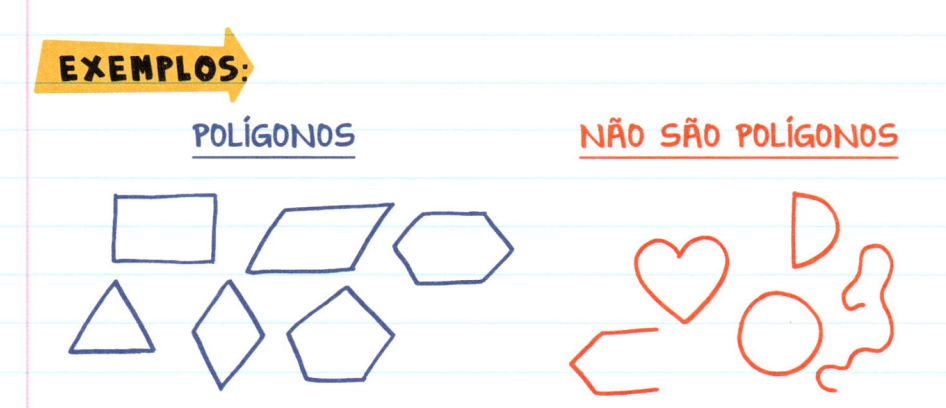

EXEMPLOS:

POLÍGONOS · NÃO SÃO POLÍGONOS

A **geometria espacial** trata de formas **TRIDIMENSIONAIS**, como cubos e esferas. Uma figura tridimensional fechada formada por planos é chamada de **POLIEDRO**.

EXEMPLOS:

DESCULPE, PENSEI QUE FOSSE UM QUEIJO. CONTINUE!

INSTRUMENTOS para DESENHO GEOMÉTRICO

Alguns instrumentos podem ajudar a resolver problemas de geometria. Eles dispõem de escalas para medir o comprimento de retas e o valor de ângulos em desenhos geométricos.

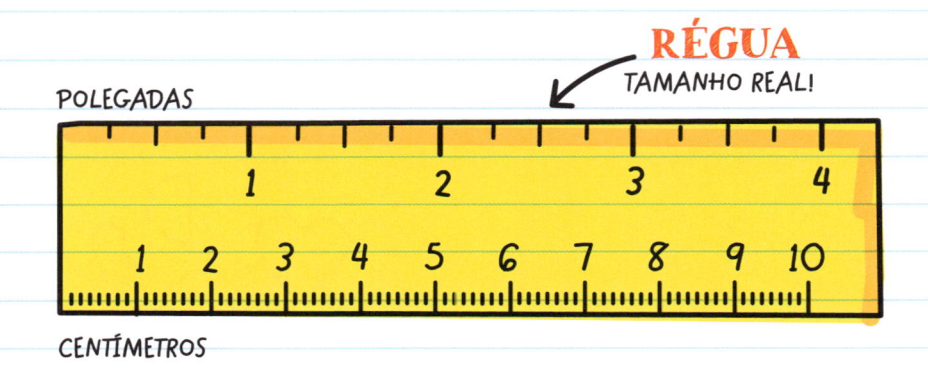

RÉGUA
TAMANHO REAL!

POLEGADAS

CENTÍMETROS

A **RÉGUA** é um instrumento usado para medir distâncias e traçar segmentos de reta. Muitas dispõem de duas escalas, uma em unidades do SI (como metros, centímetros e milímetros) e outra em unidades imperiais (como pés e polegadas).

EXEMPLO: Meça o comprimento do segmento de reta em centímetros.

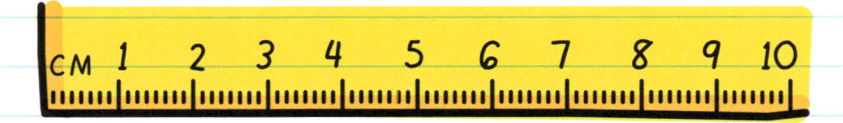

Posicionando a régua paralelamente à reta, com a origem da escala coincidindo com um dos extremos do segmento de reta, observamos que o segmento de reta tem 6 cm de comprimento.

TRANSFERIDOR

O **TRANSFERIDOR** é usado para medir ângulos. Existem vários tipos de transferidores, mas a maioria tem forma semicircular e uma escala que mostra o valor do ângulo em graus.

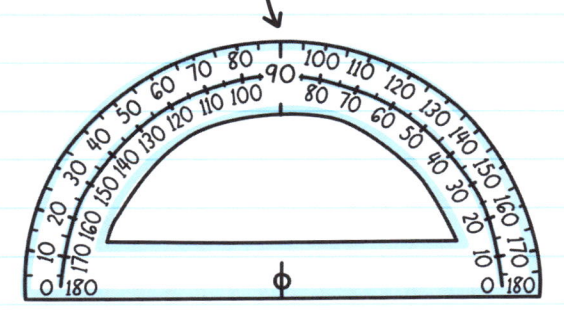

90 REPRESENTA UM ÂNGULO RETO.

COMO MEDIR UM ÂNGULO

EXEMPLO: Use um transferidor para medir este ângulo:

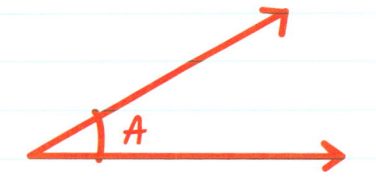

Fazemos a base do transferidor coincidir com uma das semirretas do ângulo. Os números das escalas no ponto em que a outra semirreta intercepta o transferidor indicam os valores possíveis do ângulo.

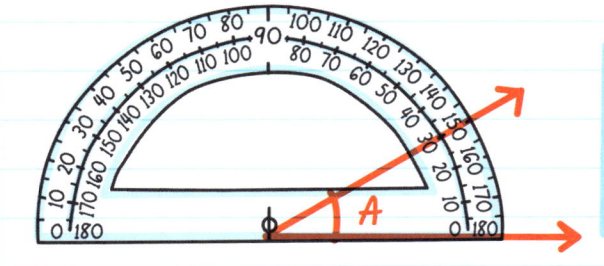

ÂNGULO AGUDO: Um ângulo menor que o ângulo reto, ou seja, menor que 90°.

De acordo com o transferidor, o ângulo pode ser de 30° ou 150°. Como é um **ÂNGULO AGUDO**, sabemos que a resposta correta é 30°.

EXEMPLO: Use um transferidor para medir o ∠B.

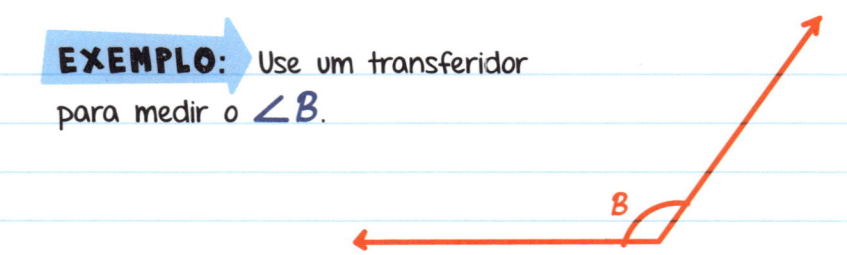

Primeiro, posicionamos o transferidor para descobrir os valores possíveis do ângulo.

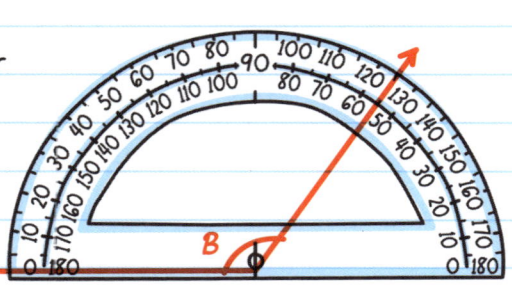

De acordo com o transferidor, o ângulo pode ser de **55°** ou **125°**. Como ∠B é um **ÂNGULO OBTUSO**, sabemos que a resposta correta é **125°**.

ÂNGULO OBTUSO: Um ângulo maior que o ângulo reto, ou seja, maior que 90°.

COMO DESENHAR ÂNGULOS

EXEMPLO: Use um transferidor para desenhar um ângulo de **20°**.

VÉRTICE

Primeiro, desenhamos uma semirreta horizontal para servir de base, com um ponto em um dos extremos para assinalar a posição do vértice. Fazemos a base do transferidor coincidir com a semirreta, com o centro do transferidor na posição do ponto.

Em seguida, procuramos na escala o ângulo desejado e fazemos uma marca do lado de fora do transferidor.

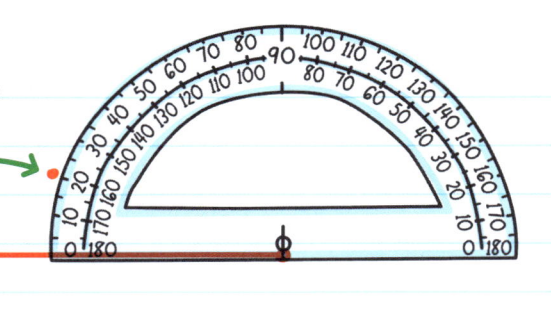

Para terminar, removemos o transferidor e usamos uma régua para traçar uma semirreta que parte do vértice e passa pela marca.

EXEMPLO: Use um transferidor e uma régua para desenhar um triângulo que tenha os seguintes ângulos internos: 95°, 20° e 65°.

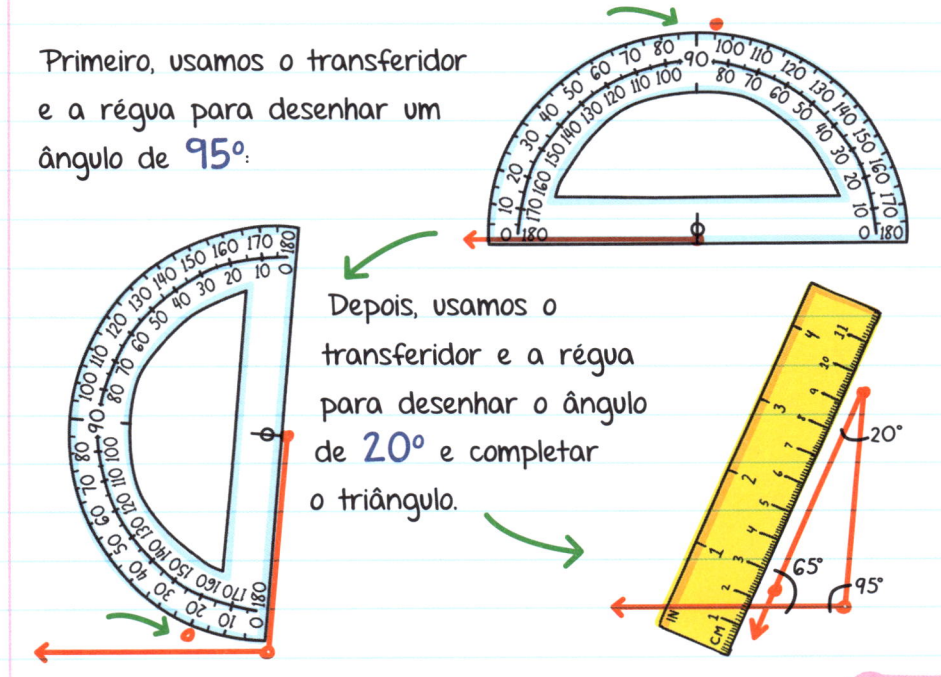

Primeiro, usamos o transferidor e a régua para desenhar um ângulo de 95°:

Depois, usamos o transferidor e a régua para desenhar o ângulo de 20° e completar o triângulo.

Esquadro

O **ESQUADRO** é outro instrumento que podemos usar para fazer desenhos geométricos. Existem dois tipos de esquadro: o **ESQUADRO 60-30** e o **ESQUADRO 45**.

O esquadro 60-30 tem os mesmos ângulos que um triângulo de 30-60-90 graus e o esquadro 45 tem os mesmos ângulos que um triângulo de 45-45-90 graus.

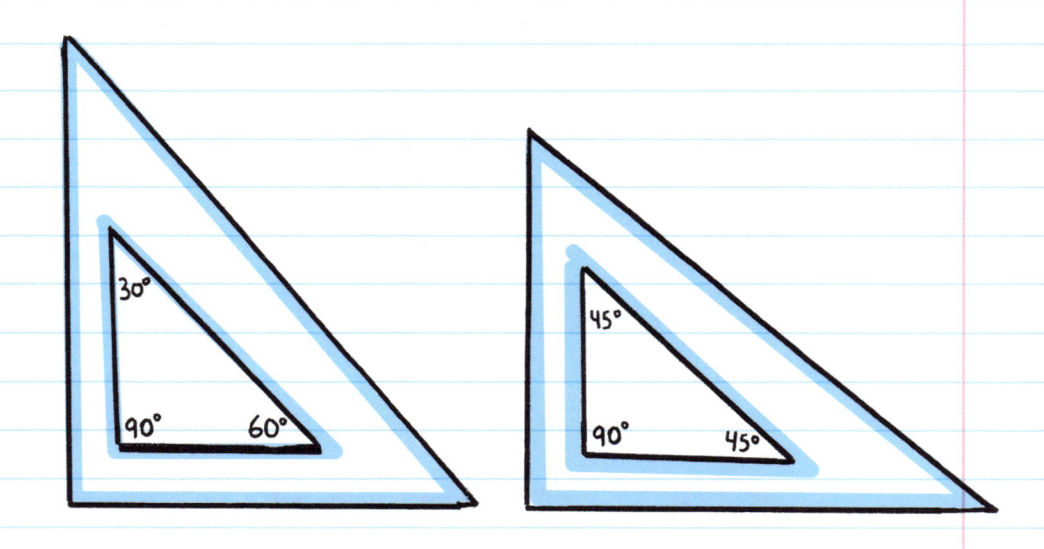

Como os dois esquadros têm a forma de triângulos retângulos, podemos facilmente desenhar retas perpendiculares usando um esquadro e uma régua. Também podemos usar esquadros para desenhar retas paralelas!

EXEMPLO: Desenhe duas retas perpendiculares usando um esquadro e uma régua.

Como o esquadro já tem a forma de um triângulo retângulo, tudo que precisamos fazer é usar uma régua para prolongar uma das retas.

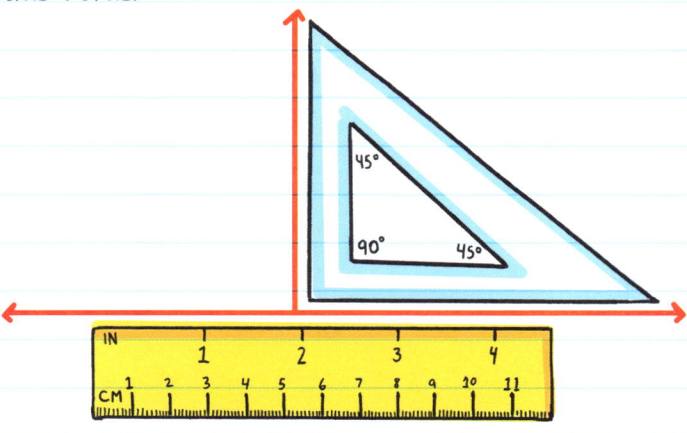

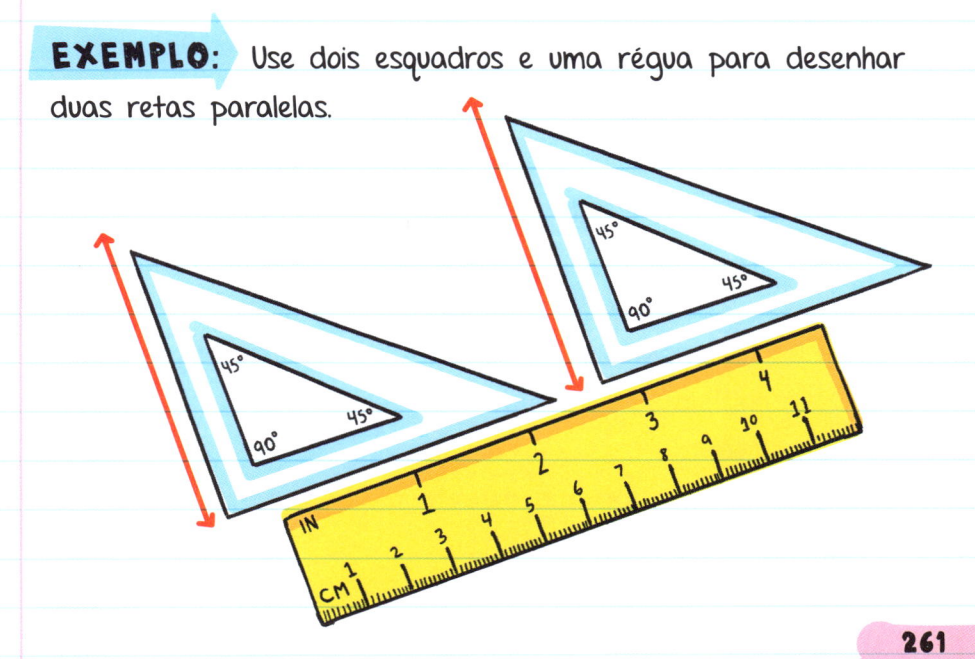

EXEMPLO: Use dois esquadros e uma régua para desenhar duas retas paralelas.

VERIFIQUE SEUS CONHECIMENTOS

Complete a tabela:

VOCÊ PODE USAR AS LETRAS A E B NAS RESPOSTAS.

TERMO	DEFINIÇÃO	SÍMBOLO USADO
1. Retas Paralelas		
2. Retas Perpendiculares		
3. Segmento de Reta		
4. Reta		
5. Semirreta		

6. Use uma régua para executar as seguintes tarefas:
   (a) Desenhar um segmento de reta com 4 polegadas de comprimento.
   (b) Desenhar um segmento de reta com 12 centímetros de comprimento.

7. Use um transferidor para executar as seguintes tarefas:
(a) Desenhar um ângulo de 63°.
(b) Desenhar um ângulo de 150°.

8. Use um esquadro para desenhar uma reta perpendicular à reta abaixo.

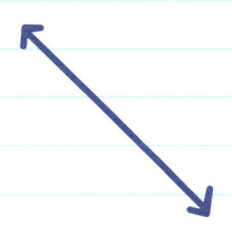

9. Use dois esquadros e uma régua para desenhar uma reta paralela à reta abaixo.

CONFIRA AS RESPOSTAS

TERMO	DEFINIÇÃO	SÍMBOLO USADO
1. Retas Paralelas	Retas que estão afastadas sempre à mesma distância e jamais se cruzam.	$a \parallel b$
2. Retas Perpendiculares	Duas retas que formam um ângulo de 90° (também chamado de ângulo reto).	$a \perp b$
3. Segmento de Reta	Uma parte de uma reta que possui dois extremos.	$\overline{AB}$
4. Reta	Um conjunto de pontos que se estende infinitamente nos dois sentidos sem mudar de direção.	$\overleftrightarrow{AB}$
5. Semirreta	Uma reta com apenas um ponto extremo.	$\overrightarrow{AB}$

6. (a)

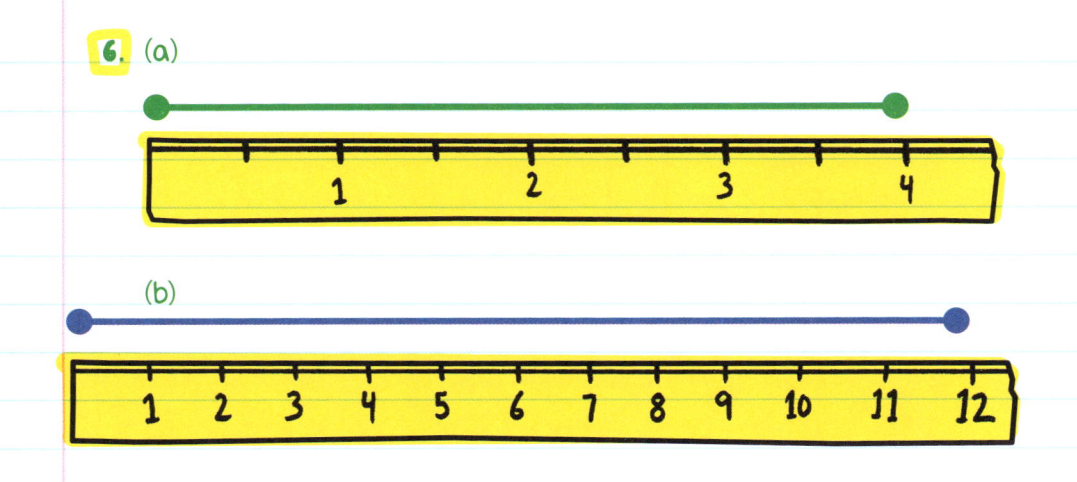

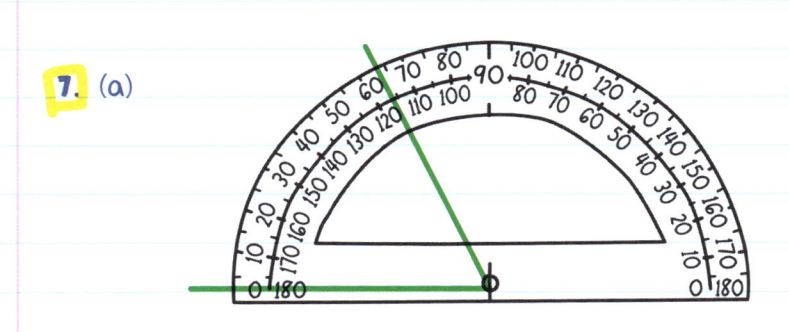

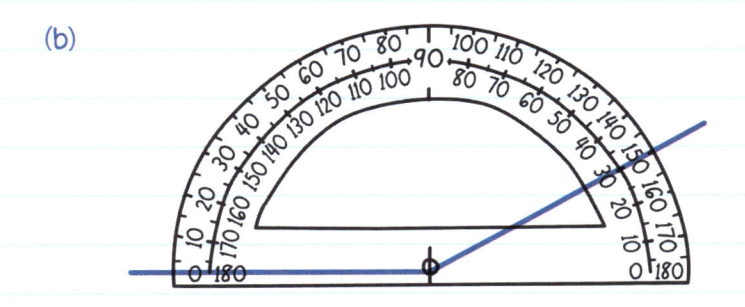

(b)

7. (a)

(b)

8.

9.

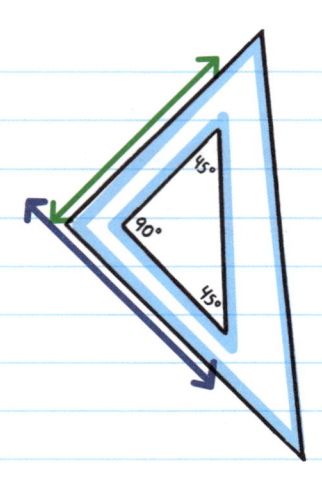

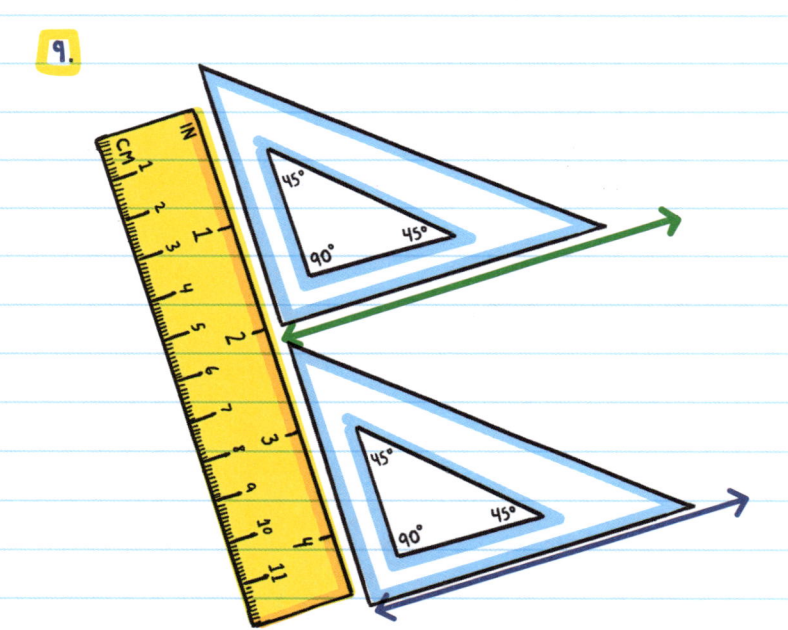

As questões 8 e 9 têm mais de uma resposta.

Capítulo 41

ÂNGULOS

Um **ÂNGULO** (∠) é formado por duas semirretas com um extremo comum. O tamanho dos ângulos em geral é medido em **GRAUS** (°).

LADO

ÂNGULO

VÉRTICE

LADO

Existem três ângulos "notáveis":

➡ O ângulo de **90°** corresponde a um quarto de circunferência. Também é chamado de **ÂNGULO RETO**.

90°

➡️ O ângulo de **180°** corresponde a meia circunferência. Ele forma uma linha reta.

180°

➡️ O ângulo de **360°** corresponde a uma circunferência completa.

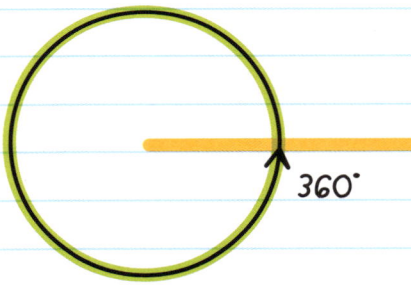

360°

Segue uma breve descrição dos diferentes tipos de ângulo:

TIPO DE ÂNGULO	DEFINIÇÃO	EXEMPLO
ÂNGULO AGUDO	Menor que 90°	54°
ÂNGULO OBTUSO	Maior que 90°	130°

TIPO DE ÂNGULO	DEFINIÇÃO	EXEMPLO
ÂNGULO RETO	Igual a 90°	90°
ÂNGULOS COMPLEMENTARES	Dois ângulos cuja soma é 90°. ∠a e ∠b são complementares. Assim, um ângulo de 25° e um ângulo de 65° são complementares.	25° 65°
ÂNGULOS SUPLEMENTARES	Dois ângulos cuja soma é 180°. ∠A e ∠B são suplementares. Assim, um ângulo de 45° e um ângulo de 135° também são suplementares.	A+B=180° 45° 135°

TIPO DE ÂNGULO	DEFINIÇÃO	EXEMPLO
ÂNGULOS ADJACENTES	Ângulos que possuem um vértice e um lado comum. ∠AOB e ∠BOD são ângulos adjacentes.	
ÂNGULOS OPOSTOS PELO VÉRTICE	Ângulos formados por duas retas que se interceptam; têm o mesmo valor. ∠a e ∠b são ângulos opostos pelo vértice.	
ÂNGULOS CONGRUENTES	Ângulos que têm o mesmo valor. Podemos usar o sinal ≅ para representar ângulos congruentes: ∠a ≅ ∠b	

Podemos usar as propriedades dos ângulos para descobrir o valor de ângulos desconhecidos.

EXEMPLO: Determine o valor de ∠WYZ.

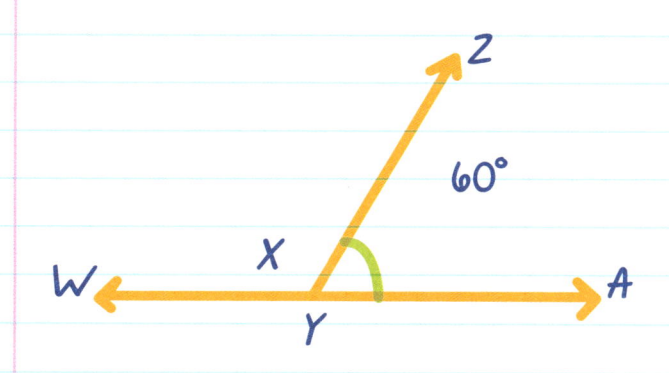

Como $\overline{WA}$ é uma reta, ∠WYA = 180°.
Isso significa que ∠WYZ e ∠AYZ são ângulos suplementares.

Portanto, ∠WYZ + ∠AYZ = 180°.

Vamos fazer ∠WYZ = x e ∠AYZ = 60°:

x + 60 = 180
x = 180 − 60
x = 120
∠WYZ = 120°

EXEMPLO: Determine os valores de $\angle B$, $\angle C$ e $\angle D$.

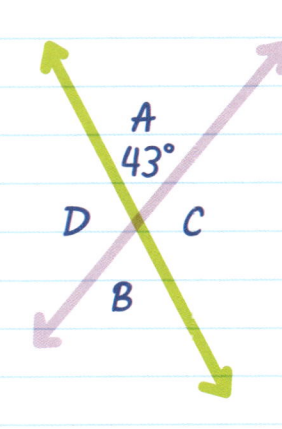

[Figura: duas retas se cruzando formando ângulos $\angle A = 43°$ (topo), $\angle B$ (baixo), $\angle D$ (esquerda) e $\angle C$ (direita).]

$\angle A$ e $\angle B$ são ângulos opostos pelo vértice.
Como $\angle A = 43°$, $\angle B = 43°$.
Além disso, como $\angle A$ e $\angle C$ são ângulos suplementares,
$\angle C + 43° = 180°$
$\angle C = 180° - 43°$
$\angle C = 137°$
Como $\angle C$ e $\angle D$ são ângulos opostos pelo vértice, $\angle D$ também é igual a $137°$.

VERIFICAÇÃO

A soma de todos os ângulos é $360°$?
$43° + 43° + 137° + 137° = 360°$ ✓

VERIFIQUE SEUS CONHECIMENTOS

Complete as lacunas:

1. Um ângulo _ _ _ _ _ é menor que 90°.

2. Ângulos _ _ _ _ _ _ _ _ _ _ _ _ somam 180°.

3. ∠a e ∠b são ângulos _ _ _ _ _ _ _ _ _ _ _ _ _ _ _ _ .

4. ∠a e ∠b são ângulos _ _ _ _ _ _ _ _ _ _ _ .

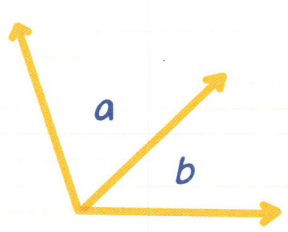

5. Estes ângulos são _ _ _ _ _ _ _ _ _ _ .

A 48°   B 48°

6. No diagrama abaixo, ∠X e ∠Y são complementares. Se ∠X é 40°, determine ∠Y.

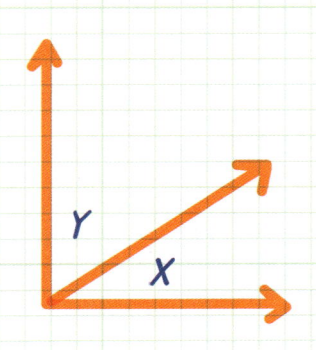

7. No diagrama abaixo, ∠G e ∠H são suplementares. Se ∠G é 137°, determine ∠H.

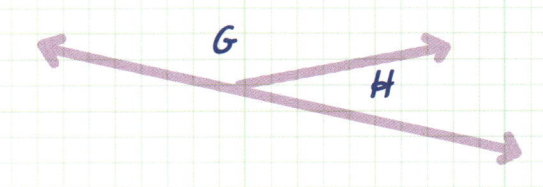

8. Se ∠S é 100° e ∠S é congruente a ∠T, determine ∠T.

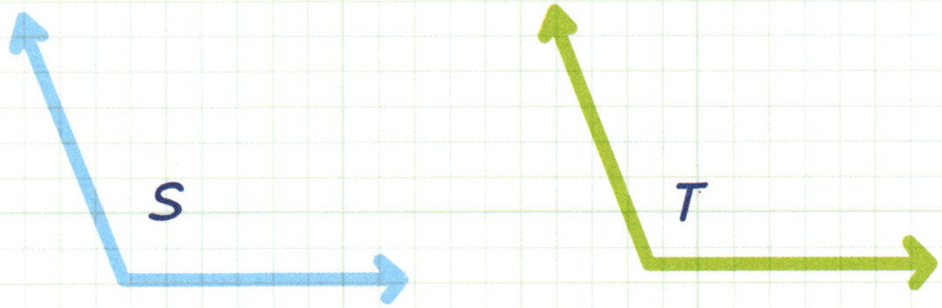

9. No diagrama abaixo, $\angle A$ é $50°$. Determine $\angle B$.

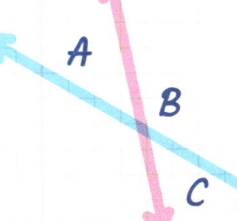

10. Determine $\angle C$ no diagrama acima.

RESPOSTAS 275

CONFIRA AS RESPOSTAS

1. agudo

2. suplementares

3. opostos pelo vértice

4. adjacentes

5. congruentes

6. 50°

7. 43°

8. 100°

9. 130°

10. 50°

Capítulo 42

QUADRILÁTEROS

QUADRILÁTEROS são polígonos de quatro lados. Na tabela abaixo são mostrados alguns quadriláteros "notáveis" e suas características.

NOME	EXEMPLO	CARACTERÍSTICAS
Paralelogramo		Os lados opostos são paralelos e têm o mesmo comprimento.
Retângulo		Um paralelogramo no qual os quatro lados formam ângulos retos.
Losango		Um paralelogramo no qual os quatro lados têm o mesmo comprimento.
Quadrado		Um paralelogramo no qual os quatro lados formam ângulos retos e têm o mesmo comprimento.
Trapézio	b_1 / b_2	Dois lados são paralelos e têm comprimentos diferentes, b_1 e b_2.

PERÍMETRO é o comprimento total do contorno de uma figura bidimensional fechada. Para calcular o perímetro de um quadrilátero, basta somar o comprimento dos quatro lados.

EXEMPLO: Calcule o perímetro do paralelogramo *ABCD*.

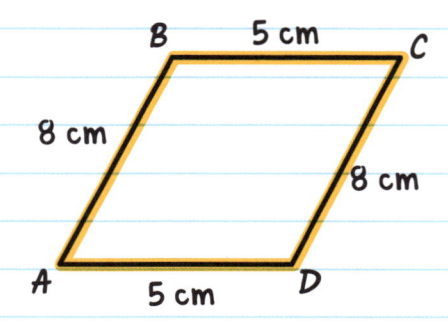

$P = \overline{AB} + \overline{BC} + \overline{CD} + \overline{DA}$
$P = 8 + 5 + 8 + 5$
$P = 26 \text{ cm}$

ÁREA é o tamanho de uma superfície. No caso das figuras bidimensionais fechadas, é o espaço interno da figura.
A área é medida em "unidades de comprimento ao quadrado", como cm^2 ou m^2.

> Calcular a área é como se perguntar: "Quantas unidades de comprimento ao quadrado cabem no interior da figura?"

Para calcular a **ÁREA DE UM RETÂNGULO**, multiplique a base pela altura (essa fórmula também vale para paralelogramos, losangos e quadrados).

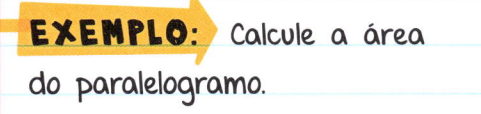

A = base · altura
ou $A = bh$
(h vem de *height*, "altura" em inglês)

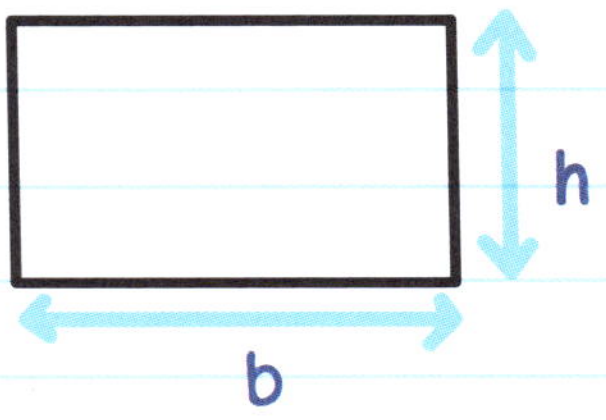

EXEMPLO: Calcule a área do paralelogramo.

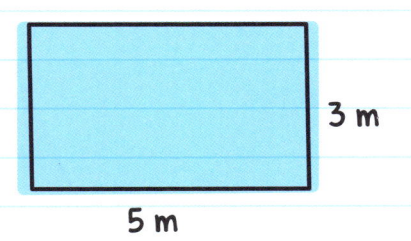

$A = bh$
$A = 3 \cdot 5$
$A = 15 \text{ m}^2$

Se uma superfície tem uma área de 15 m^2, isso significa que ela pode ser ocupada por 15 quadrados com 1 m^2 de área.

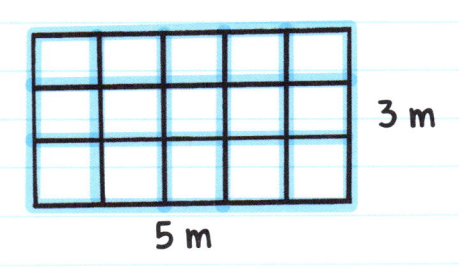

A área de um paralelogramo pode ser calculada usando a mesma expressão que foi usada para o retângulo, já que, cortando um paralelogramo em pedaços, e mudando os pedaços de posição, podemos transformá-lo em um retângulo.

altura { ▱ = ◸◿ = ◿◸ = { ▭ } base

EXEMPLO: Calcule a área do paralelogramo abaixo.

$A = b \cdot h$
$A = 5 \cdot 6$
$A = 30$

$A = 30 \text{ cm}^2$

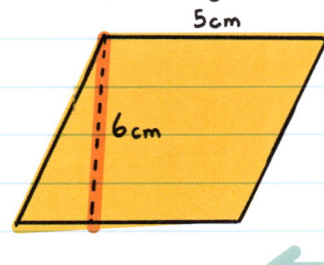

5 cm
6 cm

A **ÁREA DE UM TRAPÉZIO** é dada pela seguinte expressão:

$$A = \frac{b_1 + b_2}{2} \cdot h$$

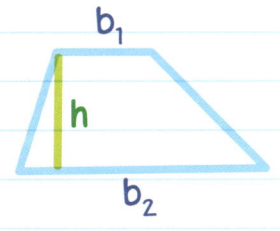

b_1, h, b_2

VOCÊ TAMBÉM PODE ENCONTRAR UMA EXPRESSÃO COMO ESTA: $A = \frac{1}{2} h (b_1 + b_2)$ AS DUAS EXPRESSÕES SÃO EQUIVALENTES.

Na verdade, o cálculo da área de um trapézio é muito parecido com o de um paralelogramo. Como é mostrado na figura, cortando um trapézio horizontalmente e mudando os pedaços de posição, podemos transformá-lo em um paralelogramo com um comprimento igual à soma das bases do trapézio e metade da altura, o que nos dá a seguinte expressão:

$$A = \frac{1}{2}h(b_1 + b_2)$$

EXEMPLO: Calcule a área do trapézio abaixo.

$$A = \frac{b_1 + b_2}{2} \cdot h$$

$$A = \frac{4 + 8}{2} \cdot 3$$

$$A = \frac{12}{2} \cdot 3$$

$$A = 6 \cdot 3$$

$$A = 18 \text{ cm}^2$$

Também podemos calcular a área de **FIGURAS COMPOSTAS** (figuras que podem ser transformadas em uma combinação de dois ou mais quadriláteros).

Para isso, dividimos a figura em quadriláteros, calculamos a área de cada um e somamos as áreas para obter a área total da figura.

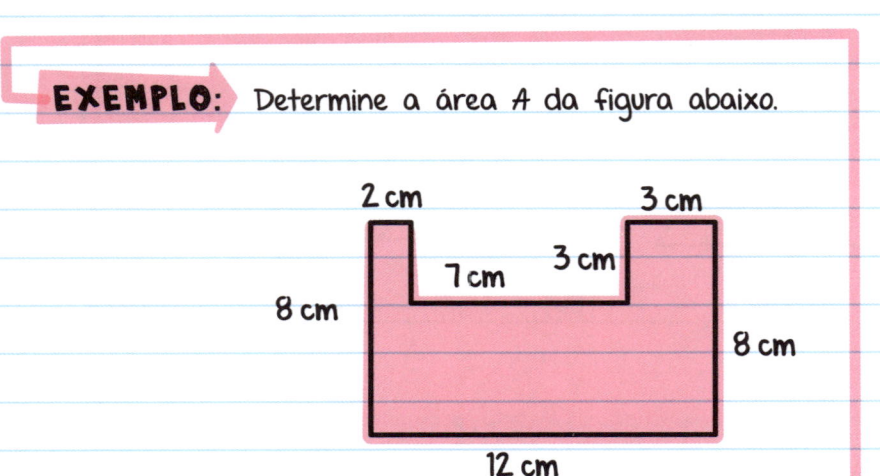

EXEMPLO: Determine a área A da figura abaixo.

Primeiro, dividimos a figura em quadriláteros.

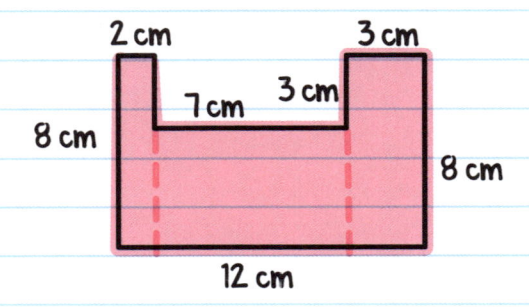

Agora temos os três quadriláteros mostrados na figura abaixo.

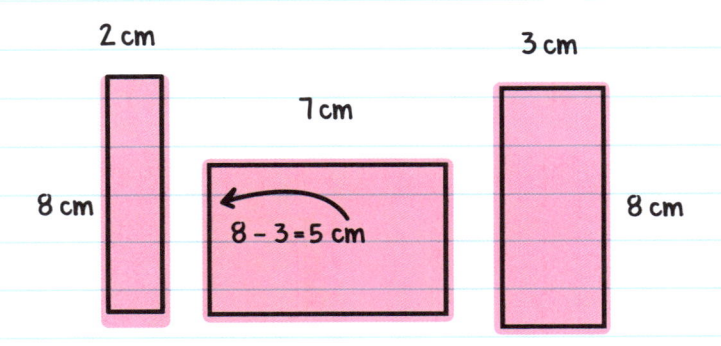

[Figura: três retângulos com dimensões 2 cm × 8 cm, 7 cm × 5 cm (8 − 3 = 5 cm) e 3 cm × 8 cm]

Calculando as áreas dos três quadriláteros e somando essas áreas, temos:

$A = 2 \cdot 8 + 7 \cdot 5 + 3 \cdot 8$
$A = 16 + 35 + 24$
$A = 75\ cm^2$

VERIFIQUE SEUS CONHECIMENTOS

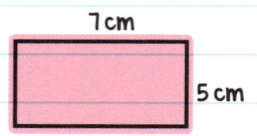

1. Calcule a área do retângulo.

7 cm
5 cm

2. Calcule a área do trapézio.

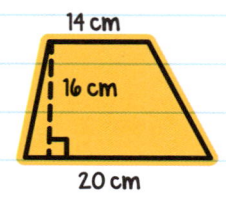

14 cm
16 cm
20 cm

3. Calcule a área do trapézio.

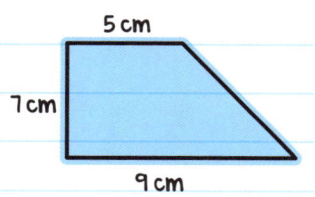

5 cm
7 cm
9 cm

4. Calcule a área do losango.

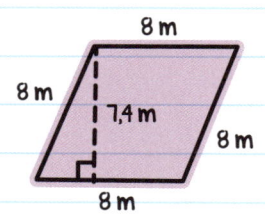

8 m
8 m
7,4 m
8 m
8 m

5. Calcule a área do paralelogramo.

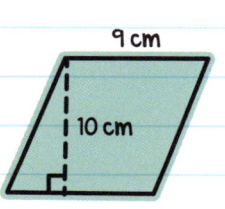

9 cm
10 cm

6. Rosa vai colorir o interior de um retângulo. Se o retângulo tem 11 centímetros de largura e 8 centímetros de altura, qual é a área da região que Rosa vai colorir?

7. Marcos quer comprar um carpete para cobrir todo o piso do seu quarto, que tem a forma de um quadrado. Se os quatro lados têm 8 metros de comprimento, qual deve ser a área do carpete?

8. Linda vê um losango que alguém desenhou com giz no parquinho. Ela mede um dos lados e descobre que tem 3 metros de comprimento. Mede a altura e descobre que tem 2 metros de comprimento. Calcule a área do losango.

9. Samuel desenha três retângulos iguais em uma folha de papel. Se cada retângulo tem 15 centímetros de largura e 12 centímetros de altura, qual é a área total dos três retângulos?

10. Dr. Leonardo desenha uma planta da sua casa. A casa tem forma de retângulo, com 5 metros de frente e 20 metros de lateral. Ao lado da casa existe uma garagem na forma de um quadrado com 8 metros de lado. Calcule a área total construída no terreno do Dr. Leonardo.

RESPOSTAS

CONFIRA AS RESPOSTAS

1. 35 cm^2

2. 272 cm^2

3. 49 cm^2

4. $59,2 \text{ m}^2$

5. 90 cm^2

6. 88 cm^2

7. 64 m^2

8. 6 m^2

9. $A = 15 \cdot 12 + 15 \cdot 12 + 15 \cdot 12 = 540 \text{ cm}^2$

10. $5 \cdot 20 + 8 \cdot 8 = 164 \text{ m}^2$

Capítulo 43

TRIÂNGULOS

TRIÂNGULOS são polígonos de três lados. O símbolo de triângulo é △. Os triângulos podem ser classificados de acordo com os lados:

TRIÂNGULO EQUILÁTERO:
3 LADOS IGUAIS, 3 ÂNGULOS DE 60°.

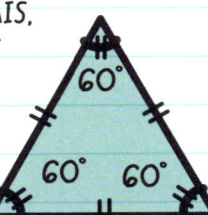

TRIÂNGULO ISÓSCELES:
2 LADOS IGUAIS, 2 ÂNGULOS IGUAIS.

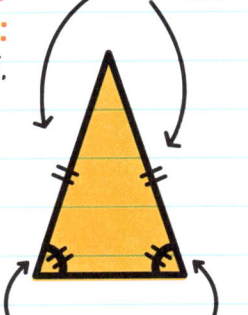

ESSAS MARCAS SIGNIFICAM QUE OS LADOS SÃO IGUAIS.

ESSAS MARCAS INDICAM QUE OS ÂNGULOS SÃO IGUAIS.

TRIÂNGULO ESCALENO:
NENHUM LADO IGUAL, NENHUM ÂNGULO IGUAL.

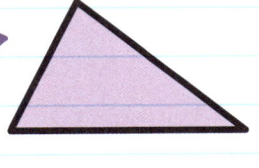

Os triângulos também podem ser classificados de acordo com os ângulos:

TRIÂNGULO RETÂNGULO: TEM UM ÂNGULO RETO (90°).

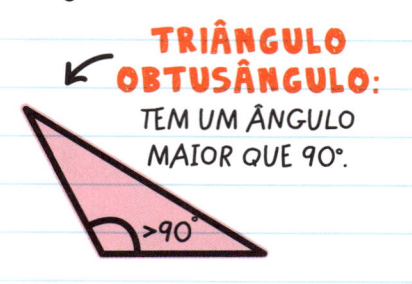

TRIÂNGULO OBTUSÂNGULO: TEM UM ÂNGULO MAIOR QUE 90°.

TRIÂNGULO ACUTÂNGULO: TODOS OS ÂNGULOS SÃO MENORES QUE 90°.

Podemos combinar os dois sistemas de classificação para descrever um triângulo com mais precisão por meio de uma **ÁRVORE DE TRIÂNGULOS**!

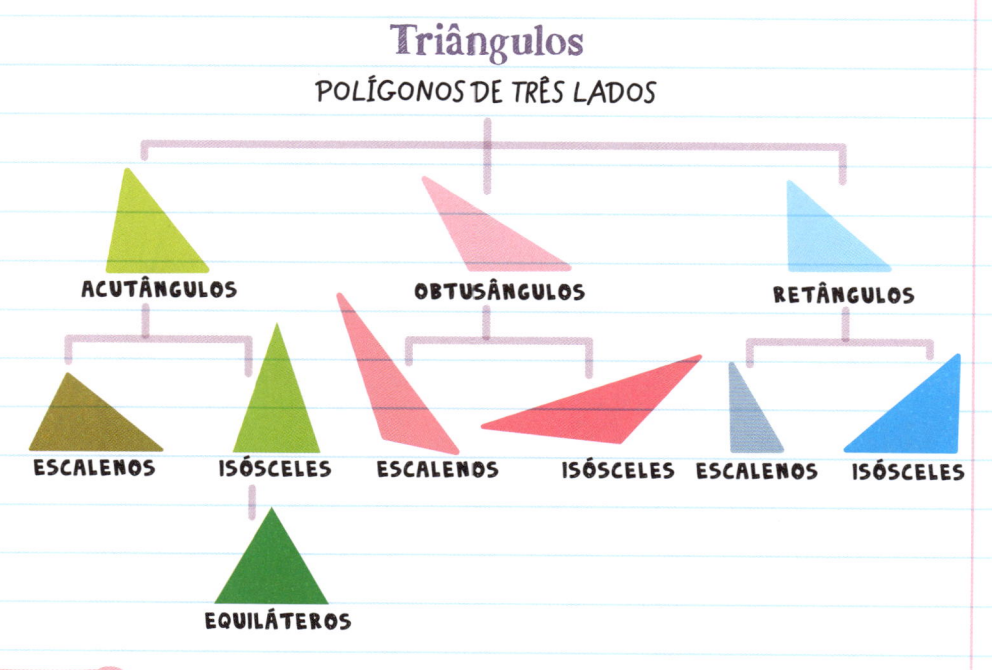

Triângulos
POLÍGONOS DE TRÊS LADOS

- **ACUTÂNGULOS**
  - ESCALENOS
  - ISÓSCELES
    - EQUILÁTEROS
- **OBTUSÂNGULOS**
  - ESCALENOS
  - ISÓSCELES
- **RETÂNGULOS**
  - ESCALENOS
  - ISÓSCELES

EXEMPLO:

ÂNGULOS: Como um dos ângulos é maior que 90°, é obtusângulo.

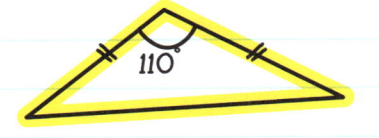

LADOS: Como tem dois lados iguais, é isósceles.

CLASSE: É um triângulo isósceles obtusângulo.

EXEMPLO:

ÂNGULOS: Como um dos ângulos tem 90°, é um triângulo retângulo.

LADOS: Como todos os lados têm comprimentos diferentes, é um triângulo escaleno.

CLASSE: É um triângulo escaleno retângulo.

Para calcular a **ÁREA DE UM TRIÂNGULO**, multiplique a base pela altura e divida o resultado por dois. A base e a altura sempre formam um ângulo reto.

Área de um triângulo $A = \frac{1}{2} \cdot base \cdot altura$

ou $A = \frac{1}{2} bh$

Se você cortar um retângulo ao longo de uma das diagonais e remover um dos pedaços, a área do triângulo que sobrou tem metade da área *bh* do retângulo original. É por isso que a área de um triângulo é dada por

$A = \frac{1}{2} bh$

EXEMPLO: Calcule a área do triângulo.

$A = \dfrac{1}{2} bh$

$A = \dfrac{1}{2} (14)(9)$

$A = 63 \text{ m}^2$

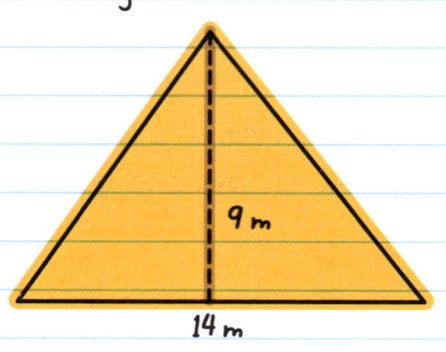

EXEMPLO: Calcule a área do triângulo. Como é mostrado na figura, a base do triângulo é 7 cm e a altura é 3 cm.

$A = \dfrac{1}{2} bh$

$A = \dfrac{1}{2} \cdot 3 \cdot 7$

$A = \dfrac{21}{2}$

$A = 10,5 \text{ cm}^2$

Podemos calcular também a área de um triângulo que faz parte de uma figura.

EXEMPLO: Um artista desenha uma figura no chão e decide colorir o interior. Qual é a área total que ele vai pintar?

> **Dica:** Tente descobrir quais dos valores correspondem à base e à altura do triângulo.

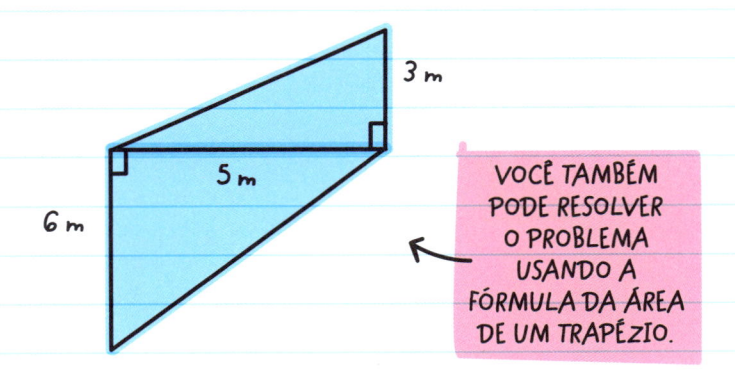

[Figura: trapézio com lados 3 m, 5 m e 6 m, dividido em dois triângulos retângulos.]

VOCÊ TAMBÉM PODE RESOLVER O PROBLEMA USANDO A FÓRMULA DA ÁREA DE UM TRAPÉZIO.

ÁREA TOTAL =
área do triângulo de cima + área do triângulo de baixo.

$$A = \frac{1}{2}bh + \frac{1}{2}bh \rightarrow A = \frac{1}{2} \cdot 5 \cdot 3 + \frac{1}{2} \cdot 5 \cdot 6$$

$$A = 7,5 + 15 \rightarrow A = 22,5 \text{ m}^2$$

VERIFIQUE SEUS CONHECIMENTOS

Calcule a área dos triângulos abaixo.

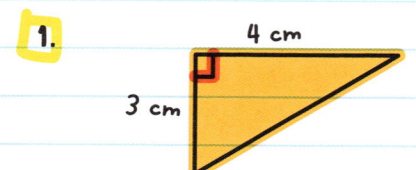

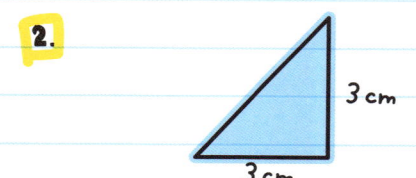

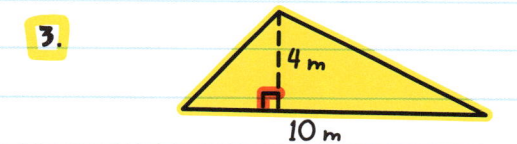

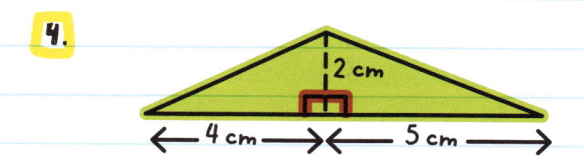

1. 4 cm, 3 cm

2. 3 cm, 3 cm

3. 4 m, 10 m

4. 2 cm, 4 cm, 5 cm

5. Calcule a área desta figura. 6 cm, 5 cm, 1 cm

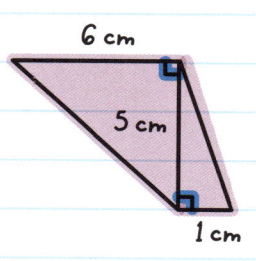

6. Linda precisa pintar um lado de uma pirâmide que faz parte do cenário de uma peça da escola. O lado dessa pirâmide tem uma base de 9 metros e uma altura de 3 metros. Qual o tamanho da área que ela vai pintar?

7. Bruno está desenhando uma bandeira retangular com uma altura de 20 centímetros e uma base de 13 centímetros. Ele traça uma diagonal e pinta a região acima da diagonal de vermelho. Qual é o tamanho da área que ele pinta?

8. A área de uma vela triangular de um barco é 19 metros quadrados. A altura é 2,5 metros. Qual é a base?

9. João, Alice e Henrique estão parados no mesmo lugar. João anda 8 metros para o norte, Alice anda 4 metros para oeste e Henrique fica parado. Qual é a área da figura formada ao se ligar os pontos de João, Alice e Henrique?

10. Leonardo faz o desenho de uma casa vista de frente. A fachada tem a forma de um retângulo, com 13 centímetros de altura e uma base de 20 centímetros. O telhado tem forma de triângulo, com uma altura de 8 centímetros e uma base de 25 centímetros. Qual é a área total do desenho?

RESPOSTAS

CONFIRA AS RESPOSTAS

1. 6 cm²

2. 4,5 cm²

3. 20 m²

4. 9 cm²

5. 17,5 cm²

6. 13,5 m²

7. 130 cm²

8. 15,2 m

9. 16 m²

10. 360 cm²

Capítulo 44
O TEOREMA DE PITÁGORAS

Um triângulo retângulo tem dois **CATETOS** e uma **HIPOTENUSA** (o lado maior do triângulo retângulo, que é sempre o lado oposto ao ângulo reto). Os dois catetos formam o ângulo reto. O comprimento da hipotenusa, c, é sempre maior que os comprimentos a e b dos catetos.

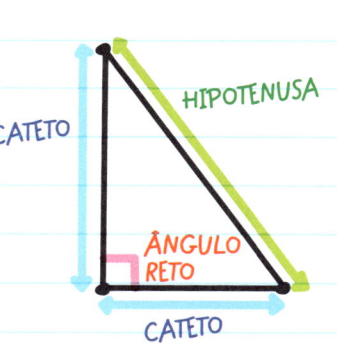

O **TEOREMA DE PITÁGORAS** é uma relação entre os comprimentos dos lados de qualquer triângulo retângulo.

$$a^2 + b^2 = c^2$$

Em todo triângulo retângulo, a soma dos quadrados dos comprimentos dos catetos é igual ao quadrado do comprimento da hipotenusa.

EXEMPLO: Use o teorema de Pitágoras para calcular o comprimento da hipotenusa do triângulo abaixo.

$a^2 + b^2 = c^2$

$3^2 + 4^2 = c^2$

$9 + 16 = c^2$

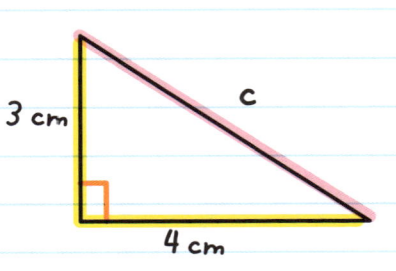

$25 = c^2$ (Para isolar **c**, extraia a raiz quadrada de ambos os lados.)

$\sqrt{25} = \sqrt{c^2}$

$5 = c$

O comprimento da hipotenusa é **5** centímetros.

TERNOS PITAGÓRICOS sempre formam triângulos retângulos. Aqui estão alguns exemplos:

$$3^2 + 4^2 = 5^2$$
$$5^2 + 12^2 = 13^2$$
$$8^2 + 15^2 = 17^2$$

Também podemos usar o teorema de Pitágoras para calcular o comprimento de um cateto se o comprimento da hipotenusa e do outro cateto forem conhecidos. Basta tratar o teorema como uma equação com uma incógnita.

EXEMPLO: Calcule o comprimento de b no triângulo abaixo.

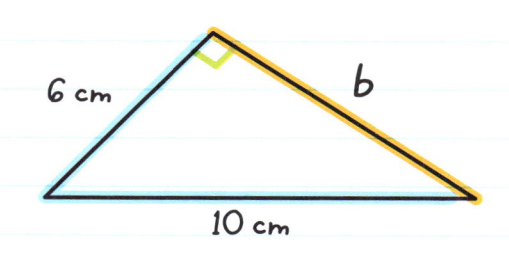

$a^2 + b^2 = c^2$
$6^2 + b^2 = 10^2$
$36 + b^2 = 100$
$b^2 = 100 - 36$
$b^2 = 64$
$b = \sqrt{64}$
$b = 8$

O comprimento de b é 8 centímetros.

EXEMPLO: Calcule o comprimento do cateto x em um triângulo retângulo se o outro cateto tem 7 cm de comprimento e a hipotenusa tem 11 cm de comprimento.

$x^2 + b^2 = c^2$
$x^2 + 7^2 = 11^2$
$x^2 + 49 = 121$
$x^2 = 121 - 49$
$x^2 = 72$

$x = \sqrt{72}$

> Às vezes pode ser útil desenhar um triângulo e atribuir valores ou variáveis a cada cateto e à hipotenusa.

COMO $\sqrt{72}$ NÃO É UM QUADRADO PERFEITO, PODEMOS DEIXAR A RESPOSTA DESTA FORMA.

POSSO NÃO SER PERFEITO, MAS SEI **DANÇAR**!

O comprimento do cateto x é $\sqrt{72}$ centímetros.

VERIFIQUE SEUS CONHECIMENTOS

1. Rotule as partes do triângulo usando os seguintes termos: catetos, ângulo reto e hipotenusa.

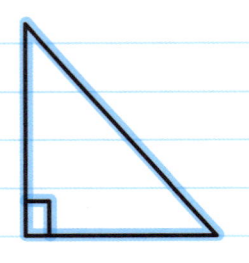

Nas questões de **2** a **5**, calcule o comprimento do lado desconhecido.

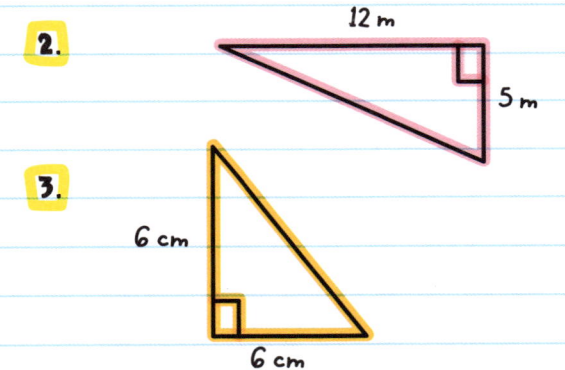

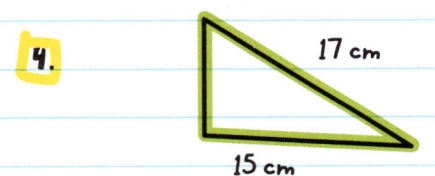

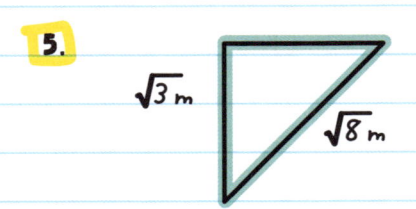

2. 12 m, 5 m

3. 6 cm, 6 cm

4. 17 cm, 15 cm

5. $\sqrt{3}$ m, $\sqrt{8}$ m

298

6. João e Maria partem do mesmo ponto. Depois que João caminha 3 metros para o norte e Maria caminha 4 metros para oeste, qual é a distância entre João e Maria?

7. Um carpinteiro tem uma placa de madeira de forma retangular com 8 metros de comprimento e 3 metros de largura. Ele divide a placa em duas partes triangulares serrando a placa de um vértice a outro. Qual é a distância percorrida pela serra para realizar o corte?

8. Joãozinho parte da extremidade inferior de um escorrega, caminha 3 metros até a escada do brinquedo, sobe a escada, que tem 2 metros de altura, e desce pelo escorrega. Qual é o comprimento do escorrega?

9. Maria usa uma trena para medir o portão da garagem. O portão tem 4 metros na diagonal e 3 metros de largura. Qual é a altura do portão?

10. Uma artista faz uma escultura que é um triângulo retângulo. A altura e a base têm 3 metros de comprimento. Qual é o comprimento da hipotenusa?

3 m

3 m

RESPOSTAS

299

CONFIRA AS RESPOSTAS

1.

(triângulo retângulo com lados identificados como CATETO, HIPOTENUSA, CATETO e ÂNGULO RETO)

2. 13 metros

3. $\sqrt{72}$ centímetros

4. 8 centímetros

5. $\sqrt{5}$ metros

6. 5 metros

7. $\sqrt{13}$ metros

8. $\sqrt{13}$ metros

9. $\sqrt{7}$ metros

10. $\sqrt{18}$ metros

Capítulo 45

CIRCUNFERÊNCIAS E CÍRCULOS

CIRCUNFERÊNCIA é o conjunto dos pontos que estão à mesma distância de um ponto chamado **CENTRO**.

Elementos da circunferência: CIRCUNFERÊNCIA, CORDA, DIÂMETRO, CENTRO, RAIO.

TODOS OS PONTOS DE UMA CIRCUNFERÊNCIA ESTÃO À MESMA DISTÂNCIA DO CENTRO.

Seguem alguns termos importantes relacionados ao estudo das circunferências:

Comprimento (c): distância necessária para percorrer todos os pontos de uma circunferência (também chamado de **PERÍMETRO**).

Círculo: região do plano limitada por uma circunferência.

Corda: segmento de reta cujos extremos são dois pontos de uma circunferência.

Diâmetro (d): uma corda que passa pelo centro da circunferência.

Raio (r): segmento de reta que tem um extremo no centro e outro na circunferência. O comprimento do diâmetro é o dobro do comprimento do raio:

$$2r = d$$

O comprimento do raio é, portanto, metade do comprimento do diâmetro:

$$r = \frac{1}{2}d$$

Pi (π): razão entre o comprimento e o diâmetro de uma circunferência:

$$\pi = \frac{\text{comprimento}}{\text{diâmetro}} \quad \text{ou} \quad \pi = \frac{c}{d}$$

Como o número pi não tem um valor exato, usamos duas aproximações:

3,14 ← OU → $\frac{22}{7}$

(quando precisamos de um número decimal)   (quando precisamos de uma fração)

Para **CALCULAR O COMPRIMENTO DE UMA CIRCUNFERÊNCIA**, manipulamos a equação para isolar c:

$\pi = \dfrac{c}{d}$ Para isolar c, passe d para o outro lado multiplicando:

$\pi(d) = c$

Portanto, a fórmula para calcular o comprimento de uma circunferência é:

$$\{ \text{comprimento} = \pi \cdot \text{diâmetro} \}$$

Como o comprimento do diâmetro é o dobro do comprimento do raio, é possível calcular o comprimento da circunferência usando a seguinte expressão:

$$\{ c = 2\pi r \}$$

EXEMPLO: Determine o comprimento da circunferência. (Use $3{,}14$ como aproximação de π.)

$c = \pi d$
$c = 3{,}14 \cdot (6)$
$c = 18{,}84 \text{ cm}$

6 cm

A circunferência tem $18{,}84$ centímetros de comprimento.

Para calcular a **ÁREA DE UM CÍRCULO**, use a seguinte fórmula:

$$\text{área} = \pi \cdot \text{raio}^2$$

ou

$$A = \pi r^2$$

(RESPOSTA EM UNIDADES DE COMPRIMENTO AO QUADRADO)

EXEMPLO: Determine a área do círculo. (Use **3,14** como aproximação de π.)

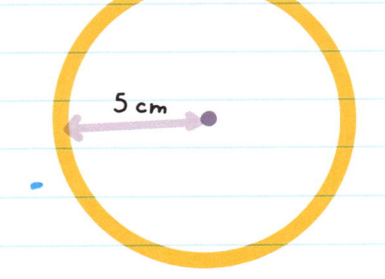

5 cm

$A = \pi r^2$
$A = 3,14 \cdot 5^2$
$A = 3,14 \cdot 25$

$A = 78,5 \text{ cm}^2$

(Não se esqueça da ordem das operações!)

EXEMPLO: Determine a área do círculo. (Use $\frac{22}{7}$ como aproximação de π.)

Como conhecemos apenas o diâmetro, precisamos dividi-lo por dois para obter o raio: $14 \div 2 = 7$ metros. Em seguida, podemos usar a fórmula da área.

$A = \pi r^2$

$A = \dfrac{22}{7} \cdot 7^2$

$A = \dfrac{22}{\cancel{7}} \cdot \dfrac{\cancel{49}^{\,7}}{1}$

$A = 154 \text{ m}^2$

VERIFIQUE SEUS CONHECIMENTOS

> Nas questões **1-3**, **5-6**, **8-10**, use a aproximação $\pi \approx 3{,}14$.
>
> Nas questões **4** e **7**, use a aproximação $\pi \approx \dfrac{22}{7}$.

1. Nomeie as partes da circunferência usando os seguintes termos: corda, centro, diâmetro, raio e circunferência.

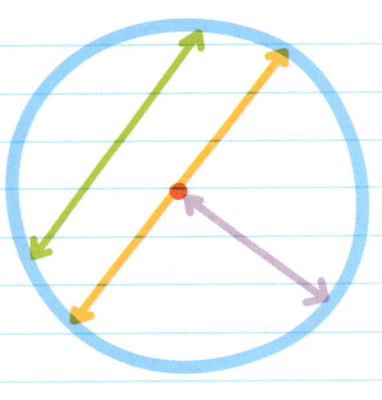

2. O raio de uma circunferência é **9** centímetros. Determine a área do círculo.

3. O raio de uma circunferência é **2** metros. Determine a área do círculo.

4. O diâmetro de uma circunferência é **21** centímetros. Determine a área do círculo.

5. O diâmetro de uma circunferência é **6** centímetros. Determine a área do círculo.

6. Um mestre de obras quer fazer uma janela circular com 1 metro de raio. Que quantidade de vidro ele deve comprar?

7. Um padeiro faz um bolo circular com 7 centímetros de raio. Se o padeiro quer cobrir o alto do bolo com glacê, quanto glacê o padeiro deve usar?

8. Um arquiteto quer construir um telhado plano para uma construção circular. O diâmetro do telhado circular é de 20 metros. Qual é a área do telhado?

9. Um fabricante de móveis produz uma mesa redonda com 4 metros de diâmetro e quer encomendar um tampo de vidro. Qual deve ser o tamanho do tampo de vidro para que ele cubra toda a mesa?

10. Maria está pintando uma escultura circular. A escultura tem 5 metros de raio. Qual é a área da escultura, para que ela saiba a quantidade de tinta necessária?

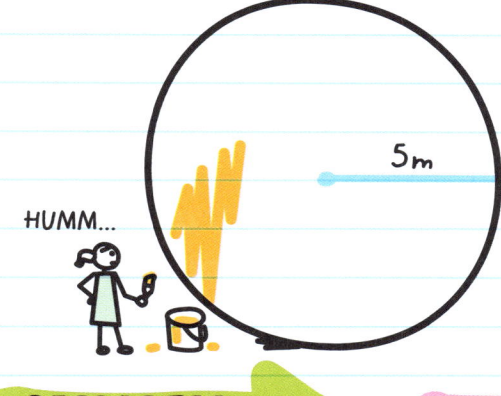

HUMM...

5m

RESPOSTAS

CONFIRA AS RESPOSTAS

1. CIRCUNFERÊNCIA, CORDA, DIÂMETRO, CENTRO, RAIO

2. 254,34 cm²

3. 12,56 m²

4. 346,5 cm²

5. 28,26 cm²

6. 3,14 m²

7. 154 cm²

8. 314 m²

9. 12,56 m²

10. 78,5 m²

Capítulo 46
SÓLIDOS GEOMÉTRICOS

Os sólidos geométricos são figuras tridimensionais que têm **COMPRIMENTO**, **LARGURA** e **ALTURA**.

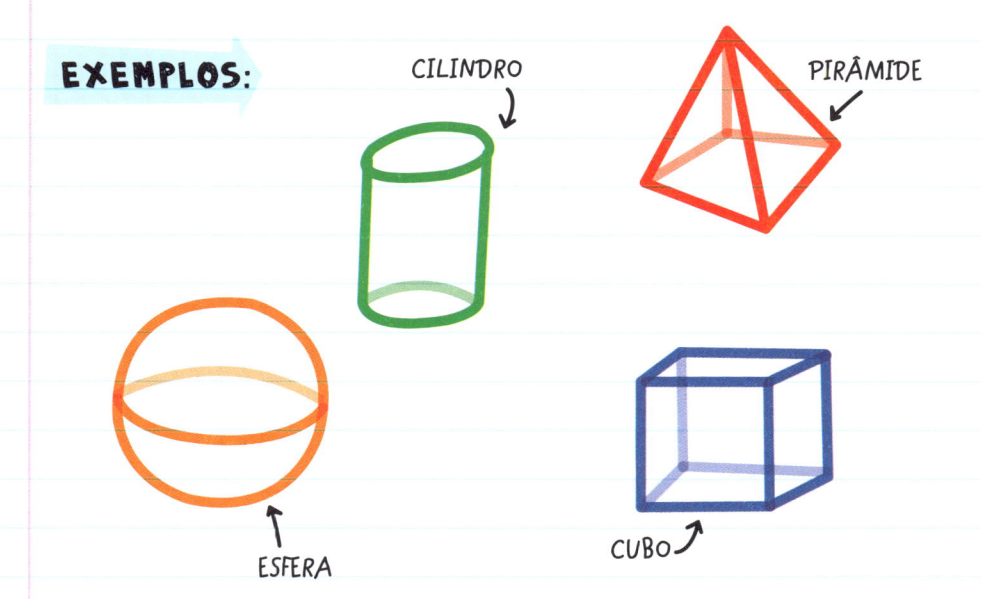

EXEMPLOS:

- CILINDRO
- PIRÂMIDE
- ESFERA
- CUBO

> EM GREGO, "POLI" SIGNIFICA "MUITOS" E "HEDRON" SIGNIFICA "BASE".

Um **POLIEDRO** é uma figura tridimensional cuja superfície é formada por polígonos.

O **PRISMA** é um poliedro cujas bases são paralelas e **CONGRUENTES** (ou seja, têm a mesma forma e o mesmo tamanho) e cujas faces laterais são paralelogramos. Prismas são classificados de acordo com a base que possuem.

As bases do **PRISMA RETANGULAR** são retângulos. O cubo é um caso especial de prisma retangular, já que as bases e as faces laterais são quadrados congruentes.

PRISMA RETANGULAR   CUBO

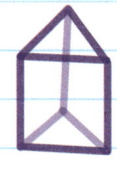

As bases do **PRISMA TRIANGULAR** são triângulos.

Outros tipos de prisma:
PRISMA PENTAGONAL
PRISMA HEXAGONAL

Existem outros tipos de sólidos geométricos:

O **CILINDRO** tem duas bases paralelas que são círculos congruentes.

O **CONE** tem uma base circular e um vértice.

A **ESFERA** é uma região do espaço limitada por uma superfície cujos pontos estão todos à mesma distância de um ponto central. Ela tem a forma de uma bola.

A **PIRÂMIDE** é um poliedro cujas faces laterais são triângulos. Como os prismas, as pirâmides são classificadas de acordo com a base que possuem:

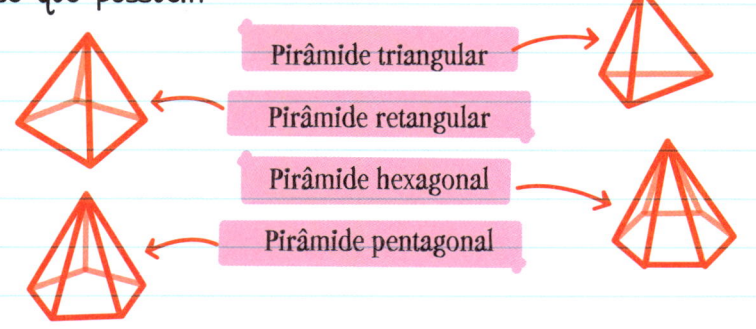

- Pirâmide triangular
- Pirâmide retangular
- Pirâmide hexagonal
- Pirâmide pentagonal

Já os **POLIEDROS REGULARES** têm faces que são polígonos planos regulares congruentes. Existem apenas cinco poliedros regulares, também chamados de **SÓLIDOS PLATÔNICOS**:

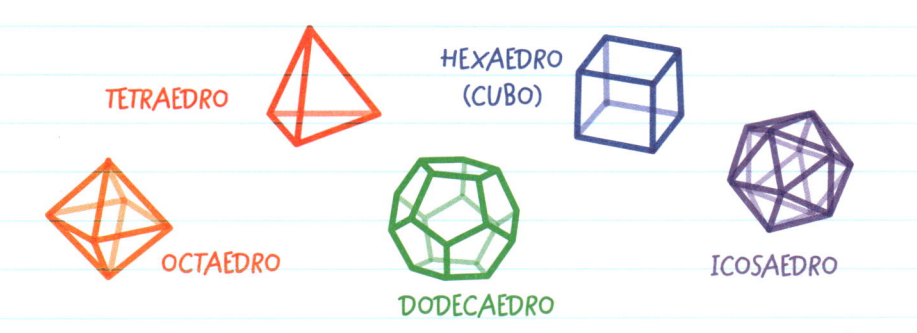

TETRAEDRO

HEXAEDRO (CUBO)

OCTAEDRO

DODECAEDRO

ICOSAEDRO

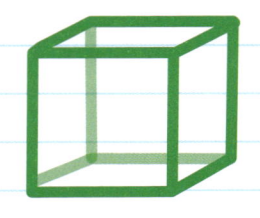

Se você cortar um sólido geométrico com uma serra, poderá obter diferentes superfícies, dependendo do ângulo do corte. Essas superfícies são chamadas de **SEÇÕES**.

Se nós cortamos um cubo com um plano, quais são as seções possíveis?

Cortando o cubo desta forma, obtemos um quadrado (a superfície sombreada).

AH, NÃO! VOCÊ ESTÁ VENDO MINHA SEÇÃO! QUE VERGONHA!

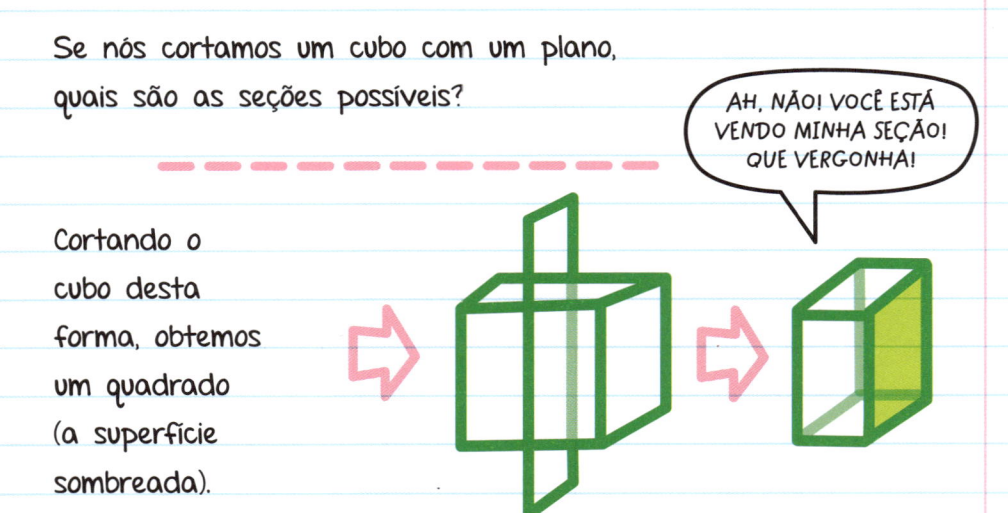

Cortando o cubo na diagonal, como é mostrado na figura, obtemos um retângulo (a superfície sombreada).

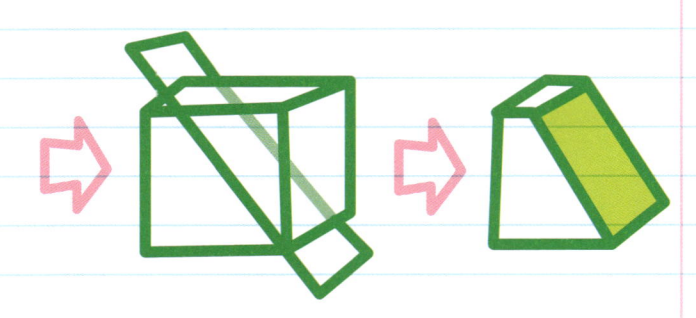

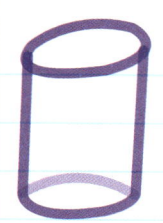

Cortando um cilindro com um plano, também podemos obter mais de um tipo de superfície.

Cortando o cilindro paralelamente às bases, obtemos um círculo (a superfície sombreada).

Cortando o cilindro perpendicularmente às bases, obtemos um retângulo (a superfície sombreada).

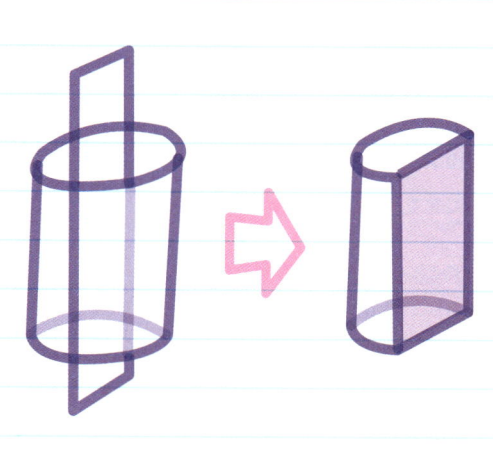

VERIFIQUE SEUS CONHECIMENTOS

Nas questões de **1** a **8**, associe a figura ao nome.

1. Prisma retangular

2. Cubo

3. Pirâmide

4. Cone

5. Cilindro

6. Pirâmide retangular

7. Pirâmide octogonal

8. Pirâmide triangular

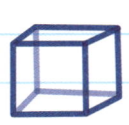

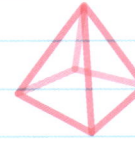

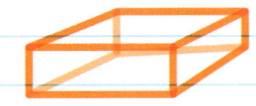

9. Defina o que é um poliedro regular e desenhe um.

Nas questões de **10** a **13**, diga qual é a forma da seção.

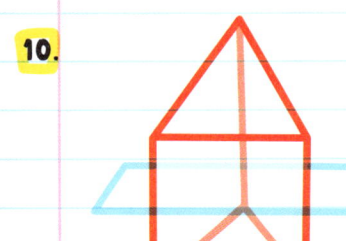

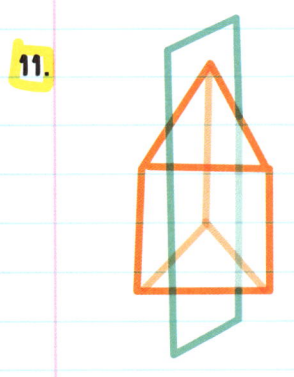

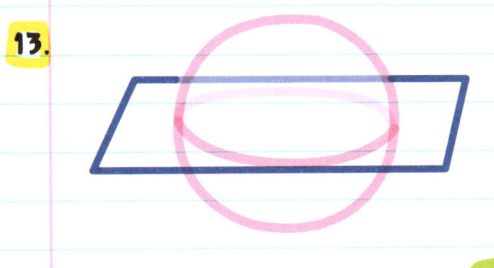

10.

11.

12.

13.

RESPOSTAS

CONFIRA AS RESPOSTAS

1. Prisma retangular

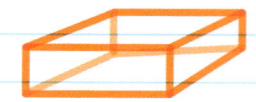

2. Cubo

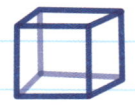

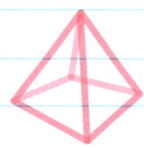

3. Pirâmide

4. Cone

5. Cilindro

6. Pirâmide retangular

7. Pirâmide octogonal

8. Pirâmide triangular

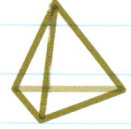

9. Poliedro regular é aquele em que todas as faces são polígonos planos regulares congruentes. Só existem cinco poliedros regulares:

TETRAEDRO   CUBO   OCTAEDRO

DODECAEDRO   ICOSAEDRO

10. A seção é um triângulo.

11. A seção é um retângulo.

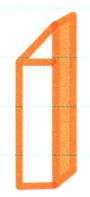

12. A seção é um círculo.

13. A seção é um círculo.

A questão 9 tem mais de uma resposta.

Capítulo 47
VOLUME

O **VOLUME** de um sólido é o número de cubos unitários necessários para encher o interior do sólido. Em termos mais simples: "Qual é a capacidade deste recipiente?" A resposta é o volume.

PRISMAS

Para **CALCULAR O VOLUME DOS PRISMAS**, use a fórmula:

$$\text{Volume} = \text{Área da base} \cdot \text{Altura do sólido}$$

ou $V = Bh$

A letra h vem de *height*, "altura" em inglês. Usamos o B para indicar a área da base. O volume é dado em (*unidades de comprimento*)^3.

> O EXPOENTE 3 É LIDO COMO "AO CUBO" E INDICA QUANTOS CUBOS UNITÁRIOS CABEM NO SÓLIDO.

Prismas retangulares

Para calcular o **VOLUME DE UM PRISMA RETANGULAR**, podemos usar a fórmula

$$V = Bh \text{ ou}$$
$$V = \text{comprimento} \cdot \text{largura} \cdot \text{altura } (V = clh)$$

porque as duas expressões são equivalentes.

EXEMPLO: Calcule o volume do prisma retangular.

(6 m, 2 m, 5 m)

Se usarmos $V = Bh$, primeiro precisamos calcular o valor de B, a área da base retangular. (A expressão da área do retângulo é $A = c \cdot l$.)
$B = c \cdot l$
$B = 5 \cdot 6$
$B = 30$

Temos agora todas as informações necessárias para calcular o volume:
$V = Bh$
$V = 30 \cdot 2$
$V = 60 \text{ m}^3$

Podemos também usar a expressão $V = clh$, em que todos esses passos estão incluídos!
$V = clh$
$V = (5)(6)(2)$
$V = 60 \text{ m}^3$

Prismas triangulares

Pelas mesmas razões, para calcular o **VOLUME DE UM PRISMA TRIANGULAR** podemos usar a fórmula:

$$V = B h_p \text{ ou}$$

$$V = \frac{1}{2} \cdot \text{base do triângulo} \cdot \text{altura do triângulo} \cdot \text{altura do prisma}$$

$$\left(V = \frac{1}{2} b h_t h_p\right)$$

em que b representa a base do triângulo, h_t representa a altura do triângulo e h_p representa a altura do prisma.

EXEMPLO: Calcule o volume do prisma triangular.

12 m (altura do triângulo)
4 m
18 m (altura do prisma)

$B = \frac{1}{2} b h_t$

$B = \frac{1}{2}(4)(12)$

$B = 24$

$V = B h_p$

$V = 24 \cdot 18$

$V = 432 \text{ m}^3$

$V = \frac{1}{2} b h_t h_p$

$V = \frac{1}{2}(4)(12)(18)$

$V = 432 \text{ m}^3$

Você também pode usar a expressão $V = \frac{1}{2} b h c$, em que h representa a altura do triângulo e c representa o comprimento do prisma (que é igual à altura do prisma mostrado acima).

SÓLIDOS GEOMÉTRICOS que NÃO SÃO PRISMAS

Cilindros

Para calcular o **VOLUME DE UM CILINDRO**, podemos usar a fórmula:

$$V = Bh \text{ ou } V = \pi \cdot \text{raio}^2 \cdot \text{altura} \ (V = \pi r^2 h)$$

Como a base dos cilindros é um círculo, devemos usar a expressão da área do círculo $(A = \pi r^2)$ para calcular a área da base.

EXEMPLO: Calcule o volume do cilindro.

$V = \pi r^2 h$
$V = (3,14)(3^2)(5)$
$V = 141,3 \text{ m}^3$

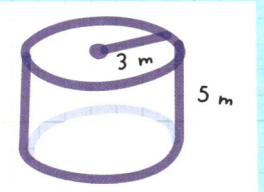

Cones

Os cones são um pouco diferentes dos outros sólidos geométricos. Para calcular o **VOLUME DE UM CONE**, usamos a seguinte fórmula:

$$V = \frac{1}{3} \cdot \text{área da base} \cdot \text{altura} \ \left(V = \frac{1}{3} Bh\right)$$
$$\text{ou}$$
$$V = \frac{1}{3} \cdot \pi \cdot \text{raio}^2 \cdot \text{altura} \ \left(V = \frac{1}{3} \pi r^2 h\right)$$

Como o espaço interno de três cones é igual ao espaço interno de um cilindro de mesma base, o volume de um cone é um terço da área da base vezes a altura!

Como a base do cone também é um círculo, podemos usar a expressão da área de um círculo ($A = \pi r^2$) para calcular a área da base. Combinando as expressões, obtemos $V = \frac{1}{3}\pi r^2 h$.

EXEMPLO: Calcule o volume do cone. Arredonde o resultado para duas casas decimais.

$V = \frac{1}{3}\pi r^2 h$

$V = \frac{1}{3}(\pi)(6^2)(8)$

$V = \frac{1}{3}(3,14)(36)(8)$

$V = 301,44 \text{ cm}^3$

8 cm
6 cm

Pirâmides

Para calcular o **VOLUME DE UMA PIRÂMIDE**, também podemos usar a fórmula:

$$V = \frac{1}{3} Bh$$

(Assim como o cilindro, o espaço interno de três pirâmides é igual ao espaço interno de um prisma de mesma base.) Como a base é um retângulo, podemos usar a expressão da área de um retângulo, $A = bh$. É só tomar cuidado para não confundir a altura da pirâmide h_p com a altura da base h_b.

EXEMPLO: Calcule o volume da pirâmide.

$A = bh_b$
$A = 10(4)$
$A = 40 \text{ m}^2$
$V = \frac{1}{3} Bh_p$
$V = \frac{1}{3}(40)(60)$
$V = 800 \text{ m}^3$

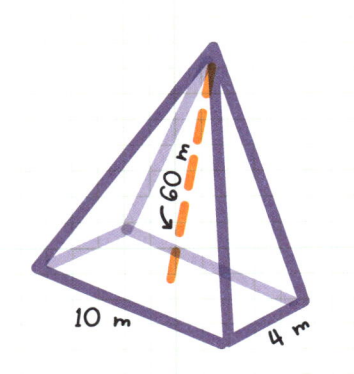

Esferas

Para calcular o **VOLUME DE UMA ESFERA**, usamos a seguinte expressão:

$$V = \frac{4}{3}\pi r^3$$

Você só precisa conhecer o raio para calcular o volume da esfera. Além disso, em uma esfera, todo segmento de reta que vai do centro até a superfície é um raio!

EXEMPLO: Calcule o volume da esfera.

$V = \frac{4}{3}\pi r^3$
$V = \frac{4}{3}(3,14)(6^3)$
$V = \frac{4}{3}(3,14)(216)$
$V = 904,32 \text{ cm}^3$

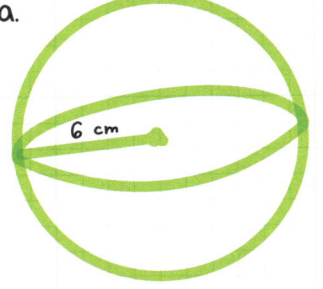

VERIFIQUE SEUS CONHECIMENTOS

Nas questões de **1** a **5**, associe o sólido a uma das expressões do volume. (Um sólido pode ser associado a mais de uma expressão e uma expressão pode ser associada a mais de um sólido.)

1. **PRISMA RETANGULAR** $V = clh$

2. **CONE** $V = \dfrac{1}{3} Bh$

3. **PIRÂMIDE** $V = \pi r^2 h$

4. **CILINDRO** $V = \dfrac{4}{3} \pi r^3$

5. **ESFERA** $V = \dfrac{1}{3} \pi r^2 h$

6. Calcule o volume do prisma retangular.

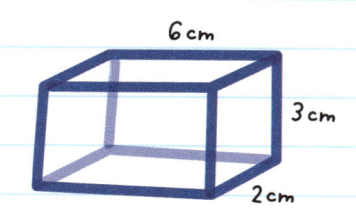

6 cm
3 cm
2 cm

7. Calcule o volume do cone.

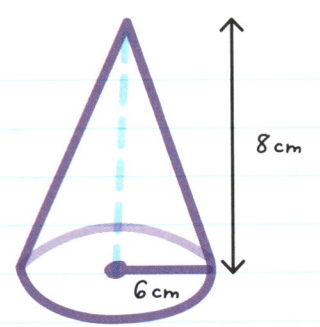

8 cm
6 cm

8. Calcule o volume da pirâmide.

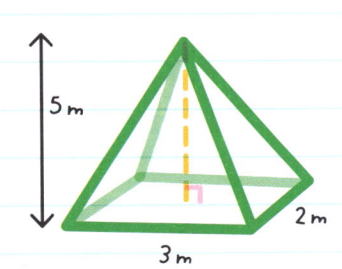

5 m
3 m
2 m

9. Calcule o volume do cilindro.

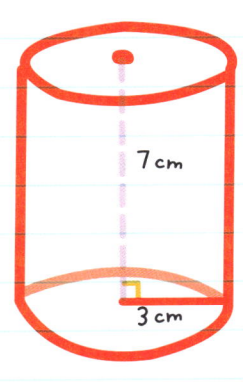

7 cm
3 cm

10. Calcule o volume da esfera.

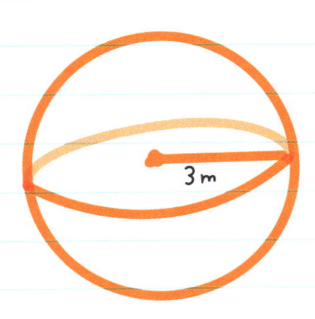

3 m

RESPOSTAS 325

CONFIRA AS RESPOSTAS

1. PRISMA RETANGULAR $V = c l h$

2. CONE $V = \dfrac{1}{3} \pi r^2 h$ ou $V = \dfrac{1}{3} B h$

3. PIRÂMIDE $V = \dfrac{1}{3} B h$

4. CILINDRO $V = \pi r^2 h$

5. ESFERA $V = \dfrac{4}{3} \pi r^3$

6. $V = c l h = 6 \cdot 3 \cdot 2 = 36 \text{ cm}^3$

7. $V = \dfrac{1}{3} B h = \dfrac{1}{3} \cdot (3{,}14) \cdot 6^2 \cdot 8 = 301{,}44 \text{ cm}^3$

8. $V = \dfrac{1}{3} B h = \dfrac{1}{3} \cdot (3 \cdot 2) \cdot 5 = 10 \text{ m}^3$

9. $V = \pi r^2 h = (3{,}14) \cdot (3)^2 \cdot 7 = 197{,}82 \text{ cm}^3$

10. $V = \dfrac{4}{3} \pi r^3 = \dfrac{4}{3} \cdot (3{,}14) \cdot (3)^3 = 113{,}04 \text{ m}^3$

Capítulo 48

ÁREA SUPERFICIAL

ÁREA SUPERFICIAL é exatamente o que o nome sugere: a área total da superfície de um sólido. Podemos calcular isso somando as áreas das bases e das superfícies laterais. Para calcular a área superficial, é mais fácil calcular a área da **PLANIFICAÇÃO**. A planificação é obtida desdobrando o sólido, como nos exemplos abaixo.

ÁREA SUPERFICIAL dos PRISMAS

Para calcular a **ÁREA SUPERFICIAL DE UM CUBO**, calcule a área de uma face do cubo usando a expressão $A = l^2$, em que l é o valor do lado do cubo, e multiplique o resultado por 6, porque o cubo tem 6 faces e todas as faces são iguais.

EXEMPLO: Calcule a área de superfície do cubo mostrado na figura.

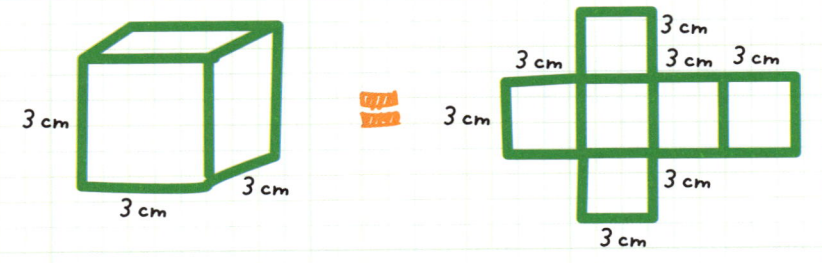

Você pode planificar o cubo para ver a área superficial com mais clareza. A área de cada face é o produto do comprimento pela largura, que neste caso são iguais. Assim, a área de uma face é $3^2 = 9\text{ cm}^2$.

Vamos somar as áreas de todas as faces do cubo:

- Face superior: 9 cm^2
- Face dianteira: 9 cm^2
- Face direita: 9 cm^2
- Face esquerda: 9 cm^2
- Face inferior: 9 cm^2
- Face traseira: 9 cm^2

Área superficial total: $9 + 9 + 9 + 9 + 9 + 9 = 54\text{ cm}^2$

Também podemos fazer esse cálculo multiplicando a área de uma face (9 cm^2) pelo número de faces (6).

$9\text{ cm}^2 \cdot 6 \text{ faces} = 54\text{ cm}^2$

Para calcular a **ÁREA SUPERFICIAL DE UM PRISMA RETANGULAR**, calcule a soma das áreas de todas as faces. Como os lados são retângulos, as áreas de todas as faces podem ser calculadas usando a expressão $A = c l$ para todas as faces, em que c é o comprimento do retângulo e l é a largura.

EXEMPLO: Calcule a área de superfície do prisma retangular mostrado na figura.

SUPERFÍCIE	ÁREA
Base 1	$4 \cdot 5 = 20 \text{ cm}^2$
Base 2	$4 \cdot 5 = 20 \text{ cm}^2$
Face 1	$4 \cdot 10 = 40 \text{ cm}^2$
Face 2	$4 \cdot 10 = 40 \text{ cm}^2$
Face 3	$5 \cdot 10 = 50 \text{ cm}^2$
Face 4	$5 \cdot 10 = 50 \text{ cm}^2$
Área superficial = base + base + face + face + face + face	$20 + 20 + 40 + 40 + 50 + 50 = 220 \text{ cm}^2$

Para calcular a **ÁREA SUPERFICIAL DE UM PRISMA TRIANGULAR**, a fórmula é a mesma: calcule a soma das áreas de todas as faces. Quando você planifica um prisma triangular, as faces laterais são retângulos, cuja área pode ser calculada usando a expressão $A = cl$. Como as bases são triângulos, use a fórmula para a área de um triângulo ($A = \frac{1}{2}bh$). Por fim, some todas as áreas.

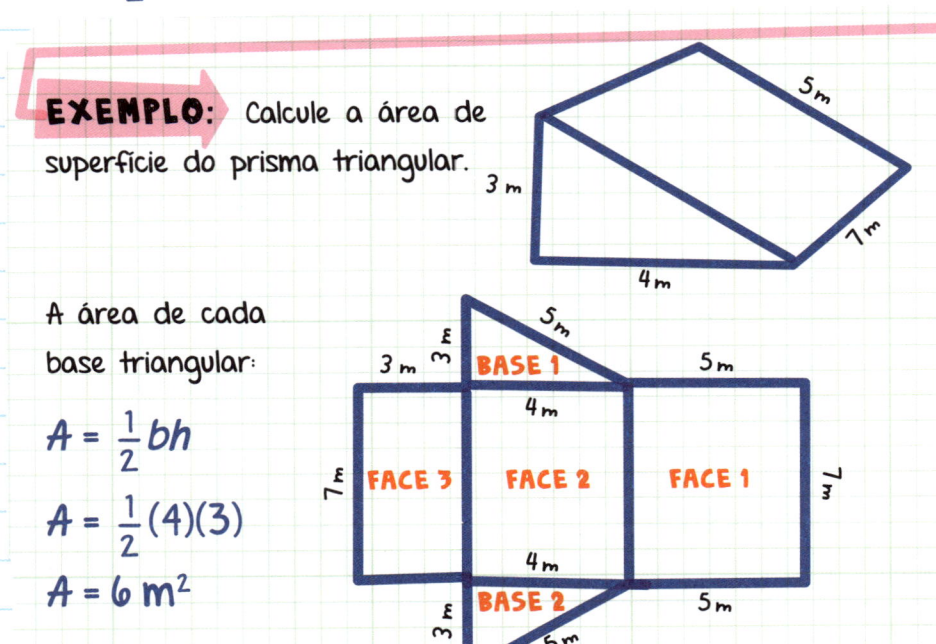

EXEMPLO: Calcule a área de superfície do prisma triangular.

A área de cada base triangular:

$A = \frac{1}{2}bh$

$A = \frac{1}{2}(4)(3)$

$A = 6 \text{ m}^2$

A área de cada face retangular:

FACE 1:	FACE 2:	FACE 3:
$A = cl$	$A = cl$	$A = cl$
$A = 5 \cdot 7$	$A = 4 \cdot 7$	$A = 3 \cdot 7$
$A = 35$	$A = 28$	$A = 21$

Área de superfície = base + base + face + face + face
Área de superfície = $6 + 6 + 35 + 28 + 21 = 96 \text{ m}^2$

ÁREA SUPERFICIAL de SÓLIDOS que NÃO SÃO PRISMAS

Para calcular a **ÁREA SUPERFICIAL DE UM CILINDRO**, você precisa somar a área da superfície lateral com a área das bases. Como a área lateral tem a forma de um retângulo quando você planifica o cilindro, use a fórmula da área de um retângulo ($A = cl$) para calcular a área da superfície lateral. Como as bases são círculos, use a fórmula da área do círculo ($A = \pi r^2$). Por fim, some todas as áreas:

Área de superfície =
área do retângulo + área do círculo superior + área do círculo inferior

EXEMPLO: Renato quer calcular a área superficial de um cilindro. Ele já sabe que a área do retângulo é **36** cm². Se o raio das bases é **2** cm, qual a área superficial do cilindro?

$A = 36 + \pi r^2 + \pi r^2$
$A = 36 + (3,14) \cdot 2^2 + (3,14) \cdot 2^2$
$A = 61,12$ cm²

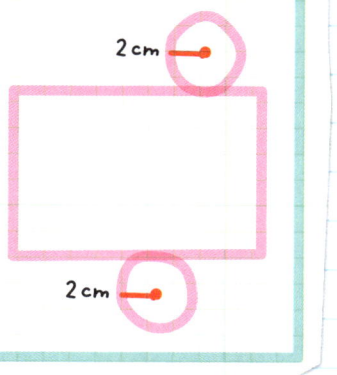

Às vezes não são fornecidos todos os valores necessários para calcular a área superficial de um cilindro, mas isso não é problema! Podemos **DEDUZIR** (calcular) os valores necessários a partir do diâmetro e da altura do cilindro.

EXEMPLO: Calcule a área superficial do cilindro.

Primeiro, vamos calcular a área da superfície lateral usando a expressão da área de um retângulo, $A = c \cdot l$. A largura da superfície lateral não é dada, mas sabemos que é igual ao perímetro da base, que podemos calcular usando a expressão do comprimento de uma circunferência ($p = \pi d$).

$p = \pi d$
$p = (3,14)(6)$
$p = 18,84$ cm

> p = LARGURA DA SUPERFÍCIE LATERAL

Agora podemos calcular a área da superfície lateral.

$A = c \cdot l$
$A = 8 \cdot 18,84$
$A = 150,72$ cm^2

8 cm
6 cm

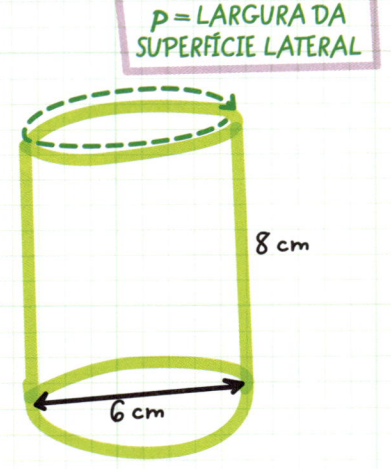

Em seguida, calculamos a área das bases. (Obteremos o raio dividindo o diâmetro por dois. Assim, a metade de 6 cm é 3 cm.)

$A = \pi r^2$
$A = 3,14(3^2)$
$A = 3,14(9)$
$A = 28,26$ cm^2

Por fim, somamos as áreas das duas bases e da superfície lateral:

Área superficial = $28,26 + 28,26 + 150,72 = 207,24$ cm^2

A **ÁREA SUPERFICIAL DE UMA ESFERA** é fácil de calcular. Dado o valor do raio, a área superficial pode ser calculada usando a seguinte expressão:

$$A = 4\pi r^2$$

EXEMPLO: Calcule a área superficial da esfera.

$A = 4\pi r^2$

$A = 4(3,14)(2)^2$

$A = 50,24 \text{ cm}^2$

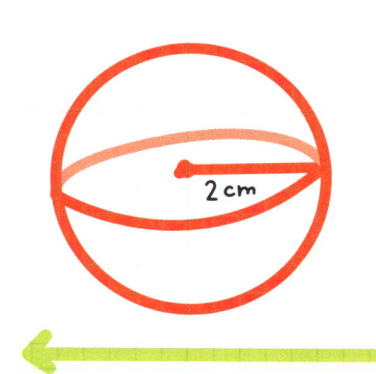

2 cm

VERIFIQUE SEUS CONHECIMENTOS

Nas questões de **1** a **5**, calcule a área superficial da figura.

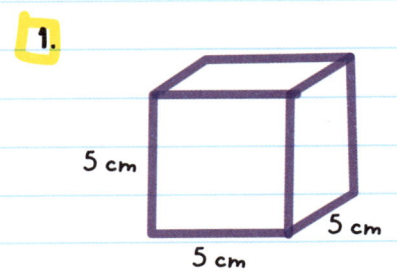

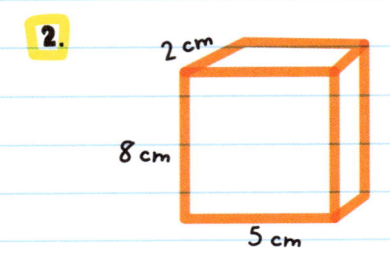

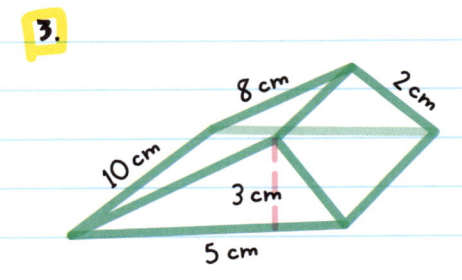

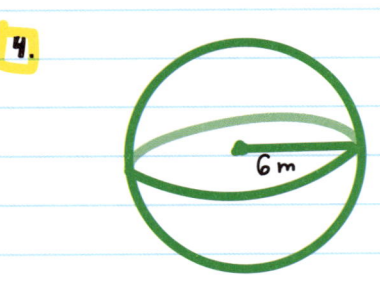

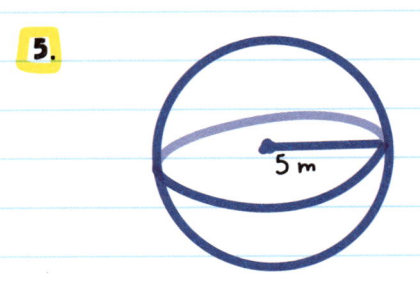

1. 5 cm, 5 cm, 5 cm

2. 2 cm, 8 cm, 5 cm

3. 8 cm, 2 cm, 10 cm, 3 cm, 5 cm

4. 6 m

5. 5 m

6. Susana tem uma pequena bola de borracha com um raio de 8 centímetros. Se ela deseja pintar a superfície da bola, quantos centímetros quadrados ela vai precisar cobrir de tinta?

7. Susana bombeia ar para dentro da bola da questão anterior e, com isso, o raio da bola aumenta 2 centímetros. Se ela resolver pintar a superfície da bola de uma cor diferente, quantos centímetros quadrados ela vai precisar cobrir de tinta?

8. Márcio tem uma caixa de papelão e quer calcular a área superficial. A caixa tem 15 centímetros de comprimento, 10 centímetros de altura e 20 centímetros de largura. Qual é a área superficial da caixa?

9. Sara quer fabricar uma lata de sopa em forma de cilindro. Se a lata tem 18 centímetros de altura e um raio de 8 centímetros, de quantos centímetros quadrados ela vai precisar para fabricar a lata?

10. Lauro tem uma fatia de queijo e conhece as dimensões de algumas partes dessa fatia. Qual é a área superficial da fatia?

DICA: Você vai precisar do teorema de Pitágoras para calcular o lado que falta!

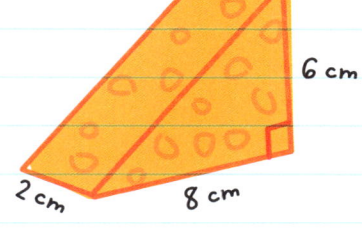

RESPOSTAS

CONFIRA AS RESPOSTAS

1. 150 cm^2

2. 132 cm^2

3. 165 cm^2

4. 452,16 m^2

5. 314 m^2

6. 803,84 cm^2

7. 1256 cm^2

8. 1300 cm^2

9. 1306,24 cm^2

10. O lado que falta tem 10 cm. A área de superfície é 96 cm^2.

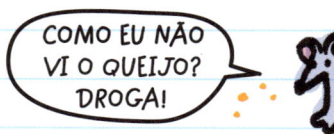

COMO EU NÃO VI O QUEIJO? DROGA!

Capítulo 49

ÂNGULOS, TRIÂNGULOS E RETAS TRANSVERSAIS

ÂNGULOS INTERNOS

Sabemos que um triângulo tem três lados e três ângulos. Uma das propriedades especiais do triângulo é que a soma dos três ângulos internos de um triângulo é sempre 180°. Sempre!

EXEMPLO: No $\triangle ABC$, $\angle A$ é 30° e $\angle B$ é 70°. Quanto é $\angle C$?

Como sabemos que a soma dos ângulos de um triângulo é 180°,

A + B + C = 180
30 + 70 + C = 180
100 + C = 180
C = 80

Portanto, $\angle C$ é 80°.

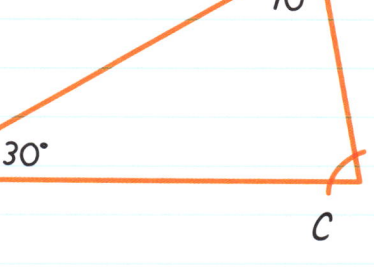

EXEMPLO: No $\triangle JKL$, $\angle J$ é 45° e $\angle L$ é 45°. Quanto é $\angle K$?

Como sabemos que a soma dos ângulos de um triângulo é 180°,

$J + K + L = 180$
$45 + K + 45 = 180$
$K = 90$

Portanto, $\angle K$ é 90°.

ÂNGULOS EXTERNOS

Além dos três ângulos internos, os triângulos têm três **ÂNGULOS EXTERNOS** – ficam do lado de fora. No $\triangle ABC$ abaixo, $\angle S$ é um dos ângulos externos.

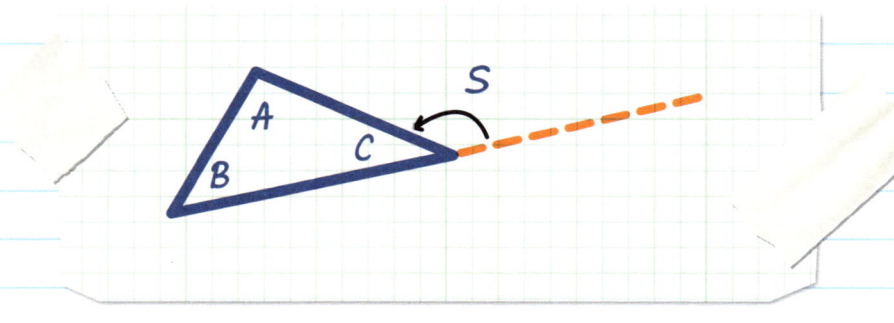

Como os ângulos C e S são suplementares, $C + S = 180°$.

EXEMPLO: No diagrama abaixo, $\angle X$ é $100°$ e $\angle Y$ é $50°$. Quanto é $\angle W$?

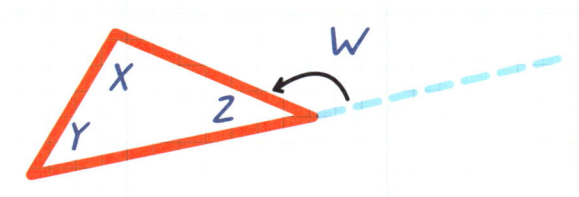

Precisamos primeiro calcular o valor de $\angle Z$. Como a soma dos ângulos é $180°$,

$X + Y + Z = 180$
$100 + 50 + Z = 180$
$Z = 30$

Como $\angle W$ é o ângulo externo a $\angle Z$, os ângulos Z e W são suplementares:

$Z + W = 180$
$30 + W = 180$
$W = 150°$

Você notou um fato interessante? O valor do ângulo externo a um dos ângulos internos de um triângulo é igual à soma dos dois outros ângulos internos!

EXEMPLO: No diagrama abaixo, ∠A é 55° e ∠B é 43°. Quanto é ∠D?

Como ∠D tem o mesmo valor que a soma dos ângulos A e B, ∠D é:

55° + 43° = 98°

RETAS TRANSVERSAIS

Uma reta transversal é uma reta que intercepta duas retas paralelas, como:

OU

Como podemos ver, uma reta transversal cria 8 ângulos. Estudando os ângulos, podemos notar que muitos deles são congruentes!

No diagrama abaixo, a reta R é uma transversal que intercepta as retas paralelas P e Q.

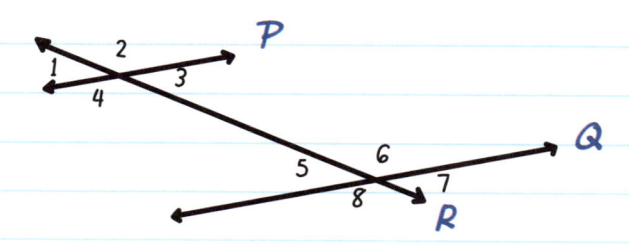

Sabemos que ∠1 é congruente com ∠3 porque são ângulos **OPOSTOS PELO VÉRTICE**. Pela mesma razão, sabemos que os ângulos a seguir também são congruentes:

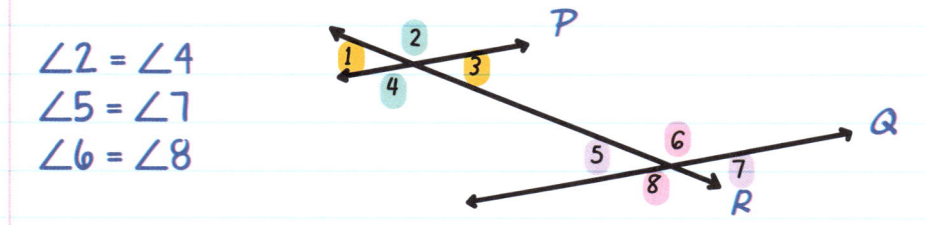

∠2 = ∠4
∠5 = ∠7
∠6 = ∠8

O que mais sabemos? Como P e Q estão paralelas, a reta transversal forma **ÂNGULOS CORRESPONDENTES** com elas: ângulos que estão na mesma posição em relação à reta transversal e, portanto, são congruentes. Isso significa que os ângulos a seguir são congruentes por serem correspondentes:

∠1 = ∠5
∠2 = ∠6
∠3 = ∠7
∠4 = ∠8

Além disso, ∠1 é congruente com ∠7 porque são **ÂNGULOS ALTERNOS EXTERNOS**. Ângulos alternos externos estão em lados opostos de uma reta transversal e do lado de fora das retas paralelas. O fato de que as retas P e Q são paralelas faz com que esses ângulos se comportem como se fossem opostos pelo vértice. Portanto, os ângulos alternos externos a seguir são congruentes:

∠1 = ∠7
∠2 = ∠8

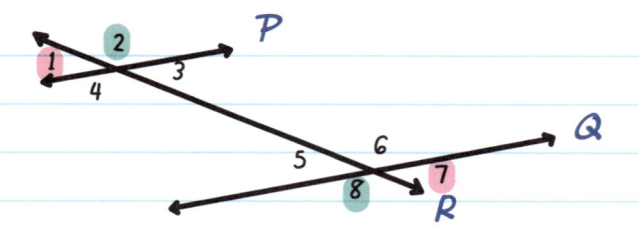

Da mesma forma, ∠3 é congruente com ∠5 porque são **ÂNGULOS ALTERNOS INTERNOS**, ou seja, estão em lados opostos de uma reta transversal e do lado de dentro das retas paralelas. Portanto, os ângulos alternos internos a seguir são congruentes:

∠4 = ∠6
∠3 = ∠5

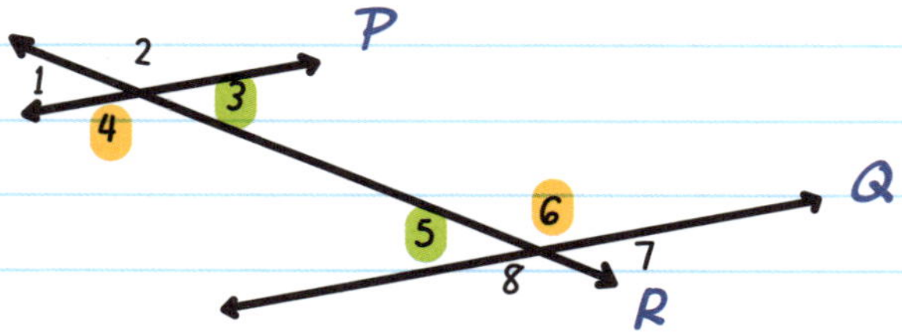

Logo, juntando todas as informações,

∠1, 3, 5 e 7 são congruentes.
∠2, 4, 6 e 8 são congruentes.

> O contrário de tudo isso também é verdade! Se você não sabe se duas retas cortadas por uma reta transversal são paralelas, examine os ângulos alternos internos ou externos. Se forem congruentes, as retas são paralelas.

VERIFIQUE SEUS CONHECIMENTOS

1. No △PQR, ∠Q é 30° e ∠R é 100°. Quanto é ∠P?

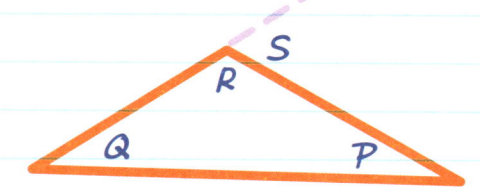

2. No △ABC, ∠A é 40° e ∠C é 40°. Quanto é ∠B?

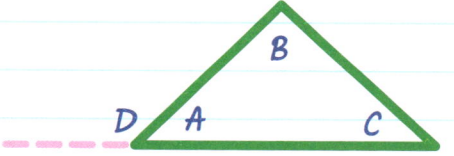

3. No △PQR acima, ∠P é 20° e ∠R é 137°. Quanto é ∠Q? Quanto é ∠S?

4. No △ABC, ∠B é 89° e ∠C é 43°. Quanto é ∠A? Quanto é ∠D?

5. No diagrama abaixo, a reta X é paralela à reta Y. Se ∠b é 42°, determine os ângulos a seguir:

(i) ∠a =
(ii) ∠g =
(iii) ∠h =
(iv) ∠c =
(v) ∠d =
(vi) ∠e =

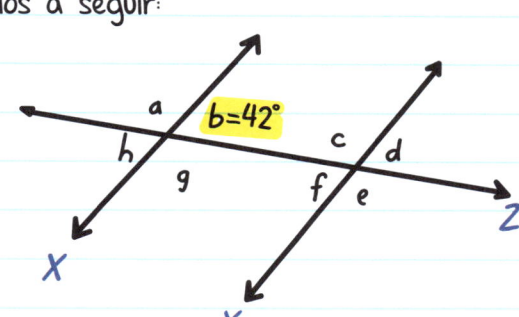

RESPOSTAS 343

CONFIRA AS RESPOSTAS

1. 50°

2. 100°

3. $\angle Q = 23°$, $\angle S = 43°$

4. $\angle A = 48°$, $\angle D = 132°$

5. (i) $\angle a = 138°$
   (ii) $\angle g = 138°$
   (iii) $\angle h = 42°$
   (iv) $\angle c = 138°$
   (v) $\angle d = 42°$
   (vi) $\angle e = 138°$

Capítulo 50
FIGURAS SEMELHANTES E DESENHOS EM ESCALA

FIGURAS SEMELHANTES têm a mesma forma, mas não necessariamente o mesmo tamanho. Essas figuras têm ângulos correspondentes (na mesma posição relativa nas duas figuras), portanto congruentes (têm o mesmo valor).

Figuras semelhantes também têm lados correspondentes (que estão na mesma posição relativa em cada figura) e, portanto, tamanhos proporcionais (todas as dimensões estão na mesma proporção nas duas figuras).

> O sinal para figuras semelhantes é ~.

EXEMPLO: △ABC ~ △EFG

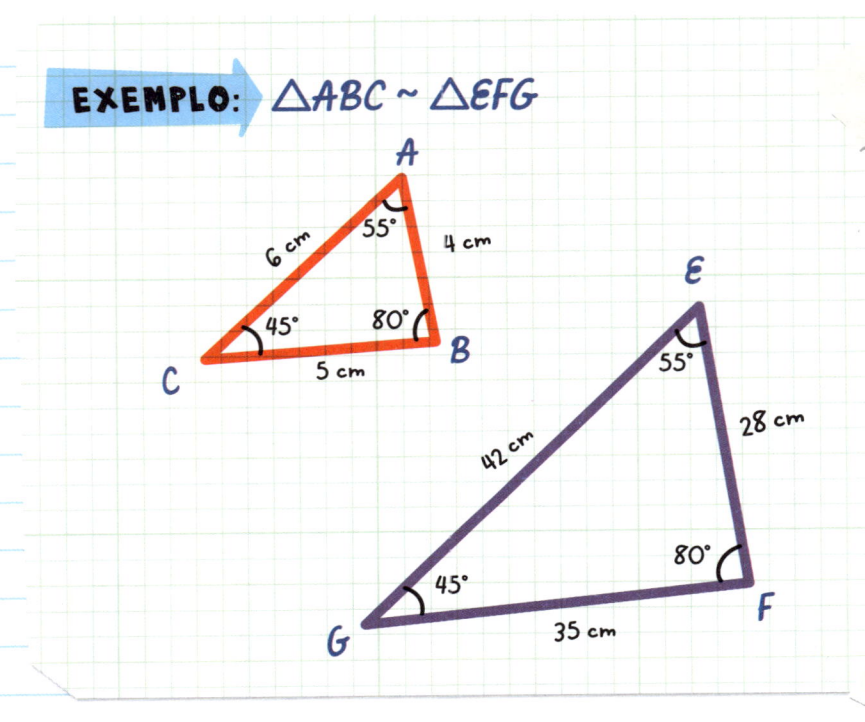

[Triângulo ABC: A (55°), B (80°), C (45°); AB = 4 cm, BC = 5 cm, CA = 6 cm]

[Triângulo EFG: E (55°), F (80°), G (45°); EF = 28 cm, FG = 35 cm, GE = 42 cm]

Os triângulos são semelhantes porque têm ângulos congruentes...

$\angle A \cong \angle E$
$\angle B \cong \angle F$
$\angle C \cong \angle G$

... e seus lados correspondentes têm tamanhos proporcionais!

$EF = 7 \cdot AB$
$EG = 7 \cdot AC$
$FG = 7 \cdot BC$

Se sabemos que duas figuras são semelhantes, podemos usar a proporcionalidade entre elas para calcular as dimensões que faltam.

EXEMPLO: $\triangle ABC \sim \triangle GHI$.

Determine os valores de x e y.

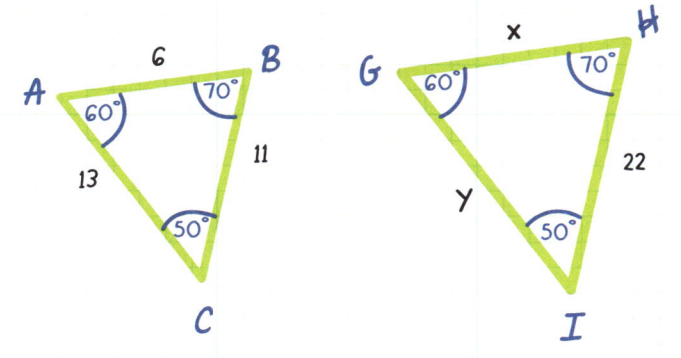

Como os triângulos são semelhantes, os lados correspondentes têm comprimentos proporcionais. Comece com um conjunto completo de valores e determine as dimensões proporcionais do outro triângulo que não foram informadas.

$$\frac{BC}{AB} = \frac{HI}{GH}$$

$$\frac{11}{6} = \frac{22}{x}$$

$$11x = 132$$

$$x = 12$$

$$\frac{BC}{AC} = \frac{HI}{GI}$$

$$\frac{11}{13} = \frac{22}{y}$$

$$11y = 286$$

$$y = 26$$

USE PRODUTOS CRUZADOS PARA CALCULAR O NÚMERO QUE FALTA.

Se duas figuras são semelhantes, podemos usar a proporcionalidade para determinar as medidas que faltam em ambas.

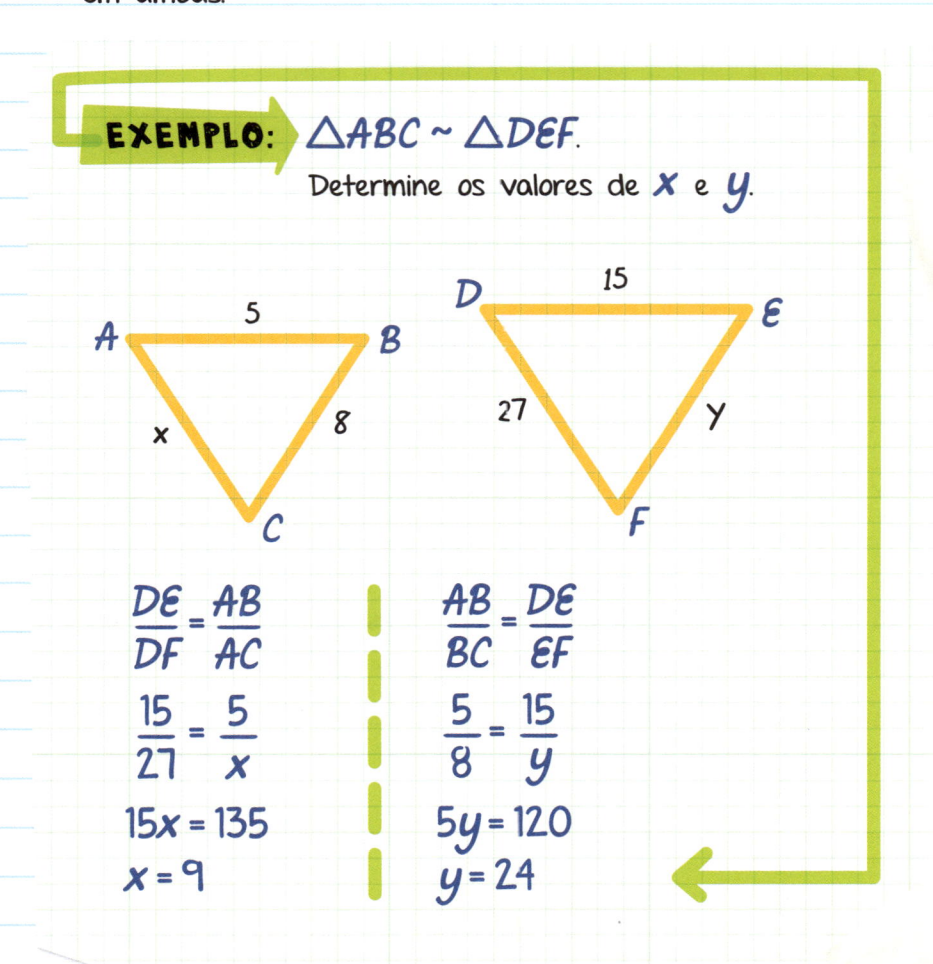

EXEMPLO: $\triangle ABC \sim \triangle DEF$.

Determine os valores de x e y.

$$\frac{DE}{DF} = \frac{AB}{AC}$$

$$\frac{15}{27} = \frac{5}{x}$$

$$15x = 135$$

$$x = 9$$

$$\frac{AB}{BC} = \frac{DE}{EF}$$

$$\frac{5}{8} = \frac{15}{y}$$

$$5y = 120$$

$$y = 24$$

Também podemos usar a proporcionalidade de figuras semelhantes para determinar os ângulos que faltam.

EXEMPLO: △MNO ~ △PQR. Determine ∠M.

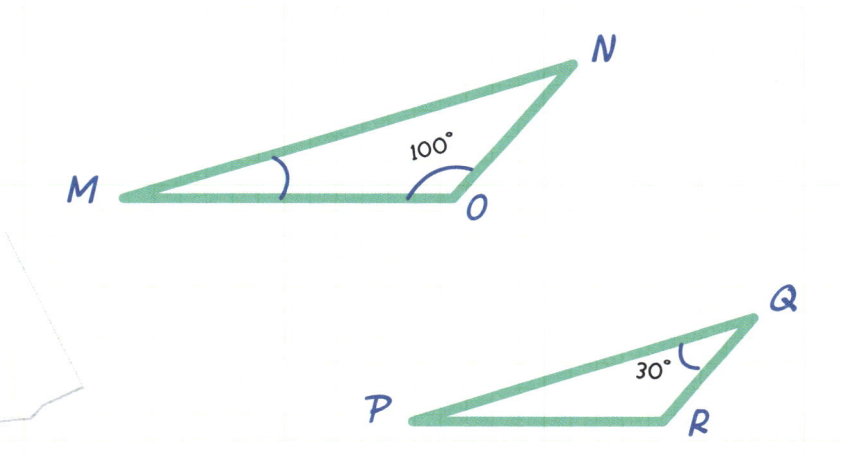

Como os triângulos são semelhantes, os ângulos correspondentes são congruentes.

Portanto: ∠N ≅ ∠Q = 30° e ∠O ≅ ∠R = 100°

Como a soma dos ângulos de qualquer triângulo é 180°,

∠M + ∠N + ∠O = 180°
∠M + 30° + 100° = 180°
∠M = 50°
Logo, ∠P = 50°.

Um **DESENHO EM ESCALA** é aquele semelhante a um objeto (ou lugar) real, mas em tamanho maior ou menor. A **ESCALA** é a razão entre as medidas do desenho e as do mundo real.

EXEMPLO: Nesta planta em escala, 1 cm = 3 m de piso. Quais são o perímetro e a área real do salão?

6 cm
2 cm

ESCALA: 1 cm = 3 m

Como 1 centímetro é igual a 3 metros de piso, o comprimento é:

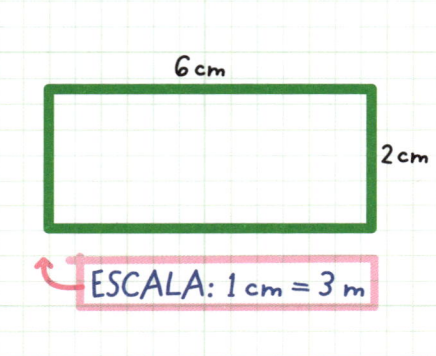

$$\frac{1 \text{ centímetro}}{3 \text{ metros}} = \frac{6 \text{ centímetros}}{x \text{ metros}}$$

O comprimento é 18 metros.

Como 1 centímetro é igual a 3 metros de piso, a largura é:

$$\frac{1 \text{ centímetro}}{3 \text{ metros}} = \frac{2 \text{ centímetros}}{x \text{ metros}}$$

A largura é 6 metros.

O perímetro do salão é: 18 + 6 + 18 + 6 = 48 m.

A área do salão é: 18 • 6 = 108 m².

Onde costumamos encontrar desenhos em escala? Em **MAPAS**!
É um dos usos mais comuns de desenhos em escala!

EXEMPLO: Um mapa mostra a estrada entre as cidades do Rio de Janeiro e de São Gonçalo. A legenda do mapa diz que 2 centímetros representam 5 quilômetros. Se a distância em linha reta entre Rio de Janeiro e São Gonçalo no mapa é de 7,2 centímetros, qual é a distância real?

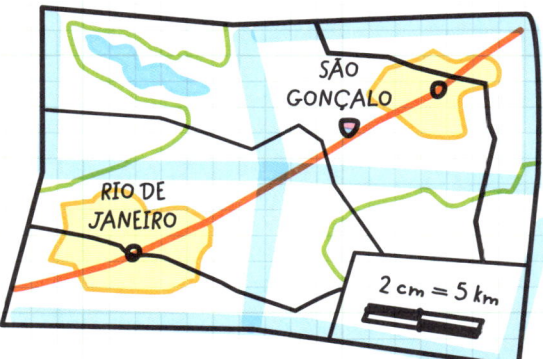

Monte uma proporção:

$$\frac{2 \text{ centímetros}}{5 \text{ quilômetros}} = \frac{7,2 \text{ centímetros}}{x \text{ quilômetros}}$$

Portanto, a distância real é 18 quilômetros.

VERIFIQUE SEUS CONHECIMENTOS

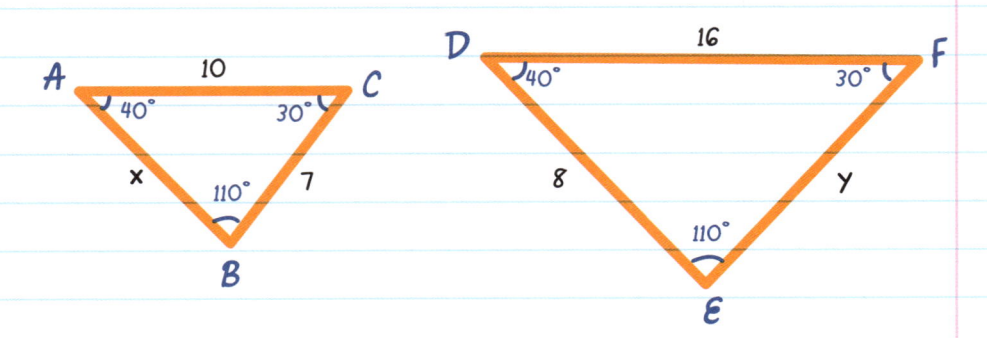

1. No diagrama acima, $\triangle ABC \sim \triangle DEF$. Determine x.

2. Usando o diagrama acima, determine y.

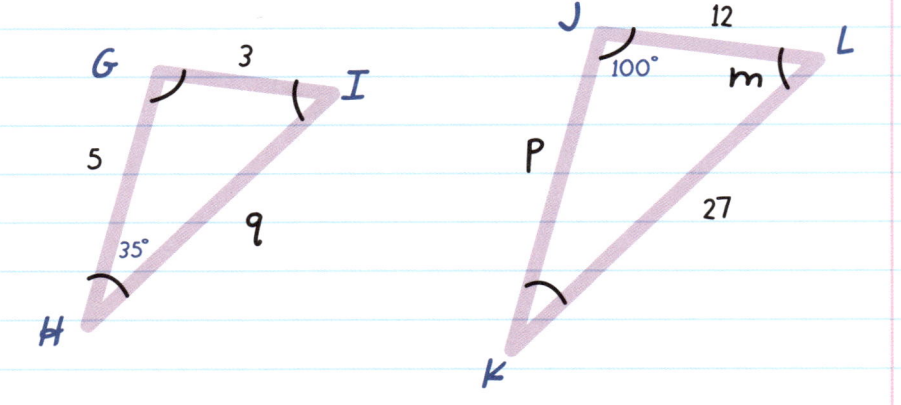

3. No diagrama acima, $\triangle GHI \sim \triangle JKL$. Determine m.

4. Usando o diagrama acima, determine p.

5. Usando o diagrama acima, determine q.

6. Paulo está usando um mapa em que 1 centímetro representa 7 quilômetros. Ele observa que a distância entre dois pontos é 8,5 centímetros. Qual é a distância real entre esses pontos?

7. Em um mapa no qual 4 centímetros representam 10 quilômetros, qual é a distância real para uma distância de 18 centímetros no mapa?

8. Marcos está desenhando um mapa de um salão. O salão tem 15 metros de comprimento. Ele quer que 1 centímetro represente 5 metros. Qual deve ser o comprimento do salão no mapa?

9. A distância entre Rio de Janeiro e Belo Horizonte é 350 quilômetros. João quer desenhar um mapa no qual 1 centímetro represente 7 quilômetros. Qual deve ser a distância entre Rio de Janeiro e Belo Horizonte no mapa?

10. Em uma planta na qual 4 centímetros representam 10 metros, uma piscina tem 12 centímetros de comprimento e 6 centímetros de largura. Qual é o perímetro real da piscina?

CONFIRA AS RESPOSTAS

1. 5

2. 11,2

3. 45°

4. 20

5. 6,75

6. 59,5 quilômetros

7. 45 quilômetros

8. 3 centímetros

9. 50 centímetros

10. 90 metros

unidade 5

Estatística e probabilidade

Capítulo 51
INTRODUÇÃO À ESTATÍSTICA

ESTATÍSTICA é o estudo dos dados. **DADOS** são fatos que podem ser registrados de várias formas. Existem dois tipos de dados:

> **DADOS QUANTITATIVOS:**
> Dados enumeráveis ou mensuráveis, que são expressos por meio de números.

> **DADOS QUALITATIVOS:**
> Dados que são expressos na forma de imagens, texturas, cheiros, sabores etc.

DADOS QUANTITATIVOS	
Número de alunos na sala	1 2 3 4 5 6 7
Número de meninos na sala	1 2 3 4
Número de meninas na sala	1 2 3
Quantos alunos tiraram 10	EU! EU! EU!
Quantos alunos faltaram por motivo de doença	VIXI!

DADOS QUALITATIVOS	
Os alunos gostam da matéria?	SIM! SIM! SIM!
Os alunos são simpáticos?	GRR! GRR!
Os alunos estão prestando atenção?	↓ ↓ ↓ ↓ ↓
Os alunos estão acordados?	Z.

A estatística ajuda a coletar, interpretar, resumir e apresentar dados.

COLETA de DADOS

O que é uma pergunta estatística? Uma **PERGUNTA ESTATÍSTICA** é aquela que pode ter várias respostas diferentes. Isso significa que as respostas têm certa **VARIABILIDADE**, um termo que expressa o grau de concentração ou dispersão de um conjunto de dados.

> **PENSE:** "Quantas respostas são possíveis?" Se a resposta for uma só, não se trata de uma pergunta estatística. Se a resposta for duas ou mais, trata-se de uma pergunta estatística.

CONSIDERE ESTAS DUAS PERGUNTAS:

1. Quantos anos eu tenho?
Essa pergunta só tem uma resposta. Logo, não é uma pergunta estatística, porque não existe variabilidade.

2. Qual é a idade dos alunos da minha escola?
Essa pergunta é uma pergunta estatística, porque pode ter respostas diferentes. Como nem todos os alunos têm a mesma idade, existem várias respostas possíveis (existe variabilidade).

EXEMPLOS: Quais das perguntas abaixo são perguntas estatísticas?

Qual é o seu número de telefone? **NÃO**, não existe variabilidade.

Quantos aparelhos de televisão cada família da sua rua tem? **SIM**, porque as respostas vão variar.

Quanto você pagou pelo seu último hambúrguer? **NÃO**, só existe uma resposta.

Quantos irmãos e irmãs cada aluno da sua escola tem? **SIM**, porque as respostas vão variar.

Como as respostas a uma pergunta estatística podem ser mais ou menos "variadas", pode haver uma **ALTA VARIABILIDADE** ou uma **BAIXA VARIABILIDADE**.

EXEMPLOS:

Qual é a idade das pessoas que estão fazendo compras no shopping? Como as respostas variam muito, essa pergunta tem alta variabilidade.

Qual é a idade dos alunos do 7º ano? As respostas costumam apresentar de zero a dois anos de diferença. Como as respostas não mudam muito, essa pergunta tem baixa variabilidade.

> **Por que os dados e as estatísticas são importantes?**
> 1. Porque ajudam a identificar problemas sociais.
> 2. Porque servem de argumento quando tentamos defender um ponto de vista em apresentações ou discussões.
> 3. Porque nos ajudam a tomar decisões conscientes em relação ao futuro.

EXEMPLO: Devo fazer faculdade?

As estatísticas mostram que, no Brasil, quem tem diploma do ensino superior ganha 2,5 vezes mais do que quem tem diploma do ensino médio. Portanto, do ponto de vista financeiro, vale a pena fazer faculdade!

AMOSTRAGEM

AMOSTRAGEM é o ato de tomar uma pequena parte de um grupo para estimar as características do grupo inteiro. Por exemplo, uma cidade tem milhares de crianças em idade escolar e gostaríamos de saber quantas dessas crianças gostam de matemática. Levaríamos **MUITO** tempo para consultar todas as crianças! Em vez disso, entrevistamos apenas um pequeno número de crianças escolhidas ao acaso e usamos suas respostas para estimar a porcentagem das crianças em idade escolar dessa cidade que gostam de matemática. Em outras palavras, fazemos uma amostragem! Usamos uma amostra para representar o grupo inteiro.

Lógico que é preciso tomar precauções para assegurar que a amostra escolhida é uma boa representação do grupo inteiro. Você sabe, por exemplo, que, em uma escola em que estudam 100 alunos, há muitos garotos e garotas. Você escolhe 20 alunos ao acaso e descobre que sua amostra é formada por 19 garotas e apenas 1 menino. Provavelmente essa não é uma boa amostra, porque não é uma representação confiável da escola como um todo.

EXEMPLO: Uma fábrica tem mil operários. Você quer descobrir quantos operários são canhotos e, para isso, pergunta a 20 operários se eles são destros ou não. Dos 20 operários, 3 são canhotos. Aproximadamente quantos operários da fábrica são canhotos?

Como existem 3 operários canhotos em uma amostra de 20 operários, isso significa que $\frac{3}{20}$ dos operários da amostra são canhotos.

Usando a mesma fração para o número total de operários da fábrica, temos:

$$1000 \cdot \frac{3}{20} = 150$$

VOCÊ TAMBÉM PODIA MONTAR UMA PROPORÇÃO PARA RESOLVER O PROBLEMA:

$$\frac{3}{20} = \frac{c}{1000}$$

Aproximadamente 150 operários da fábrica são canhotos.

EXEMPLO: A escola de Jaime tem 520 alunos. Jaime quer saber quantos deles jogam futebol. Ele consulta 60 colegas e descobre que 8 jogam. Aproximadamente quantos alunos da escola praticam o esporte?

Como 8 de 60 alunos jogam futebol, isso quer dizer que

$$\frac{8}{60} = \frac{2}{15}$$ dos alunos da amostra jogam futebol.

Aplicando a mesma fração aos 520 alunos da escola, temos:

$$520 \cdot \frac{2}{15} = 69,33$$

Isso quer dizer que cerca de 69 alunos da escola jogam futebol.

VERIFIQUE SEUS CONHECIMENTOS

1. Diga se cada uma das perguntas a seguir é sobre dados quantitativos ou qualitativos.
   - (A) Quantos meninos estudam na sua escola?
   - (B) Qual é o seu sorvete favorito?
   - (C) Que cor de camisa está na moda?
   - (D) Quantos alunos da sua escola passaram de ano?

2. Diga se cada uma das perguntas a seguir é uma pergunta estatística.
   - (A) Quantos automóveis a sua família tem?
   - (B) Quanto tempo os alunos da sua turma levam para fazer o dever de casa?
   - (C) Você viu TV ontem à noite?
   - (D) Qual é a altura dos alunos da sua turma?

3. Diga se cada uma das situações a seguir tem alta variabilidade ou baixa variabilidade.
   - (A) Quanto as pessoas gastam para comer em um restaurante?
   - (B) Quantos celulares você tem?
   - (C) Que nota os alunos da sua turma tiraram na prova final de matemática?
   - (D) Sua casa tem quantos banheiros?

4. Janete tem 30 colegas na sua sala, sendo que 18 são meninas. Se a escola tem 500 alunos, aproximadamente quantos alunos devem ser meninas?

5. João nadou 2,5 quilômetros e viu 12 peixes. Se ele continuar nadando até completar 8 quilômetros, quantos peixes, aproximadamente, ele deve ver?

6. Susana jogou basquete durante 8 minutos e fez 14 pontos. Se ela continuar jogando até completar 21 minutos, aproximadamente quantos pontos Susana deve marcar?

7. Lauro quer adivinhar quantas bolas de gude estão em uma caixa com 18 centímetros de altura. Ele calcula que existem 32 bolas em uma altura de 5 centímetros. Aproximadamente quantas bolas a caixa deve conter?

8. Existem 140 automóveis em um estacionamento. Roberto observa 15 automóveis e descobre que 2 desses automóveis são cinza. Aproximadamente quantos automóveis que estão no estacionamento devem ser cinza?

RESPOSTAS

CONFIRA AS RESPOSTAS

1. (A) Quantitativos
   (B) Qualitativos
   (C) Qualitativos
   (D) Quantitativos

2. (A) Não
   (B) Sim
   (C) Não
   (D) Sim

3. (A) Alta
   (B) Baixa
   (C) Alta
   (D) Baixa

4. Cerca de 300 meninas.

5. Cerca de 38 peixes.

6. Cerca de 37 pontos.

7. Cerca de 115 bolas de gude.

8. Cerca de 19 automóveis.

Capítulo 52
MEDIDAS DE TENDÊNCIA CENTRAL E DISPERSÃO

Depois de formular uma pergunta estatística, coletamos os dados. O agrupamento de todos os dados é chamado de **CONJUNTO**. Depois de obtido o conjunto, o passo seguinte é a análise desses dados.

MEDIDAS de TENDÊNCIA CENTRAL

Um tipo de ferramenta que podemos aplicar a um conjunto de dados são as **MEDIDAS DE TENDÊNCIA CENTRAL**. Uma medida de tendência central é um número que representa todos os valores de um conjunto de dados. É muito mais fácil entender o que esse número significa do que tirar conclusões examinando os valores individuais de todos os dados.

EXEMPLO: O coeficiente de rendimento (CR) é uma medida de tendência central para as notas de um aluno.

As três medidas de tendência central mais usadas:

1. A **MÉDIA ARITMÉTICA**, ou simplesmente **MÉDIA**. Para calcular a média, some os números e divida a soma pela quantidade de elementos do conjunto.

EXEMPLO: Investigamos cinco quarteirões do nosso bairro para saber quantos edifícios havia em cada um. Nosso conjunto de dados é o seguinte: 5, 10, 12, 13, 15. Qual é a média?

5 + 10 + 12 + 13 + 15 = 55   Some todos os elementos.

55 ÷ 5 = 11   Em seguida, divida a soma pelo número de elementos (existem 5 elementos).

A média é 11. Isso significa que existem, em média, 11 edifícios em cada quarteirão do nosso bairro.

A média pode ou não ser um dos elementos do conjunto. Não é obrigatório!

2. A **MEDIANA** é o número do meio de um conjunto de dados quando todos os elementos são escritos em ordem crescente.

EXEMPLO: Eu anotei quantas folhas caíram da árvore que fica ao lado da nossa sala de aula em alguns dias de outubro. Meu conjunto de dados foi 52, 84, 26, 61, 73. Qual é a mediana?

26, 52, 61, 73, 84   Primeiro, escreva os elementos em ordem crescente.

A mediana é 61, porque é o número que está no centro de um conjunto ordenado de dados.

O maior valor em um conjunto de dados é chamado de **MÁXIMO**, o menor valor é chamado de **MÍNIMO**. E, como vimos, o valor do meio é chamado de mediana.

E se o conjunto de dados tiver um número par de elementos? Nesse caso, chamamos de mediana a média dos dois elementos mais próximos do meio do conjunto (somando os valores dos dois elementos e dividindo por 2).

ALGUMA COISA ESTÁ ERRADA.

EXEMPLO: Nossa turma fez uma campanha de doações pela internet para uma excursão ecológica. Na primeira hora da campanha, recebemos doações de **R$ 13**, **R$ 15**, **R$ 34**, **R$ 28**, **R$ 25** e **R$ 20**. Qual é a mediana das seis doações?

13, 15, 20, 25, 28, 34   Primeiro, escreva os elementos em ordem crescente.

Os números do meio são 20 e 25.

20 + 25 = 45

45 ÷ 2 = 22,5

> A mediana pode ou não ser um dos elementos que existia no conjunto. Não é obrigatório!

Isso quer dizer que a mediana está à mesma distância dos dois números mais próximos do meio do conjunto ordenado de dados.

3. A **MODA** é o elemento do conjunto de dados que aparece com mais frequência. Podemos ter apenas uma moda, mais de uma moda ou nenhuma moda!

EXEMPLO: Dez alunos fizeram uma prova de matemática e as notas foram:

75, 80, 90, 68, 95, 100, 78, 90, 55, 75.   Qual foi a moda?

55, 68, 75, 75, 78, 80, 90, 90, 95, 100.   Coloque os elementos em ordem para ver se existe algum elemento repetido.

Tanto 75 quanto 90 aparecem duas vezes. Portanto, existem duas modas: 75 e 90.

Isso quer dizer que os números 75 e 90 aparecem com mais frequência no conjunto de dados.

EXEMPLO: Perguntei a seis alunos quantos lápis eles tinham na mochila. As respostas foram: 1, 4, 8, 8, 1, 4. Qual foi a moda?

1, 1, 4, 4, 8, 8.   Coloque os elementos em ordem para ver se existe algum elemento repetido.

Como TODOS os elementos aparecem o mesmo número de vezes (duas), não existe moda.

Isso significa que todos os números aparecem no conjunto de dados a mesma quantidade de vezes.

MEDIDAS de DISPERSÃO

Outro tipo de ferramenta que podemos aplicar a um conjunto de dados são as **MEDIDAS DE DISPERSÃO**, que descrevem o modo como os valores de um conjunto de dados variam. A principal medida de dispersão é a **AMPLITUDE**.

A amplitude é a diferença entre o valor do menor elemento e o valor do maior elemento de um conjunto de dados. A amplitude é uma medida do grau de dispersão de um conjunto de dados.

EXEMPLO: Em uma pesquisa, os alunos deviam dizer quanto dinheiro tinham no bolso. As respostas foram as seguintes: R$ 6, R$ 11, R$ 20, R$ 4, R$ 1, R$ 15, R$ 10, R$ 8, R$ 5, R$ 1, R$ 2, R$ 12, R$ 4.

OU PENSE AMPLITUDE = ALTO − BAIXO

Qual é a amplitude do conjunto de dados?
20 − 1 = 19   (Amplitude = maior elemento − menor elemento)
Portanto, a amplitude das respostas é **R$ 19,00**.

Isso quer dizer que a diferença entre o dinheiro que dois alunos têm no bolso pode ser, no máximo, de R$ 19,00.

Um valor em um conjunto de dados que seja muito maior ou muito menor que todos os outros valores é chamado de **PONTO FORA DA CURVA**. Um ponto fora da curva pode deslocar a média de um conjunto de dados e levar a uma interpretação errônea.

EXEMPLO: No restaurante mexicano Rey de Los Tacos, cinco estudantes comeram o seguinte número de tacos:

JEREMIAS: 3 tacos

DENISE: 2 tacos

VERÔNICA: 3 tacos

CATARINA: 4 tacos

MICHEL: 9 tacos

Qual dos alunos parece ser o fora da curva? **MICHEL**.

Quando calculamos a média, vemos claramente que Michel distorce os dados:

$$3 + 2 + 3 + 4 + 9 = 21$$

$$21 \div 5 = 4,2$$

PENSE CRITICAMENTE!
"SERÁ QUE A MÉDIA ESTÁ COMPATÍVEL COM OS DADOS?"

A maioria dos alunos comeu 4 tacos ou menos, mas o apetite voraz de Michel fez a média ficar acima de 4.

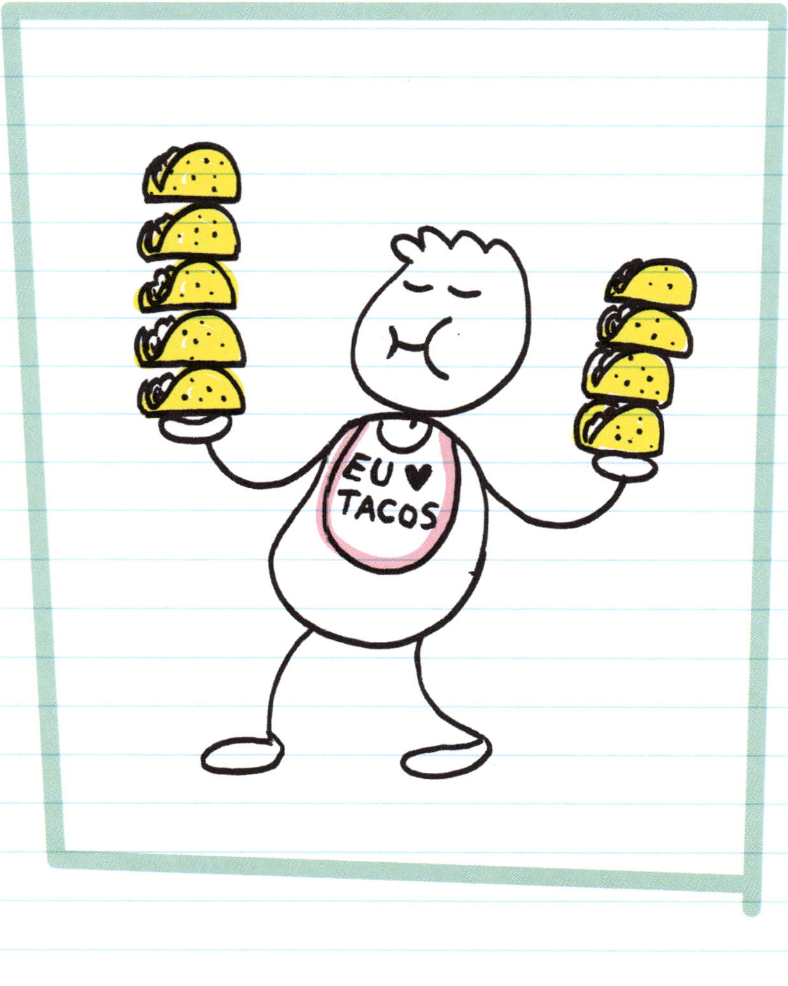
EU ♥
TACOS

VERIFIQUE SEUS CONHECIMENTOS

1. Em uma pesquisa sobre o número de horas que passavam todos os dias na frente do computador, nove alunos deram as seguintes respostas: 2, 5, 4, 1, 17, 5, 4, 5, 2.

- (A) Determine a média.
- (B) Determine a mediana.
- (C) Determine a moda.
- (D) Determine o mínimo e o máximo.
- (E) Determine a amplitude.
- (F) Parece haver alguém fora da curva? Se a resposta for afirmativa, identifique-o.

2. Na última prova de ciências, dez alunos tiraram as seguintes notas: 70, 71, 82, 100, 97, 87, 71, 91, 38, 81.

- (A) Determine a média.
- (B) Determine a mediana.
- (C) Determine a moda.
- (D) Determine o mínimo e o máximo.
- (E) Determine a amplitude.
- (F) Parece haver alguém fora da curva? Se a resposta for afirmativa, identifique-o.

RESPOSTAS

CONFIRA AS RESPOSTAS

1. (A) 5
   (B) 4
   (C) 5
   (D) O mínimo é 1 e o máximo é 17.
   (E) 16
   (F) Sim. O fora da curva é 17.

2. (A) 78,8
   (B) 81,5
   (C) 71
   (D) O mínimo é 38 e o máximo é 100.
   (E) 62
   (F) Sim. O fora da curva é 38.

Capítulo 53
APRESENTAÇÃO DE DADOS

Depois de coletados e organizados, os dados podem ser exibidos na forma de tabelas, gráficos ou diagramas. Assim, por exemplo, só de olhar para um gráfico de pizza como este, um cientista pode ver que metade dos animais extintos eram peixes.

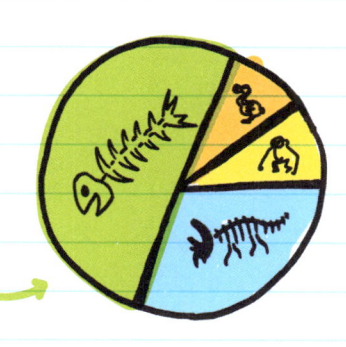

TABELAS de DUPLA ENTRADA

Uma **TABELA DE DUPLA ENTRADA** é muito parecida com uma tabela comum, a não ser pelo fato de que mostra dois ou mais conjuntos de dados a respeito do mesmo assunto. Os dados dizem respeito a duas ou mais categorias ou qualidades. Uma tabela de dupla entrada ajuda a verificar se existe uma correlação entre as categorias.

EXEMPLO: O professor Milton pergunta aos alunos da sua turma se praticam esportes quando voltam para casa e se fazem o dever de casa antes de dormir. Os dados indicam que os alunos que praticam esportes após a aula tendem a fazer o dever de casa antes de dormir?

	PRATICAM ESPORTES	NÃO PRATICAM ESPORTES	TOTAL
FAZEM O DEVER DE CASA	14	6	(14 + 6) = 20
NÃO FAZEM O DEVER DE CASA	2	4	(2 + 4) = 6
TOTAL	(14 + 2) = 16	(6 + 4) = 10	26

O total mostra que o conjunto de dados contém **26** alunos e pode ser usado para responder às seguintes perguntas:

* Quantos alunos se limitam a praticar esportes depois da aula? **2**
* Quantos alunos se limitam a fazer o dever de casa? **6**
* Quantos alunos fazem as duas coisas? **14**
* Quantos alunos não praticam esportes nem fazem o dever de casa? **4**

O assunto são os alunos, e os dados levam à conclusão de que, se um aluno pratica esportes depois da aula, é provável que faça o dever de casa.

> TOME CUIDADO AO INTERPRETAR UMA TABELA DE DUPLA ENTRADA! ELA PODE MOSTRAR QUE NÃO EXISTE UMA RELAÇÃO ENTRE OS DADOS!

GRÁFICOS de PONTOS

Um **GRÁFICO DE PONTOS** apresenta dados colocando um "X" acima dos números da reta numérica.

EXEMPLO: Este gráfico de pontos mostra o número de livros comprados por 15 fregueses de uma livraria em um período de uma semana.

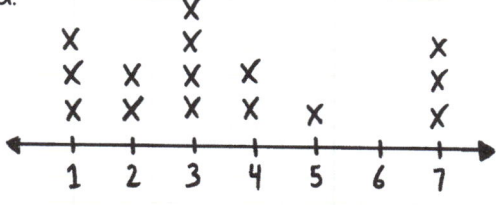

```
            X
X           X
X     X  X              X
X     X  X  X           X
X     X  X  X    X      X
―――――――――――――――――――――→
1  2  3  4  5  6  7
```
NÚMERO DE LIVROS COMPRADOS

EXEMPLO: Um recenseador escolar perguntou a dez alunos: "Quantas pessoas (incluindo você) moram na sua casa?" As respostas foram:

4, 6, 3, 2, 4, 5, 4, 7, 4, 5.   Faça um gráfico de pontos para mostrar os dados.

2, 3, 4, 4, 4, 4, 5, 5, 6, 7.   Primeiro, coloque os dados em ordem numérica. Em seguida, desenhe um "X" acima de cada resposta na reta numérica.

```
        X
        X
        X  X
  X  X  X  X  X  X
―――――――――――――――――――――→
0  1  2  3  4  5  6  7  8
```

O que você pode concluir observando o gráfico? Que a resposta mais frequente foi 4 (a moda), seguida por 5. Como os valores variaram entre 2 e 7, a amplitude é 5. A mediana é 4.

HISTOGRAMAS

Como o gráfico de pontos, um **HISTOGRAMA** mostra a frequência dos dados. No entanto, em vez de representar os dados com "X", o histograma associa o número de eventos à altura de uma barra vertical. Isso significa que o histograma usa dois eixos: um horizontal, para representar os valores considerados, e um eixo vertical, para representar a frequência desses valores.

EXEMPLO: Este histograma mostra as alturas das árvores nas ruas de uma cidade. Neste caso, a frequência é o número de árvores e os eventos são as faixas de altura das árvores.

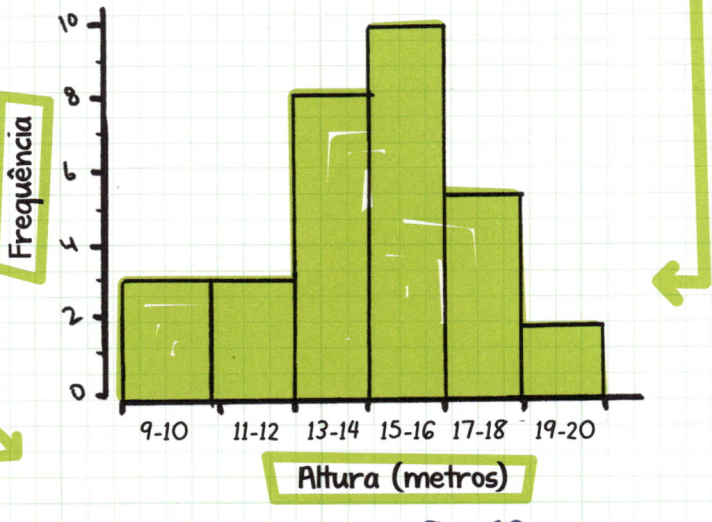

Observando o gráfico, vemos que:

Existem 3 árvores cujas alturas estão entre 9 e 10 metros.
Existem 3 árvores cujas alturas estão entre 11 e 12 metros.
Existem 8 árvores cujas alturas estão entre 13 e 14 metros.

> O exemplo a seguir utiliza os mesmos dados que o segundo exemplo de gráfico de pontos. Compare os dois e observe as diferenças entre os gráficos de pontos e os histogramas.

EXEMPLO: Um recenseador escolar perguntou a dez alunos: "Quantas pessoas (incluindo você) moram na sua casa?" As respostas foram: 4, 6, 3, 2, 4, 5, 4, 7, 4, 5. Faça um histograma para mostrar os dados. Para isso, coloque os dados em ordem numérica e depois desenhe uma barra acima de cada um. Em seguida, faça uma barra acima do intervalo de valores.

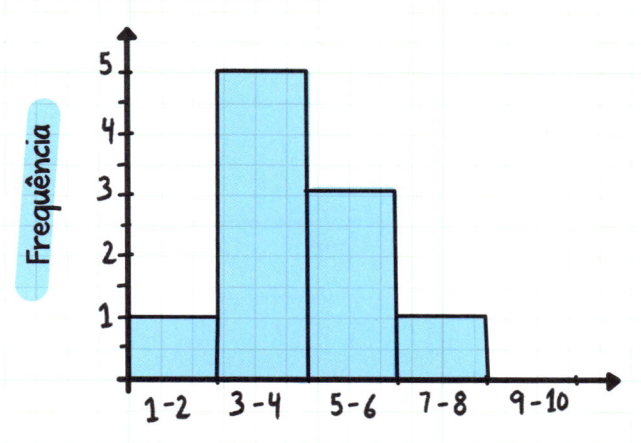

Número de pessoas que moram na casa

GRÁFICOS de CAIXA

Um **GRÁFICO DE CAIXA** mostra os dados ao longo de uma reta numérica e divide os dados em **QUARTIS**. As caixas (retângulos) e as retas tracejadas mostram os diferentes quartis: **25%** dos dados ficam em cada um dos quatro quartis. O tamanho dos quartis indica a variabilidade dos dados. A mediana divide os dados em duas partes.

A mediana da parte inferior é chamada de **QUARTIL INFERIOR** e representada pelo símbolo "**Q1**". A mediana da parte superior é chamada de **QUARTIL SUPERIOR** e representada pelo símbolo "**Q3**". As caixas são desenhadas entre os quartis e a mediana, e as retas tracejadas são desenhadas entre o quartil inferior e o mínimo e entre o quartil superior e o máximo.

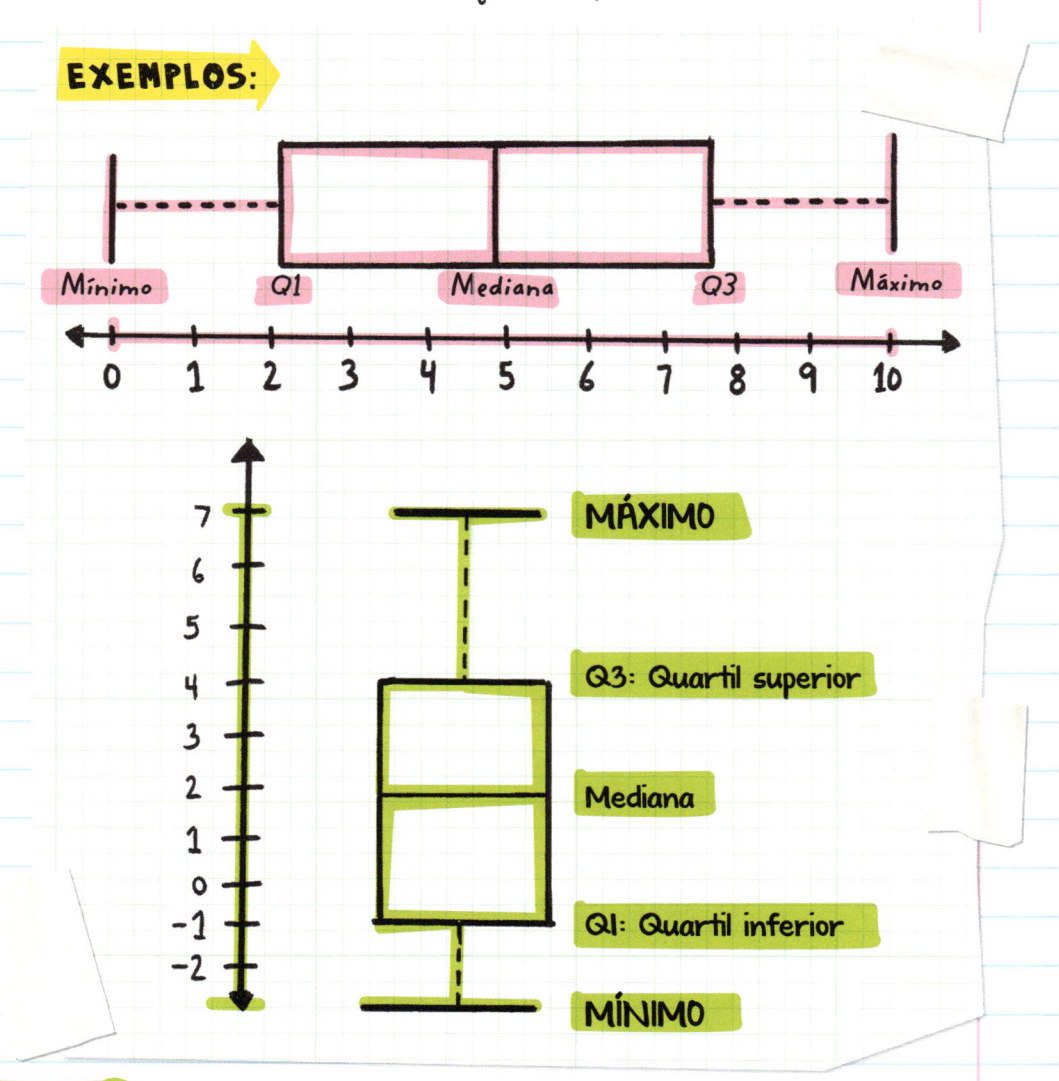

EXEMPLOS:

PARA CRIAR UM GRÁFICO DE CAIXA:

1. Coloque os dados em ordem crescente.
2. Identifique o mínimo, o máximo, a mediana, a parte inferior e a parte superior.
3. Identifique o quartil inferior (determine a mediana da parte inferior dos dados).
4. Identifique o quartil superior (determine a mediana da parte superior dos dados).
5. Marque esses valores em uma linha numérica e desenhe as caixas e as retas tracejadas.

EXEMPLO: Os alunos do professor Carlos tiraram as seguintes notas em uma prova: 64, 82, 76, 68, 94, 96, 74, 76, 86, 70. Faça um gráfico de caixa desses dados.

64, 68, 70, 74, 76, 76, 82, 86, 94, 96

MÍNIMO — MEDIANA — MÁXIMO

PARTE INFERIOR — PARTE SUPERIOR

➡ Primeiro, coloque as notas em ordem crescente.

➡ Em seguida, identifique o mínimo (64), o máximo (96), a mediana (76), a parte inferior (de 64 a 76) e a parte superior (de 76 a 96).

➡ Depois, calcule o quartil inferior, determinando a mediana da parte inferior dos dados.

Quartil inferior = mediana de 64, 68, 70, 74 e 76, que é 70. ← ESTE É O INÍCIO DE Q1.

▶ A seguir, calcule o quartil superior determinando a mediana da parte superior dos dados:
Quartil superior = mediana de 76, 82, 86, 94 e 96, que é 86. ← ESTE É O FINAL DE Q3.

▶ Por último, desenhe as caixas e as retas tracejadas acima de uma reta numérica.

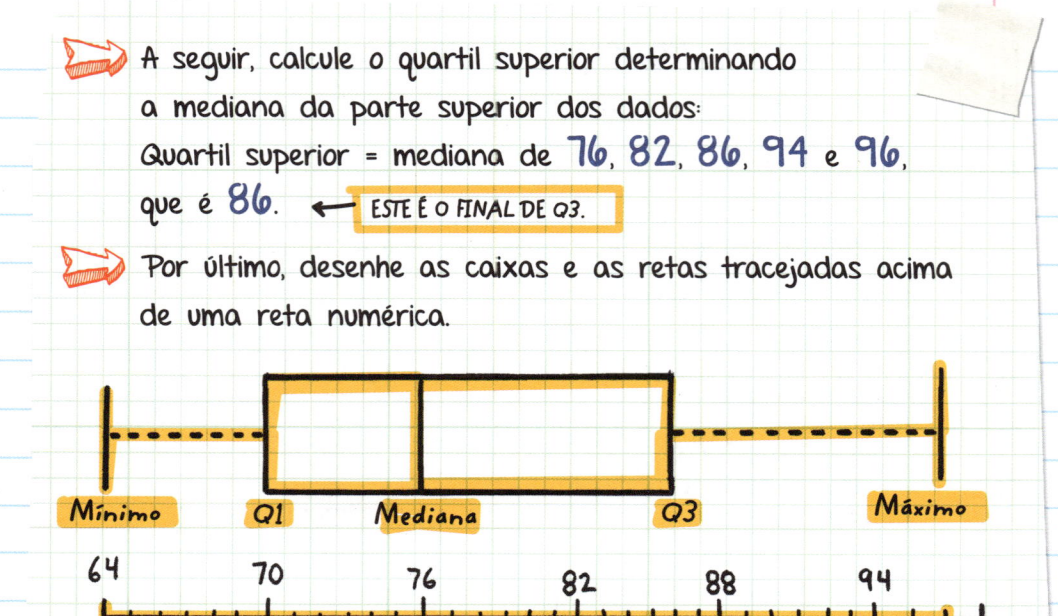

```
Mínimo    Q1    Mediana    Q3           Máximo
 64      70      76      82     88      94
```

▶ Isso significa o seguinte:
25% das notas foram acima de 86.
25% das notas foram entre 76 e 86.
25% das notas foram entre 70 e 76.
25% das notas foram abaixo de 70.

No gráfico de caixa acima, a parte direita da caixa é mais comprida que a parte esquerda. Quando um gráfico de caixa não está dividido em partes iguais, isso é conhecido como **ASSIMETRIA**. Se a parte direita é mais larga, o gráfico é chamado de **ALONGADO À DIREITA**. Se a parte esquerda é mais larga, o gráfico está **ALONGADO À ESQUERDA**. Se as duas partes têm a mesma largura, o gráfico é chamado de **SIMÉTRICO**.

GRÁFICOS de DISPERSÃO

Um **GRÁFICO DE DISPERSÃO** mostra a relação entre dois conjuntos de dados. Os gráficos de dispersão apresentam os dados na forma de **PARES ORDENADOS** (pares de números ou objetos matemáticos em uma ordem preestabelecida, na qual, em geral, o primeiro elemento representa a coordenada x e o segundo elemento, a coordenada y em um gráfico xy).

EXEMPLO: Depois de uma prova, a professora Fátima perguntou aos alunos quantas horas eles haviam estudado. Ela anotou a resposta ao lado da nota de cada aluno. Faça um gráfico de dispersão do tempo de estudo e das notas obtidas na prova.

NOME	TEMPO DE ESTUDO (HORAS)	NOTA
Talita	4,5	90
Larissa	1	60
Sofia	4	92
Michel	3,5	88
Mônica	2	76
Davi	5	100
Eva	3	90
Laura	1,5	72
Bruna	3	70
Sabrina	4	86

Para representar os dados de Talita, marque o ponto cujo valor horizontal é **4,5** e cujo valor vertical é **90**.

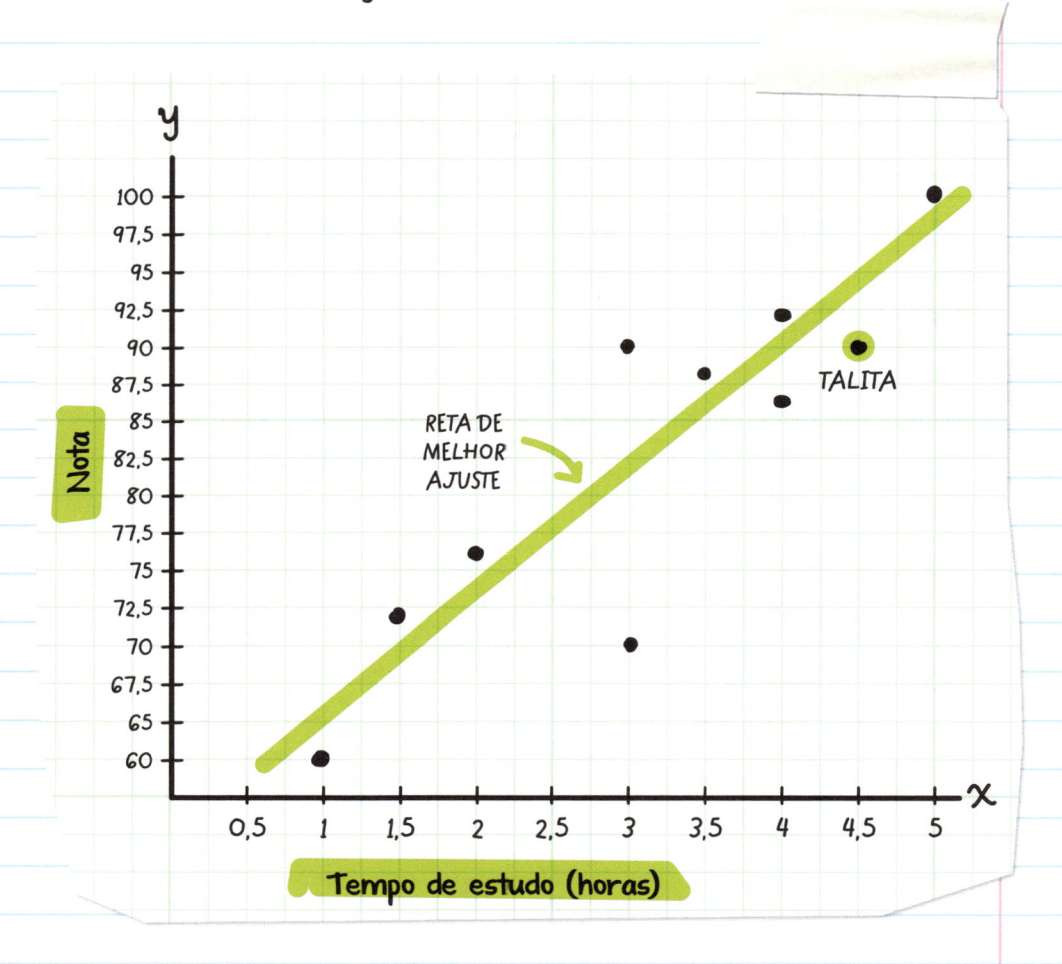

(Gráfico de dispersão: eixo y "Nota" de 60 a 100; eixo x "Tempo de estudo (horas)" de 0,5 a 5; reta de melhor ajuste em verde; ponto destacado TALITA em (4,5; 90).)

Representando os dados em um gráfico de dispersão, fica mais fácil verificar se existe uma relação entre o tempo de estudo e a nota obtida na prova. Os resultados mostram que EXISTE uma relação entre o tempo de estudo e a nota obtida na prova, e é a relação esperada: quanto maior o tempo de estudo, maior a nota.

Podemos traçar uma reta no gráfico que descreve a relação aproximada entre o tempo de estudo e a nota obtida na prova. Essa reta é chamada de **RETA DE MELHOR AJUSTE**, porque é a que melhor descreve a relação entre os dois conjuntos de dados. Neste caso, nenhum dos pontos está exatamente sobre a reta de melhor ajuste, mas isso não importa! A reta de melhor ajuste é a que descreve melhor a relação para TODOS os pontos do gráfico.

> Eva estudou apenas 3 horas. Mesmo assim, tirou 90. Bruna também estudou 3 horas, mas tirou 70. O gráfico de dispersão mostra a relação geral entre os dados, enquanto pares ordenados individuais (como os de Eva e Bruna) não mostram necessariamente a tendência geral. Eva e Bruna podem ser consideradas fora da curva, já que não seguem o padrão.

Gráficos de dispersão mostram três tipos de relação, chamados **CORRELAÇÕES**:

CORRELAÇÃO POSITIVA: Quando um conjunto de valores aumenta, o outro também aumenta (mas não necessariamente todos os valores).

EXEMPLO: Quando a população aumenta, o número de escolas primárias também aumenta.

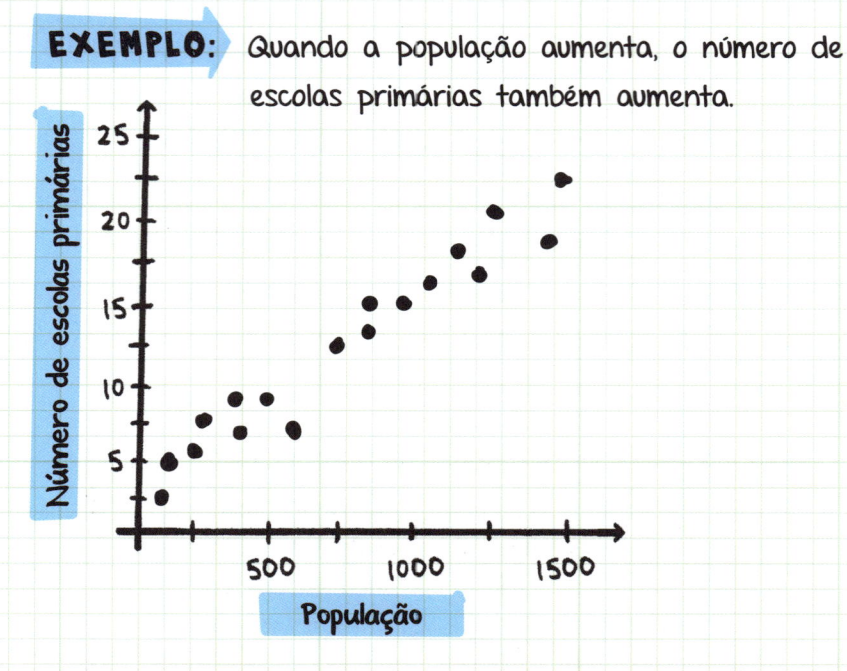

Número de escolas primárias vs *População*

CORRELAÇÃO NEGATIVA: Quando um conjunto de valores aumenta, o outro diminui (mas não necessariamente todos os valores).

EXEMPLO: Quando o preço do pêssego aumenta, o número de pêssegos vendidos diminui.

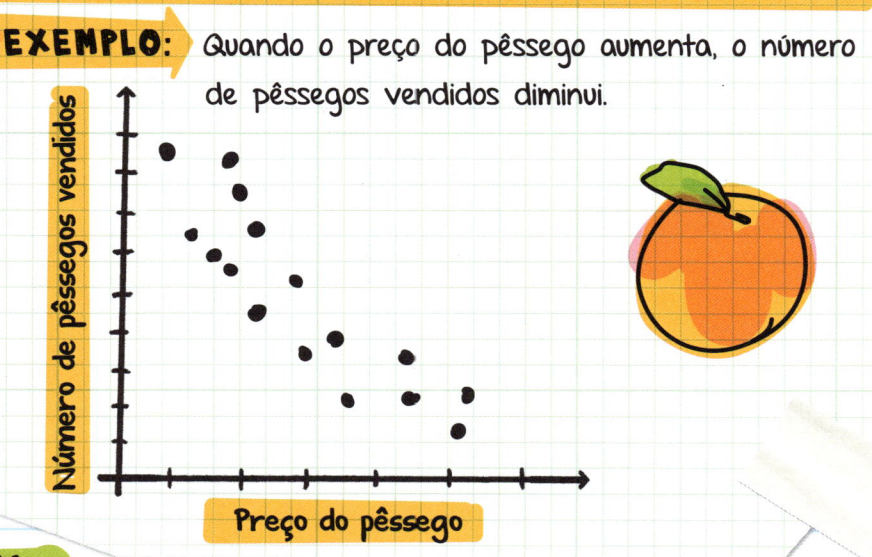

Número de pêssegos vendidos vs *Preço do pêssego*

NENHUMA CORRELAÇÃO: Os valores não têm relação.

EXEMPLO: Como o QI de uma pessoa não está relacionado ao tamanho do calçado, não existe correlação.

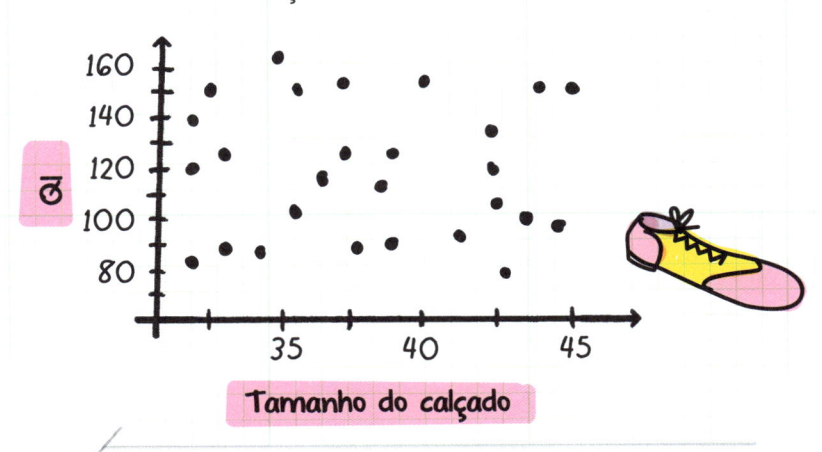

QI × Tamanho do calçado

VERIFIQUE SEUS CONHECIMENTOS

1. Responda às perguntas com base na tabela de dupla entrada abaixo:

	DÃO CARONA	NÃO DÃO CARONA	TOTAL
RECICLAM	44	54	98
NÃO RECICLAM	16	27	43
TOTAL	60	81	141

a) Quantas pessoas somente reciclam?

b) Quantas pessoas somente dão carona?

c) Quantas pessoas fazem as duas coisas?

d) Quantas pessoas não reciclam nem dão carona?

e) Que conclusão você pode tirar a partir dessas informações?

2. Uma joalheria mantém o registro de quantos produtos cada cliente compra. Faça um gráfico de pontos para os seguintes dados: 3, 7, 1, 2, 5, 4, 5, 1, 2, 8, 3, 5, 4, 1.

3. Uma loja pergunta aos clientes quantas plantas eles possuem. As respostas foram 3, 5, 7, 10, 12, 5, 8, 3, 1, 2, 9, 7, 4, 3, 2, 8, 9. Faça um histograma das respostas (use uma amplitude de 2 para a escala horizontal).

388

4. Um treinador anotou o número de quilômetros que cada atleta correu durante uma semana. Os resultados foram os seguintes: 14, 25, 40, 10, 14, 16, 25, 16, 23, 11, 18, 22, 34, 12, 16, 15. Determine a mediana, o quartil inferior e o quartil superior e faça um gráfico de caixa com esses dados.

5. Uma empresa de entrega de comida anotou a distância em quilômetros que os entregadores tiveram que percorrer para atender aos pedidos dos clientes no período de seis horas. Os resultados foram os seguintes: 11, 30, 27, 5, 9, 17, 7, 22, 4, 25. Determine a mediana, o quartil inferior e o quartil superior e faça um gráfico de caixa com esses dados.

6. Para cada um dos gráficos de dispersão a seguir, diga se existe uma correlação positiva, uma correlação negativa ou se não existe uma correlação.

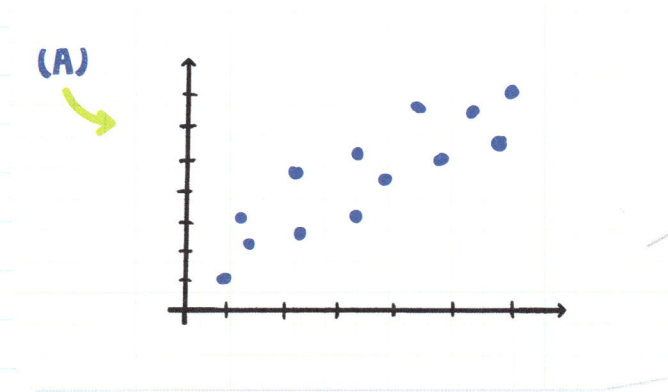

(A)

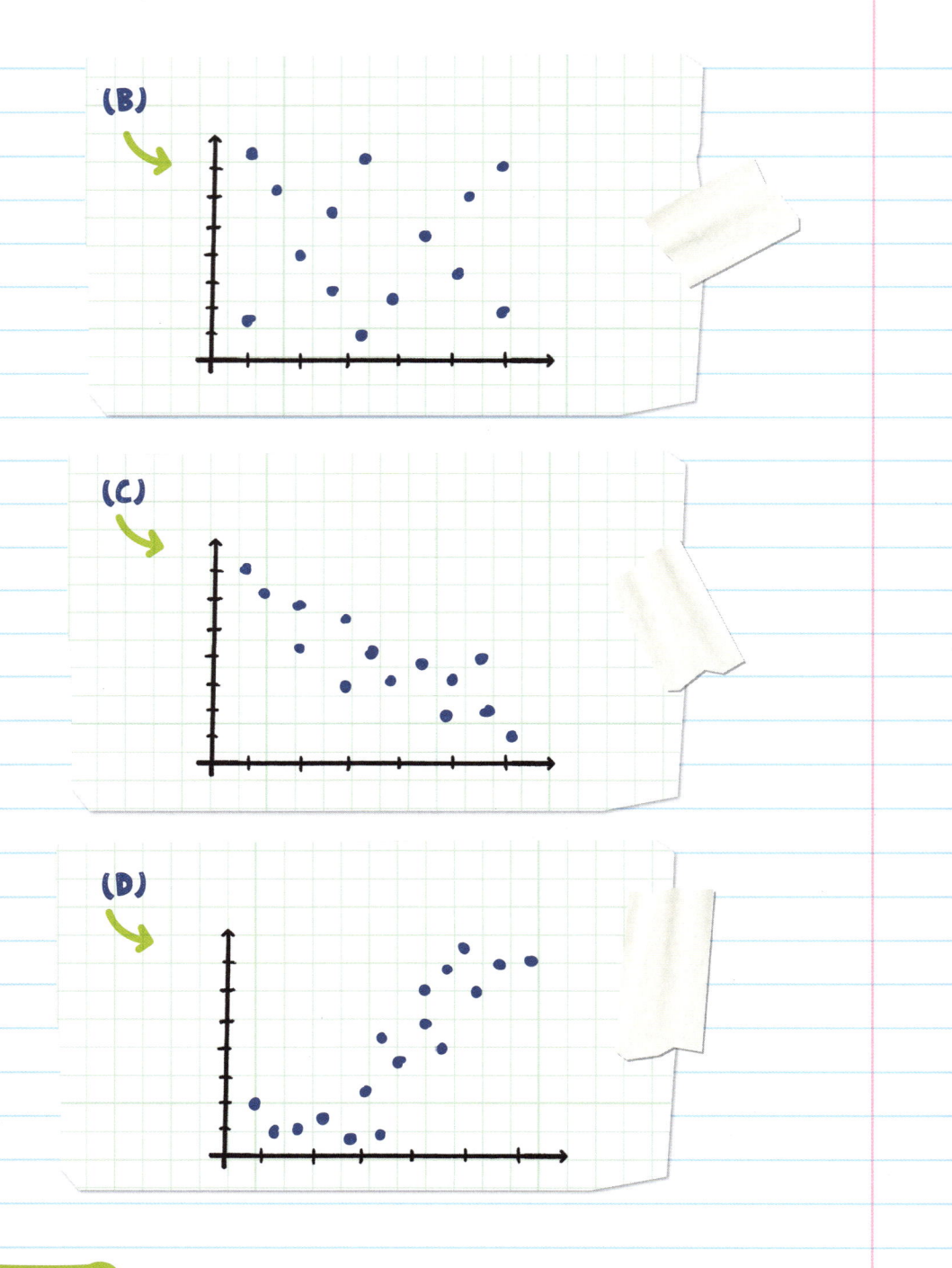

(B)

(C)

(D)

7. Uma professora perguntou a doze alunos quantos livros eles tinham lido durante o ano e a nota que eles tinham tirado na prova final de português. Faça um gráfico de dispersão que represente as respostas abaixo. A correlação é positiva, negativa ou não existe correlação?

NOTA FINAL	NÚMERO DE LIVROS
90	42
62	14
85	32
72	25
64	18
88	30
92	44
54	11
92	39
76	29
100	44
76	32

CONFIRA AS RESPOSTAS

1. a) 54   b) 16   c) 44   d) 27
e) Não existe uma relação significativa entre reciclar e dar carona.

2. Número de produtos comprados:
1, 1, 1, 2, 2, 3, 3, 4, 4, 5, 5, 5, 7, 8

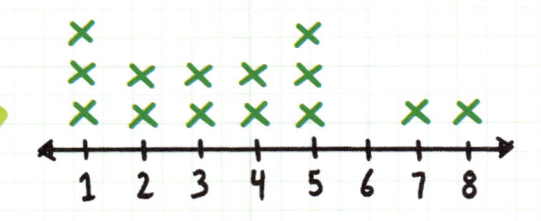

3. Plantas dos clientes:
1, 2, 2, 3, 3, 3, 4, 5, 5, 7, 7, 8, 8, 9, 9, 10, 12

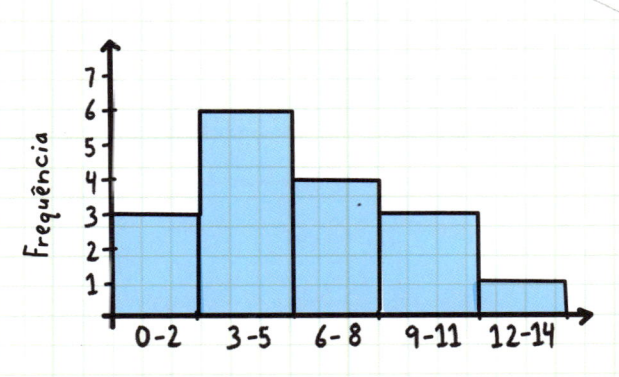

O aluno pode chegar a um histograma diferente se adotar intervalos diferentes como 1-3, 4-6, 7-9 e 10-12.

4. Mediana = 16, Quartil inferior = 14, Quartil superior = 24

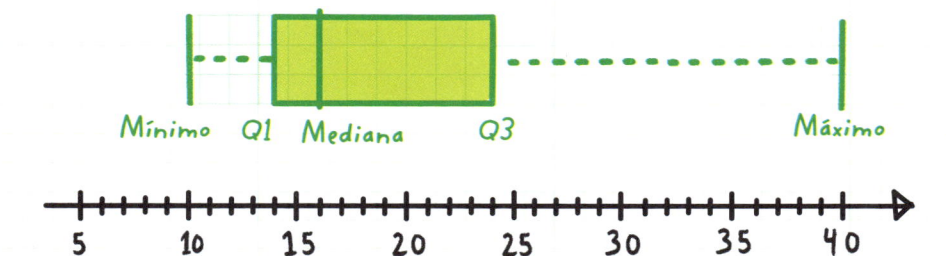

5. Mediana = 14, Quartil inferior = 7, Quartil superior = 25

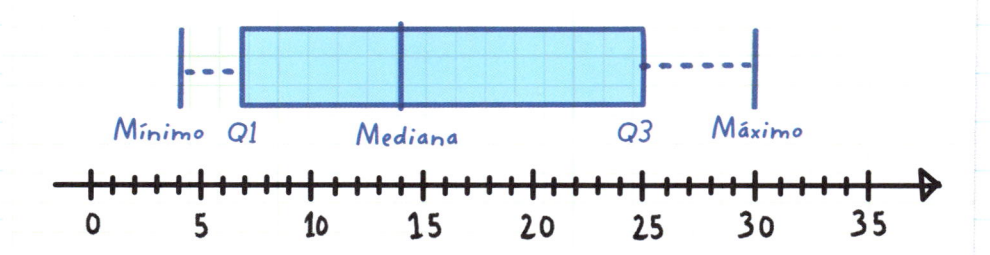

6. (A) Correlação positiva
(B) Nenhuma correlação
(C) Correlação negativa
(D) Correlação positiva

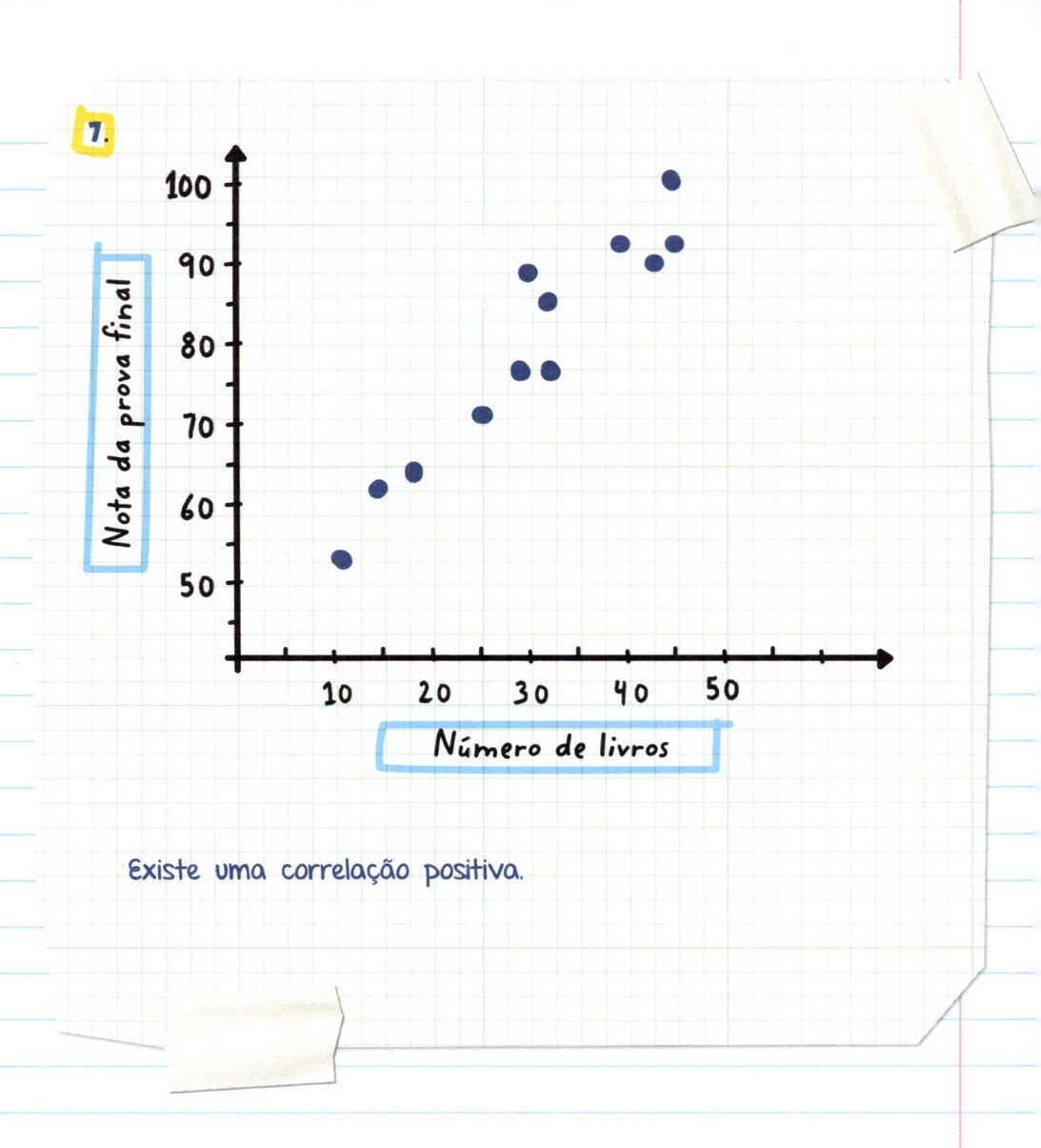

7.

Eixo vertical: Nota da prova final
Eixo horizontal: Número de livros

Existe uma correlação positiva.

Capítulo 54
PROBABILIDADE

PROBABILIDADE é a chance de que alguma coisa aconteça. É um número entre 0 e 1 mas pode ser escrita em forma de porcentagem. Perguntar qual é a probabilidade de que algo aconteça é o mesmo que perguntar: "Quais são as chances de que isso aconteça?"

Um número elevado indica que é muito provável que a coisa aconteça.

- **CERTO** — 100%
- **PROVÁVEL** — 75%
- **INDIFERENTE** — 50%
- **IMPROVÁVEL** — 25%
- **IMPOSSÍVEL** — 0%

100% ou 1: evento certo.
O sol vai nascer amanhã.

50% ou 0,5: chances iguais de que algo aconteça ou não aconteça.
A moeda vai dar cara.

0% ou 0: evento impossível.
Vamos ver duas luas no céu!

O lançamento de uma moeda é um problema de probabilidade bem conhecido. O resultado pode ser **CARA** ou **COROA**:

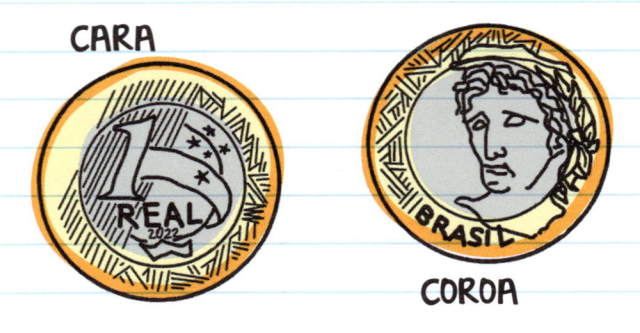

CARA

COROA

A **AÇÃO** é o que está acontecendo. Neste caso, a ação é lançar uma moeda. Os **RESULTADOS** são todas as possibilidades de uma ação. Neste caso, existem apenas dois resultados: cara ou coroa. Um **EVENTO** é qualquer resultado ou grupo de resultados. Neste caso, se a moeda cai com a cara para cima, o evento é cara. Se lançamos a moeda duas vezes e ela cai duas vezes com a cara para cima, o evento é cara e cara. Quando lançamos uma moeda, os dois resultados têm a mesma chance de acontecer. Eventos desse tipo são chamados de **ALEATÓRIOS**.

Para calcular a **PROBABILIDADE (P) DE UM EVENTO**, usamos a seguinte expressão:

$$\text{Probabilidade (Evento)} = \frac{\text{número de resultados favoráveis}}{\text{número de resultados possíveis}}$$

EXEMPLO: Qual a probabilidade de obter coroa em um jogo de cara ou coroa?

Probabilidade (Evento) = $\dfrac{\text{número de resultados favoráveis}}{\text{número de resultados possíveis}}$

O número de resultados favoráveis (obter coroa) é 1 e o número de resultados possíveis (obter cara ou coroa) é 2.

$P(\text{coroa}) = \dfrac{1}{2} = 50\%$

Portanto, existe uma chance de **50%** de obter coroa.

EXEMPLO: Qual a probabilidade de o ponteiro parar no rosa?

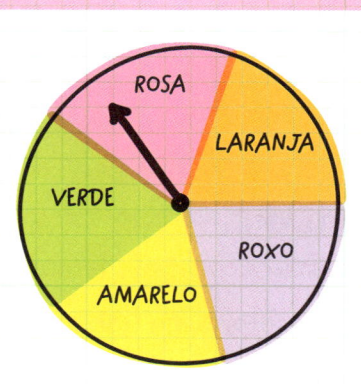

Probabilidade (Evento) = $\dfrac{\text{número de resultados favoráveis}}{\text{número de resultados possíveis}}$

$P(\text{rosa}) = \dfrac{1}{5} = 20\%$

Existe uma probabilidade de **20%** de que o ponteiro pare no rosa.

EXEMPLO: Qual a probabilidade de o ponteiro parar no rosa ou no roxo?

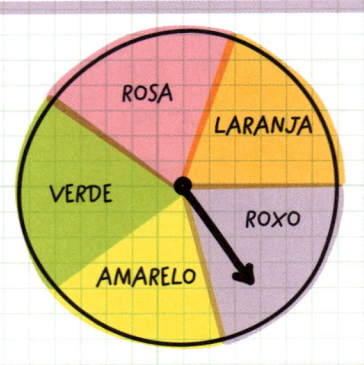

$$\text{Probabilidade (Evento)} = \frac{\text{número de resultados favoráveis}}{\text{número de resultados possíveis}}$$

$P(\text{rosa ou roxo}) = \dfrac{2}{5} = 40\%$

Existe uma probabilidade de 40% de que o ponteiro pare no rosa ou no roxo.

Se uma questão de probabilidade for mais complicada, podemos montar uma tabela para organizar as ideias.

EXEMPLO: Roberto lança uma moeda duas vezes. Qual é a probabilidade de que ele obtenha cara duas vezes?

Vamos montar uma tabela com todas as combinações possíveis que Roberto pode obter quando lança uma moeda duas vezes:

RESULTADO DO 1º LANÇAMENTO	RESULTADO DO 2º LANÇAMENTO	COMBINAÇÃO DOS 2 RESULTADOS
cara	cara	2 caras
cara	coroa	1 cara, 1 coroa
coroa	cara	1 coroa, 1 cara
coroa	coroa	2 coroas

Agora é só usar essas informações na fórmula de probabilidade:

Probabilidade (Evento) = $\dfrac{\text{número de resultados favoráveis}}{\text{número de resultados possíveis}}$

P(2 caras) = $\dfrac{1}{4}$ = 25%

Em vez de montar uma tabela, podemos desenhar um diagrama de árvore.

EXEMPLO: Suzana joga um dado duas vezes. Qual é a probabilidade de que ela obtenha um "duplo seis" (dois 6 seguidos)? Vamos desenhar um diagrama de árvore que mostre todos os resultados possíveis:

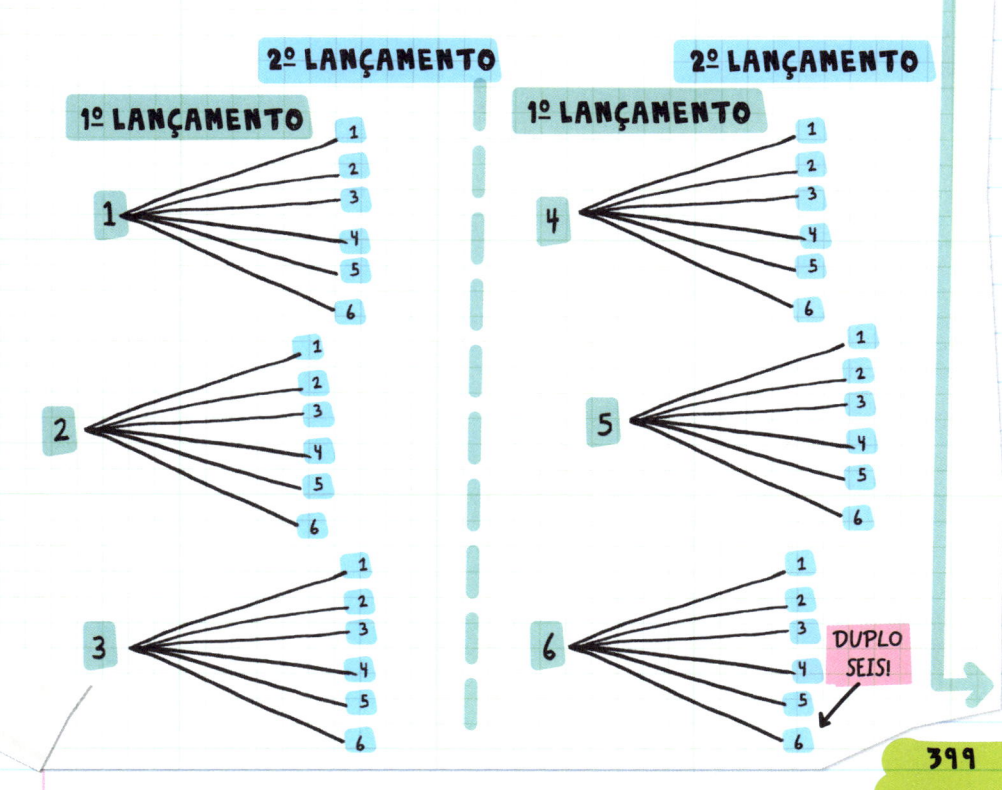

2º LANÇAMENTO

1º LANÇAMENTO

1 → 1, 2, 3, 4, 5, 6
2 → 1, 2, 3, 4, 5, 6
3 → 1, 2, 3, 4, 5, 6
4 → 1, 2, 3, 4, 5, 6
5 → 1, 2, 3, 4, 5, 6
6 → 1, 2, 3, 4, 5, 6 ← **DUPLO SEIS!**

Agora podemos usar a expressão da probabilidade:

Probabilidade (Evento) = $\dfrac{\text{número de resultados favoráveis}}{\text{número de resultados possíveis}}$

Portanto, dos 36 resultados possíveis, existe apenas 1 resultado que corresponde a um duplo seis.

P(duplo seis) = $\dfrac{1}{36}$ = 2,8%

ARREDONDADO PARA UMA CASA DECIMAL.

O **COMPLEMENTO DE UM EVENTO** é o oposto do evento.

EVENTO	COMPLEMENTO
vencer	perder
chover	não chover
cara	coroa

A soma da probabilidade de um evento com a probabilidade do complemento é igual a 1. Em outras palavras, existe uma chance de 100% de que um evento aconteça ou de que o complemento aconteça.

Probabilidade (evento) + Probabilidade (complemento) = 1
OU
Probabilidade (evento) + Probabilidade (complemento) = 100%

EXEMPLO: Se a chance de chover é 30%, a chance de não chover (o complemento) é de 70%.
30% + 70% = 100%

EXEMPLO: A probabilidade de que um aluno da sua turma seja canhoto é de 10%. Qual é o complemento de ser canhoto e qual é a probabilidade do complemento?

O complemento de ser canhoto é ser destro.
Se $P(canhoto)$ é 10%...

$P(canhoto) + P(destro) = 100\%$
$10\% + P(destro) = 100\%$
$P(destro) = 100\% - 10\% = 90\%$

Portanto, a probabilidade de que um aluno da sua turma seja destro é 90%.

VERIFICAÇÃO

É verdade que $P(canhoto) + P(destro) = 100\%$?
Sim! 10% + 90% = 100% ✓

EXEMPLO: Uma empresa tem 12 homens e 20 mulheres como funcionários. Se um funcionário é escolhido aleatoriamente para receber um prêmio, determine a probabilidade de que a pessoa selecionada seja mulher.

$$\text{Probabilidade (Evento)} = \frac{\text{número de resultados favoráveis}}{\text{número de resultados possíveis}}$$

O número de resultados favoráveis é igual ao número de funcionárias: 20. O número de resultados possíveis é igual ao número total de funcionários (12 homens + 20 mulheres = 32 funcionários).

$$P(\text{mulher ganhar o prêmio}) = \frac{20}{32} = 62{,}5\%$$

Portanto, a probabilidade de que uma mulher ganhe o prêmio é 62,5%.

VERIFIQUE SEUS CONHECIMENTOS

Associe cada palavra a sua definição.

1. Resultado
2. Complemento
3. Probabilidade
4. Evento

A. A chance de que algo aconteça.
B. Possível desfecho de uma ação.
C. O oposto de um evento.
D. Qualquer resultado ou grupo de resultados.

Determine as probabilidades para o ponteiro mostrado na figura.

5. Qual é a probabilidade de o ponteiro parar no verde?
6. Qual é a probabilidade de o ponteiro **não** parar no verde?
7. Qual é a probabilidade de o ponteiro parar no verde ou no roxo?

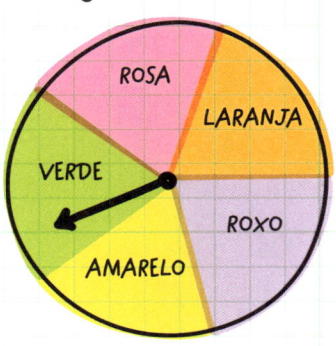

Determine as probabilidades para a expressão "Grande Muralha da China".

8. Se uma letra for escolhida aleatoriamente, qual é a probabilidade de que seja a letra A?
9. Se uma letra for escolhida aleatoriamente, qual é a probabilidade de que seja uma vogal?
10. Se uma letra for escolhida aleatoriamente, qual é a probabilidade de que seja a letra B?

RESPOSTAS 403

CONFIRA AS RESPOSTAS

1. B
2. C
3. A
4. D
5. 20%
6. 80%
7. 40%
8. 25%
9. 40%
10. 0%

UNIDADE 6

O plano cartesiano e funções

Capítulo 55
O PLANO CARTESIANO

O **PLANO CARTESIANO** é uma superfície plana determinada por uma reta numerada horizontal, chamada de **EIXO X**, e uma reta numerada vertical, chamada de **EIXO Y**, que se interceptam em um ponto chamado **ORIGEM**.

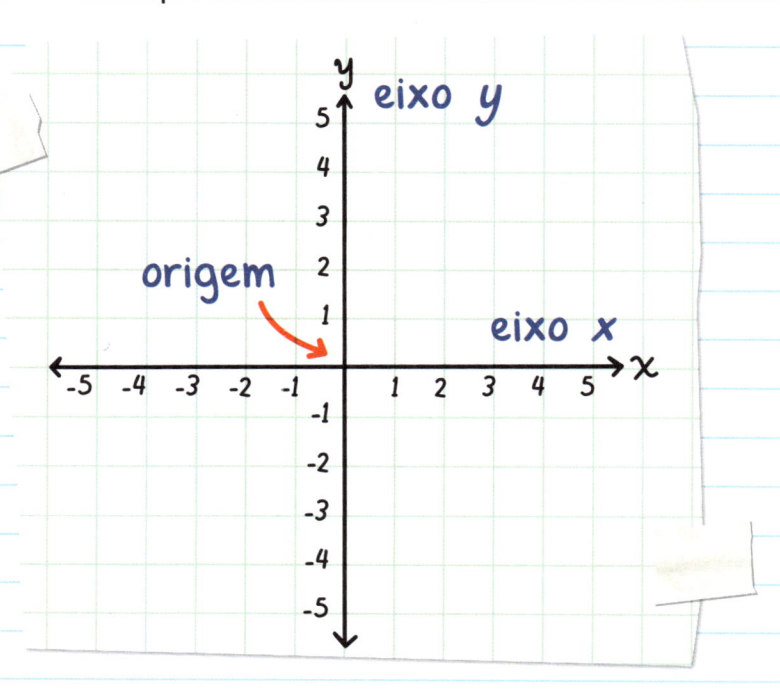

A localização exata de um PONTO no plano é dada por um par ordenado de números. O nome "par ordenado" se deve ao fato de que a ordem dos números é importante. O primeiro número sempre está associado à coordenada x e o segundo à coordenada y.

A coordenada x e a coordenada y são separadas por uma vírgula e representadas entre parênteses, da seguinte forma: (x,y).

EXEMPLO: Como a coordenada x da origem é 0 e a coordenada y da origem também é 0, o par ordenado que representa um ponto na origem é $(0,0)$.

X
Se a coordenada x for **POSITIVA**, vá para a **DIREITA** da origem.
Se a coordenada x for **NEGATIVA**, vá para a **ESQUERDA** da origem.
Se a coordenada x for **ZERO**, **FIQUE** na origem.

Y
Se a coordenada y for **POSITIVA**, vá para **CIMA** da origem.
Se a coordenada y for **NEGATIVA**, vá para **BAIXO** da origem.
Se a coordenada y for **ZERO**, **FIQUE** na origem.

EXEMPLO: Represente o ponto (4,6).

{ Para a coordenada x: partindo da origem, ande 4 unidades para a direita no eixo x.

{ Para a coordenada y: ande 6 espaços para cima paralelamente ao eixo y.

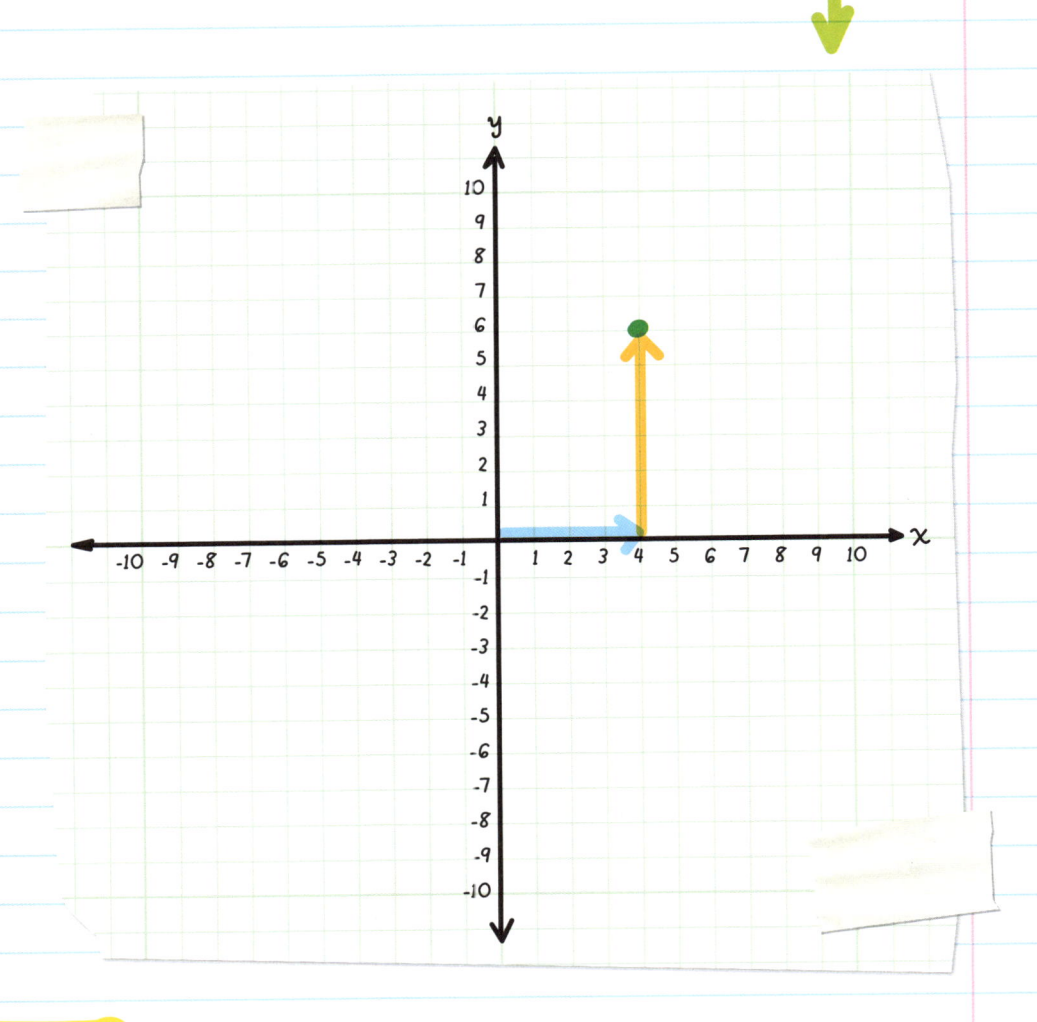

EXEMPLO: Represente o ponto **A** (7,−4).

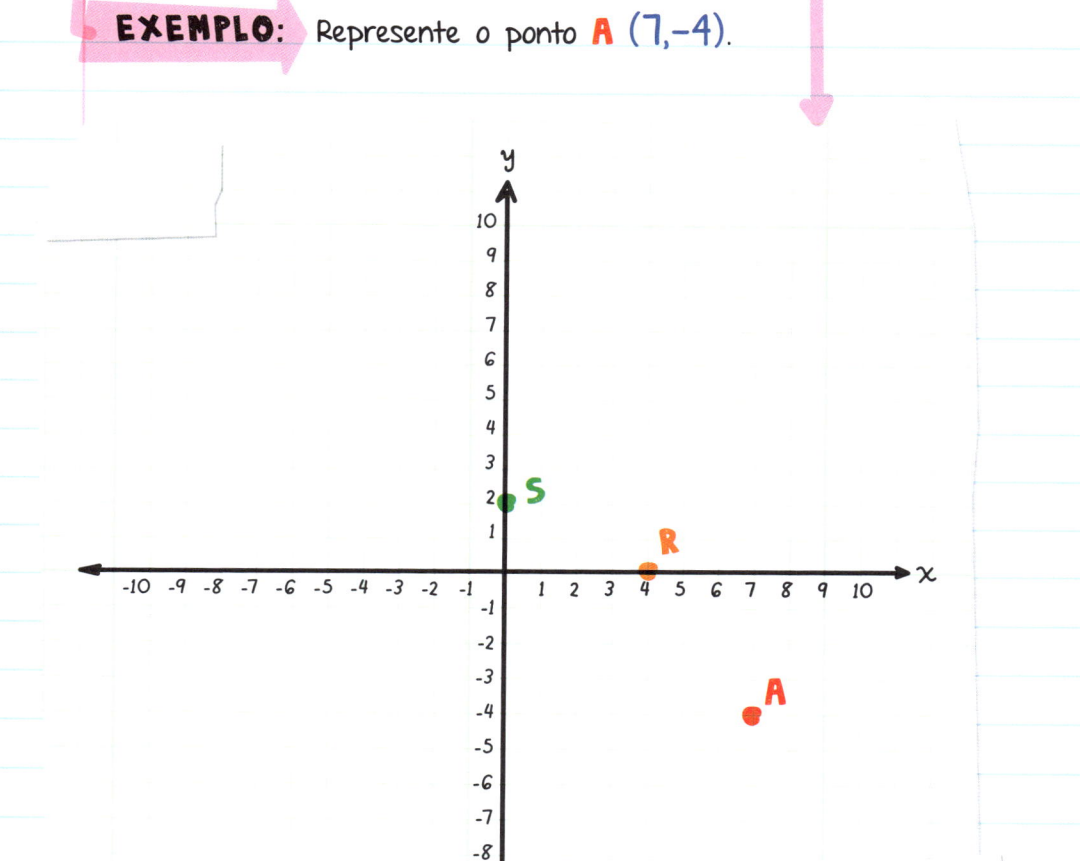

Às vezes, um ponto está exatamente no eixo x ou no eixo y.

EXEMPLO: Represente o ponto **R** (4,0) e o ponto **S** (0,2).

O plano cartesiano é dividido em quatro **QUADRANTES**.

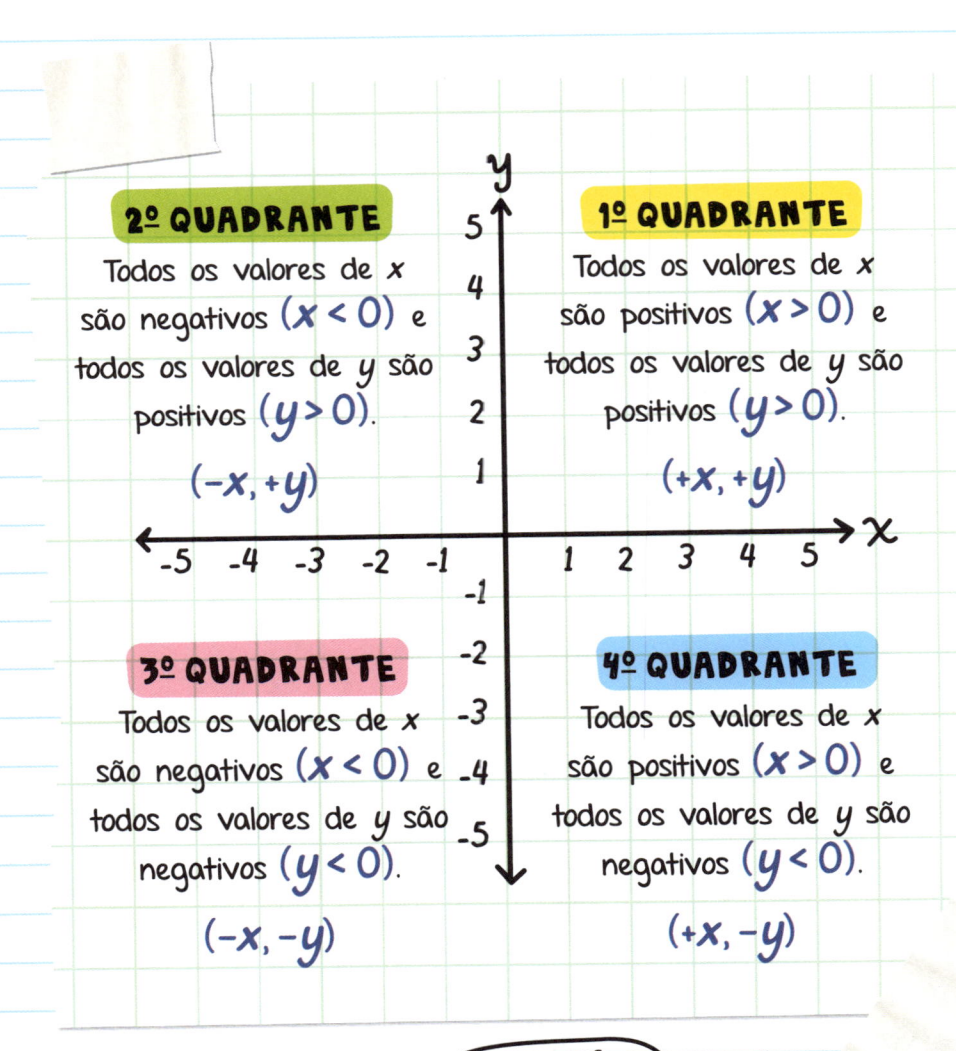

2º QUADRANTE

Todos os valores de x são negativos ($x < 0$) e todos os valores de y são positivos ($y > 0$).

$(-x, +y)$

1º QUADRANTE

Todos os valores de x são positivos ($x > 0$) e todos os valores de y são positivos ($y > 0$).

$(+x, +y)$

3º QUADRANTE

Todos os valores de x são negativos ($x < 0$) e todos os valores de y são negativos ($y < 0$).

$(-x, -y)$

4º QUADRANTE

Todos os valores de x são positivos ($x > 0$) e todos os valores de y são negativos ($y < 0$).

$(+x, -y)$

ESTOU ME SENTINDO TÃO NEGATIVO...

VAMOS NOS MUDAR PARA O 1º QUADRANTE!

-x -y

DISTÂNCIA

Se dois pontos têm a mesma coordenada x ou y, é fácil determinar a distância entre eles. Primeiro, calculamos a diferença entre as coordenadas diferentes fazendo uma subtração. Depois, calculamos o valor absoluto dessa diferença.

EXEMPLO: O ponto A está em (2,9). O ponto B está em (5,9). Qual é a distância entre A e B?

Como os pontos A e B têm a mesma coordenada y (9), basta calcular a diferença entre as coordenadas x:

5 − 2 = 3 (ou 2 − 5 = −3).

Em seguida, calculamos o valor absoluto deste número (|3| ou |−3|), que é 3.

Portanto, a distância entre o ponto A e o B é 3 unidades, porque, se você marcar os pontos A e B no plano cartesiano e ligá-los por uma reta, a reta será horizontal, já que os dois têm a mesma coordenada y. O mesmo método pode ser usado se as coordenadas x forem iguais, como no exemplo a seguir.

EXEMPLO: O ponto **P** está situado em $\left(5\frac{1}{4}, -\frac{2}{3}\right)$.

O ponto **Q** está situado em $\left(5\frac{1}{4}, -1\frac{3}{4}\right)$. Qual é a distância entre eles?

Como os pontos **P** e **Q** têm a mesma coordenada x $\left(5\frac{1}{4}\right)$, primeiro calculamos a diferença entre as coordenadas y:

$$-\frac{2}{3} - \left(-1\frac{3}{4}\right) = -\frac{2}{3} + 1\frac{3}{4} = -\frac{8}{12} + \frac{21}{12} = \frac{13}{12} = 1\frac{1}{12}$$

Depois, calculamos o valor absoluto desse número, que é $1\frac{1}{12}$.

Portanto, os pontos **P** e **Q** estão separados por uma distância de $1\frac{1}{12}$ unidades, porque, se você marcar os dois no plano cartesiano e ligá-los por uma reta, a reta será vertical, já que eles têm a mesma coordenada x.

E como podemos medir a distância entre dois pontos que NÃO possuem uma coordenada em comum? E, PORTANTO, NÃO ESTÃO NA MESMA RETA VERTICAL OU HORIZONTAL.

Nesse caso, você pode usar a seguinte fórmula:

$$d = \sqrt{(x_2 - x_1)^2 + (y_2 - y_1)^2}$$

NÃO IMPORTA QUAIS DOS PONTOS VOCÊ CHAMA DE 1 OU 2. OS ÍNDICES SERVEM APENAS PARA QUE NÃO MISTURE AS COORDENADAS DOS DOIS PONTOS.

EXEMPLO: O ponto **D** está situado em $(11,-2)$. O ponto **E** está situado em $(7,-5)$. Qual é a distância entre os dois?

Primeiro, chame as coordenadas de um dos pontos de x_1 e y_1 e as coordenadas do outro ponto de x_2 e y_2.

$x_1 = 11$, $y_1 = -2$; $x_2 = 7$, $y_2 = -5$

Em seguida, substitua as coordenadas por seus valores na expressão da distância.

$d = \sqrt{(7-11)^2 + (-5--2)^2}$ ← A ORDEM DAS OPERAÇÕES É IMPORTANTE.

$d = \sqrt{(-4)^2 + (-3)^2}$

$d = \sqrt{16 + 9}$

$d = \sqrt{25}$

$d = 5$

Portanto, os pontos **D** e **E** estão separados por uma distância de **5** unidades.

VERIFIQUE SEUS CONHECIMENTOS

1. Em que quadrante está o ponto (−5,9)?

2. Em que quadrante está o ponto (4,−6)?

3. Em que quadrante está o ponto (8,20)?

4. Em que quadrante está o ponto (−3,−7)?

5. Quais são as coordenadas do ponto A?

6. Quais são as coordenadas do ponto B?

7. Quais são as coordenadas do ponto C?

8. Marque a posição do ponto Q (−4,8).

9. Marque a posição do ponto R (0,−6).

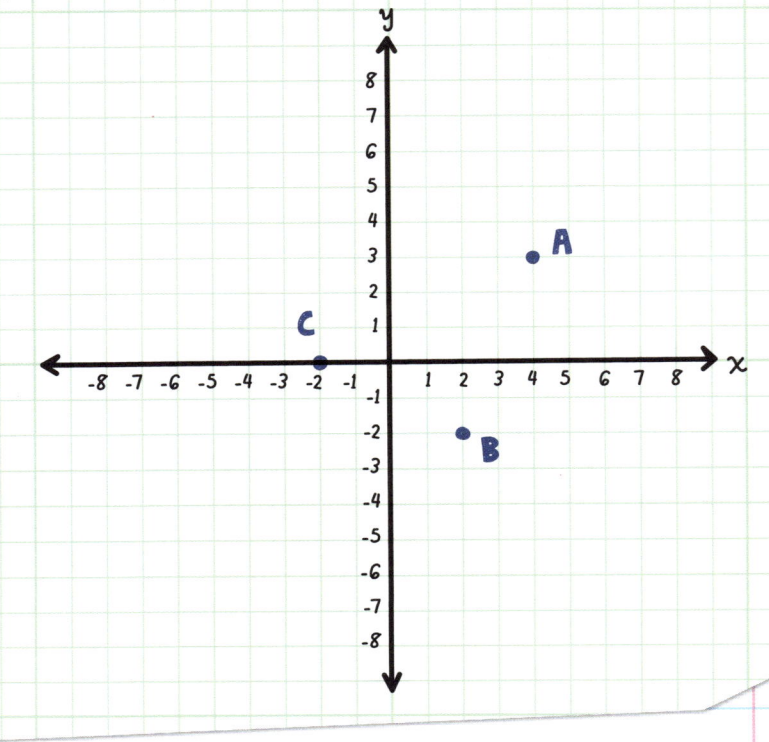

10. As coordenadas do ponto **G** são (7,−2). As coordenadas do ponto **H** são (7,10). Qual é a distância entre eles?

11. As coordenadas do ponto **S** são ($\frac{2}{5}$, $9\frac{1}{8}$). As coordenadas do ponto **T** são ($-5\frac{7}{10}$, $9\frac{1}{8}$). Qual é a distância entre eles?

12. As coordenadas do ponto **K** são (2,0). As coordenadas do ponto **L** são (8,8). Qual é a distância entre eles?

CONFIRA AS RESPOSTAS

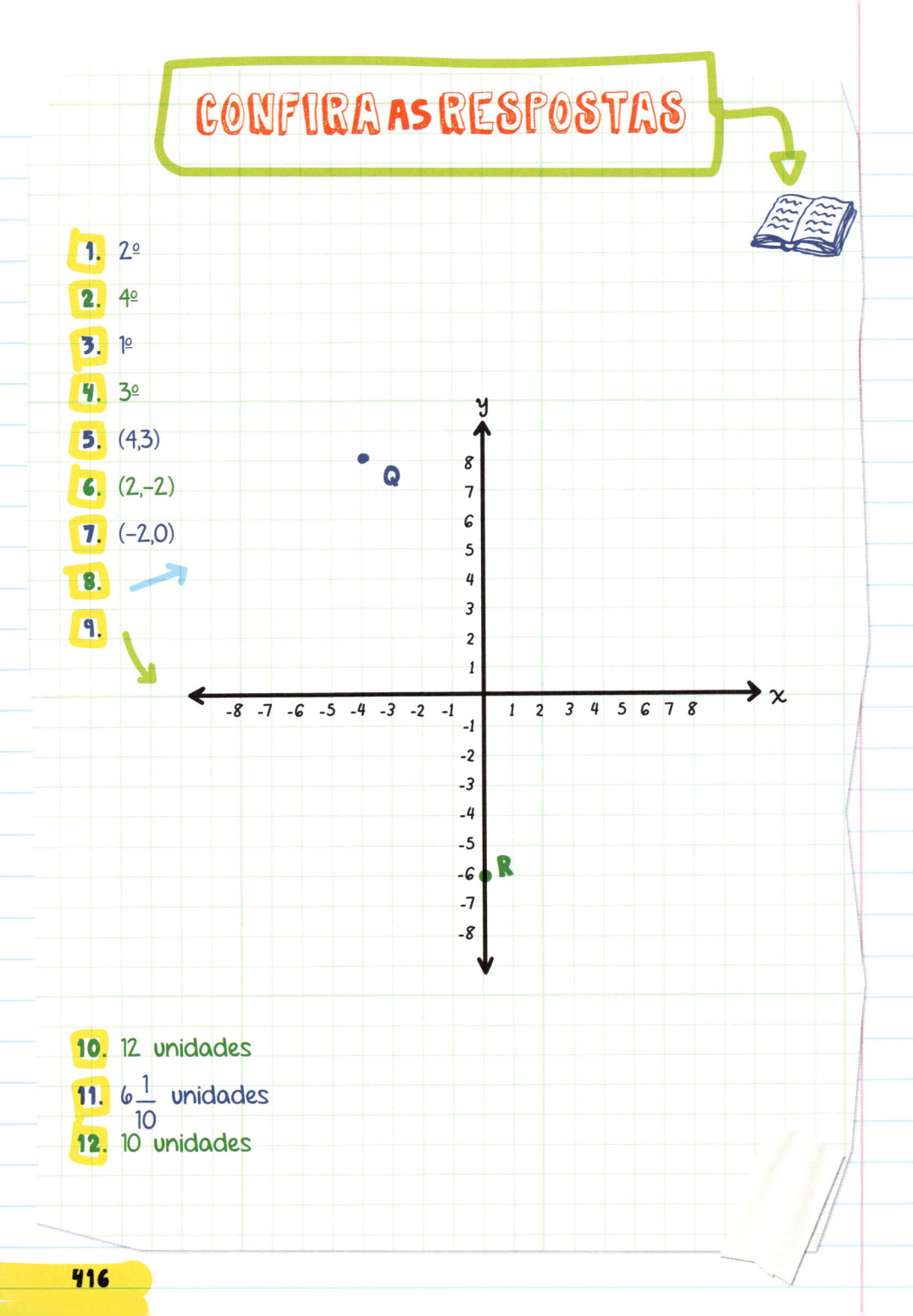

1. 2º
2. 4º
3. 1º
4. 3º
5. (4,3)
6. (2,–2)
7. (–2,0)
8.
9.

10. 12 unidades
11. $6\frac{1}{10}$ unidades
12. 10 unidades

Capítulo 56

RELAÇÕES E FUNÇÕES

Uma **RELAÇÃO** é um conjunto de pares ordenados, como, por exemplo, as coordenadas x e y de pontos do plano cartesiano. Em uma relação, o conjunto de valores do primeiro elemento do par é chamado de **DOMÍNIO** e o conjunto de valores do segundo elemento do par é chamado de **CONTRADOMÍNIO**.

EXEMPLO: Determine o domínio e o contradomínio da seguinte relação:
(-5,-3) (-2,0) (1,3) (4,6) (7,9).

DOMÍNIO (todos os primeiros valores): {-5,-2,1,4,7}
CONTRADOMÍNIO (todos os segundos valores):
{-3,0,3,6,9}

ATENÇÃO: SEMPRE COLOQUE OS VALORES DO DOMÍNIO E DO CONTRADOMÍNIO EM ORDEM CRESCENTE.

Às vezes, quando estamos diante de vários pares ordenados, podemos representá-los por meio de pontos do plano cartesiano e fazer uma linha reta passar por eles.

EXEMPLO: Desenhe um gráfico da relação (-5,-3) (-2,0) (1,3) (4,6) (7,9) e mostre que é possível traçar uma reta que passe por todos os pontos.

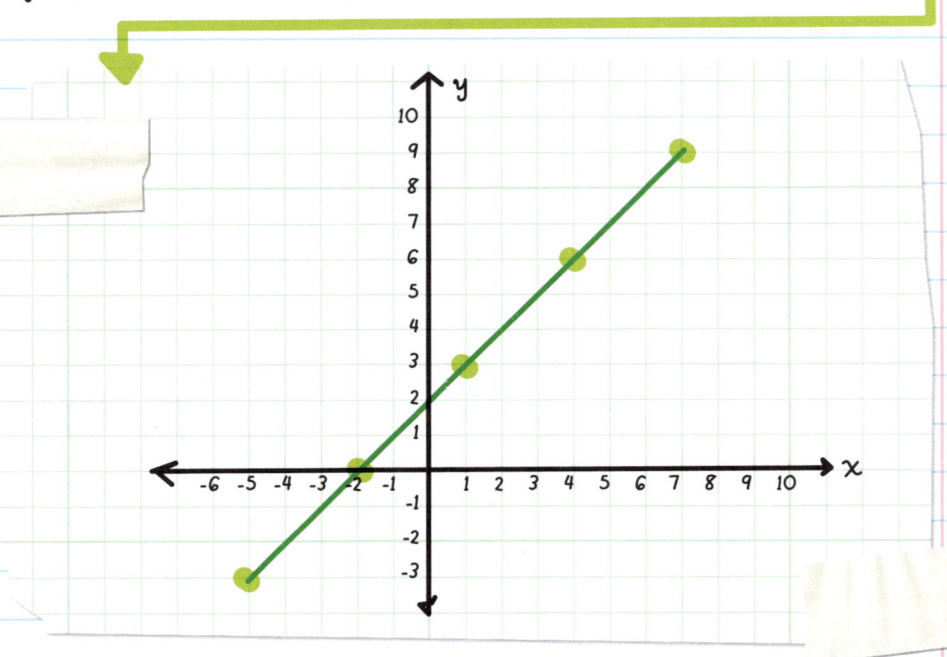

Uma relação pode ser qualquer tipo de conexão entre conjuntos de números, mas a **FUNÇÃO** é um tipo de relação no qual existe apenas um valor do segundo elemento para cada valor do primeiro elemento do par ordenado.

Em outras palavras, uma função é uma relação na qual nenhum valor do primeiro elemento do par aparece mais de uma vez. No exemplo acima, como nenhum dos valores do primeiro elemento do par aparece mais de uma vez, a reta representa uma **FUNÇÃO**.

> Não esqueça que existem dois tipos de variável nas equações:
> **VARIÁVEIS INDEPENDENTES**: não afetadas por outras variáveis.
> **VARIÁVEIS DEPENDENTES**: DEPENDEM das variáveis independentes.
> No caso das funções de uma variável, y é a variável dependente, o que quer dizer que o valor de y **DEPENDE** do valor de x.

Para verificar se uma relação é uma função, basta representá-la graficamente e fazer o **TESTE DA RETA VERTICAL**. Desenhe uma reta vertical no gráfico. — OU DUAS!
Se essa reta interceptar dois pontos da relação, não se trata de uma função. Em outras palavras, o teste da reta vertical é usado para investigar se algum número do domínio da relação se repete. Se a resposta for não, a relação é uma função.

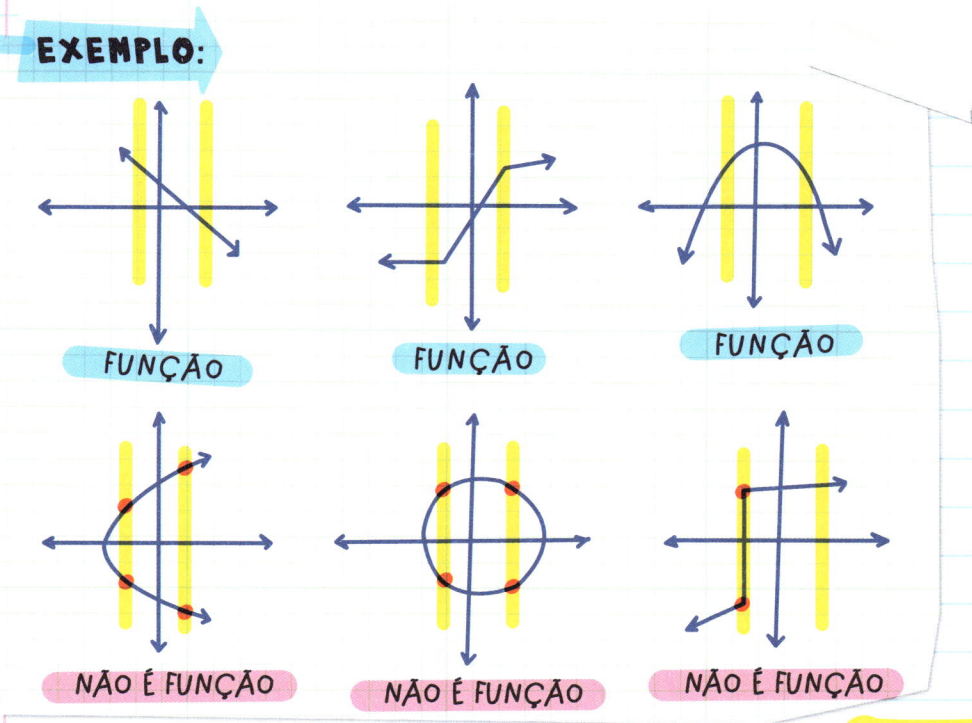

EXEMPLO:

FUNÇÃO — FUNÇÃO — FUNÇÃO

NÃO É FUNÇÃO — NÃO É FUNÇÃO — NÃO É FUNÇÃO

EXEMPLO: A relação mostrada na tabela abaixo é uma função? Desenhe um gráfico para confirmar a resposta.

DOMÍNIO (x)	CONTRADOMÍNIO (y)
−4	8
−2	4
0	0
2	−4
4	−8

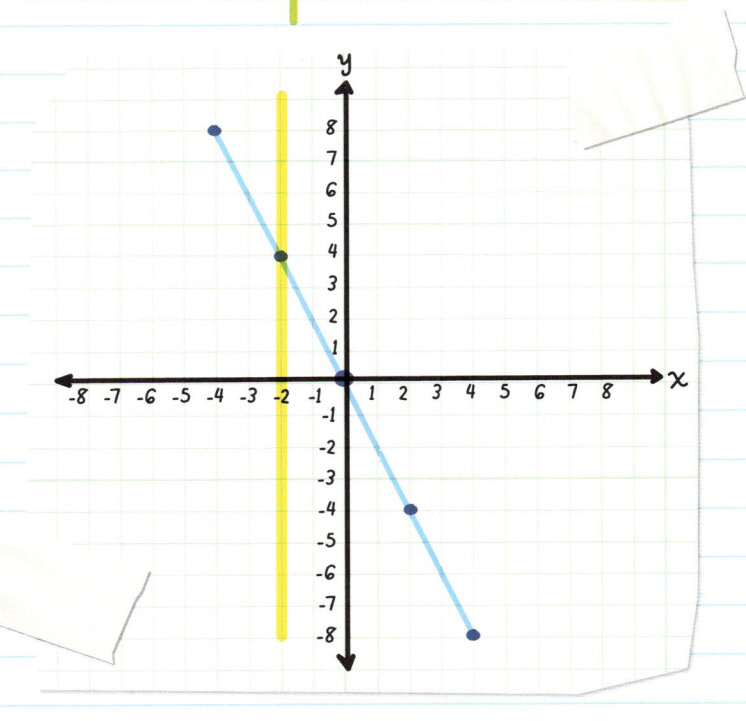

A relação dada é uma função? Sim, porque todos os valores do domínio são diferentes. O gráfico acima passa no teste da reta vertical? Sim!

EXEMPLO: A relação mostrada na tabela é uma função? Desenhe um gráfico para confirmar a resposta.

DOMÍNIO (x)	CONTRADOMÍNIO (y)
−5	3
−5	6
−2	3
1	5
4	2
4	6

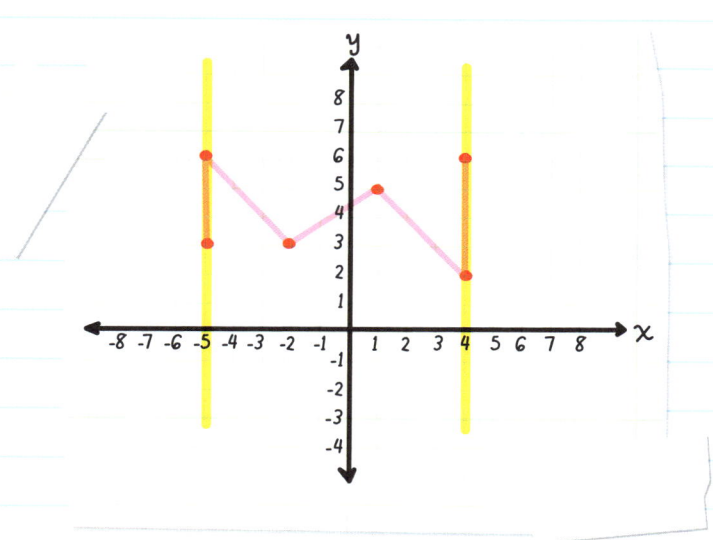

A relação dada é uma função? Não, pois existem valores do domínio que se repetem. O gráfico acima passa no teste da reta vertical? Não. Como existem retas verticais que interceptam mais de um ponto, a relação NÃO é uma função.

ENTRADA e SAÍDA

Um exemplo simples de função é o seguinte: $y = x + 1$.

A **ENTRADA** são os valores (o domínio) que podem ser usados na expressão no lugar de x. A **SAÍDA** são os valores de y que podem ser obtidos quando x é substituído por valores do domínio. Conhecendo a função, podemos criar uma **TABELA DE ENTRADAS E SAÍDAS** para obter todos os valores de que precisamos para desenhar o gráfico da função.

> A **ENTRADA** É A VARIÁVEL INDEPENDENTE. A **SAÍDA** É A VARIÁVEL DEPENDENTE.

EXEMPLO: Desenhe o gráfico de $y = x + 1$.

ENTRADA (x)	FUNÇÃO: $y = x+1$	SAÍDA (y)	PAR ORDENADO (x,y)
-2	$y = -2+1$	-1	(-2, -1)
-1	$y = -1+1$	0	(-1, 0)
0	$y = 0+1$	1	(0, 1)
1	$y = 1+1$	2	(1, 2)
2	$y = 2+1$	3	(2, 3)

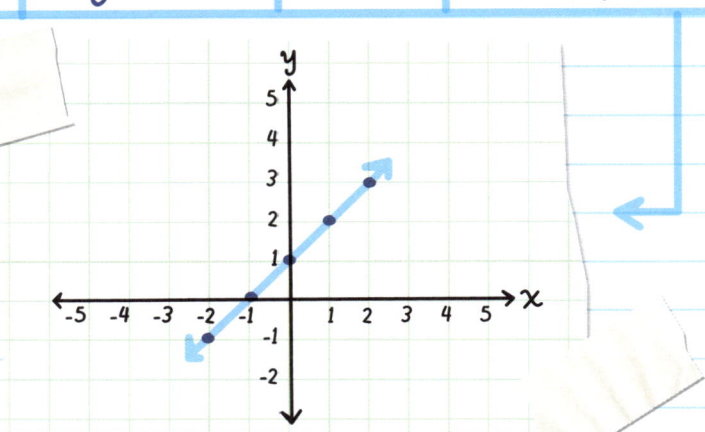

> Os valores de entrada não precisam ser dados no problema. Podemos escolher qualquer valor. Cada entrada produz uma saída única e todas representam a função. Em geral, escolhemos valores fáceis de calcular.

EXEMPLO: Desenhe o gráfico da função $y = -2x + 3$.

ENTRADA (x)	FUNÇÃO: $y = -2x + 3$	SAÍDA (y)	PAR ORDENADO (x,y)
−2	$y = -2(-2) + 3$	7	(−2, 7)
0	$y = -2(0) + 3$	3	(0, 3)
4	$y = -2(4) + 3$	−5	(4, −5)

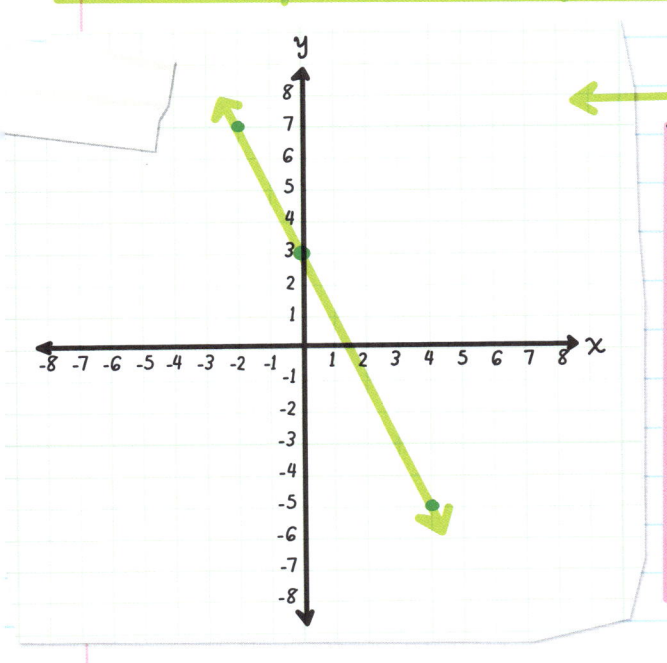

> Como podemos escolher qualquer valor para **x**, conectamos os pontos e desenhamos setas nas extremidades da reta para mostrar que as entradas e saídas continuam para sempre nos dois sentidos. Cada ponto da reta representa uma entrada e uma saída.

423

Às vezes uma função tem a entrada e a saída do mesmo lado do sinal de igual. Quando isso acontece, é aconselhável manipular algebricamente a equação para isolar a "saída". Em outras palavras, isolamos o y do lado esquerdo do sinal de igual.

EXEMPLO: Desenhe o gráfico de $y - 3x = -4$.

$y - 3x = -4$ (Como precisamos isolar y, passamos $3x$ para o outro membro.)

$y = -4 + 3x$

$y = 3x - 4$ (Como $3x$ e -4 não são termos semelhantes, não podemos combiná-los e simplificar ainda mais a função. O remanejamento, porém, já deixou a expressão no formato padrão das funções, o que facilita a construção de uma tabela de entradas e saídas.)

ENTRADA (x)	FUNÇÃO: $y = 3x - 4$	SAÍDA (y)	PAR ORDENADO (x,y)
-1	$y = 3(-1) - 4$	-7	(-1, -7)
0	$y = 3(0) - 4$	-4	(0, -4)
1	$y = 3(1) - 4$	-1	(1, -1)

425

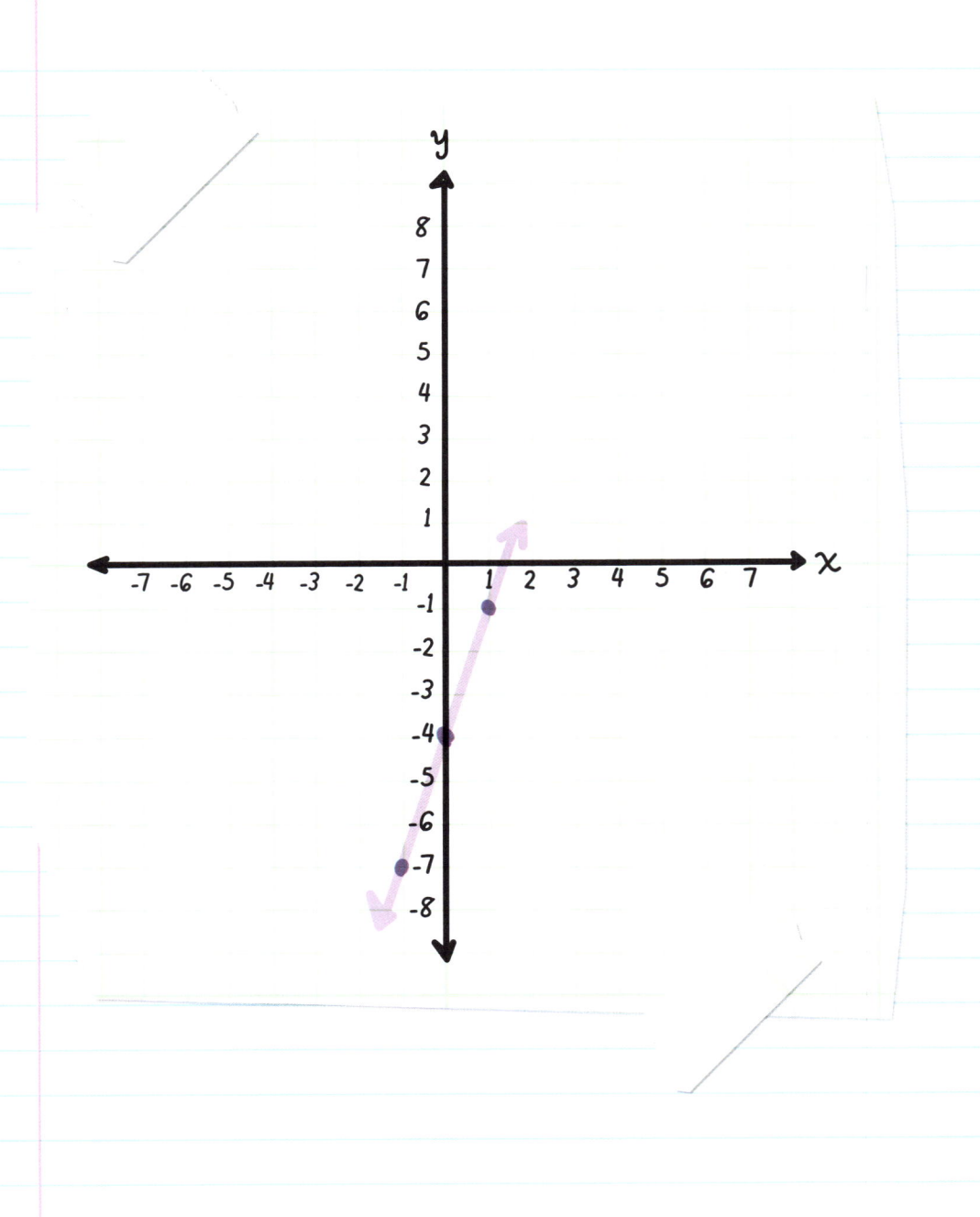

VERIFIQUE SEUS CONHECIMENTOS

1. Que números constituem o domínio da relação abaixo:
(7,5) (-3,2) (1,-1) (4,-6) (-2,4)?

2. Que números constituem o contradomínio da relação da questão anterior?

3. A relação na questão 1 é uma função? Justifique sua resposta.

4. Desenhe o gráfico da relação mostrada na tabela:

DOMÍNIO (x)	CONTRADOMÍNIO (y)
-9	-3
-6	-1
-3	1
0	3
3	5

5. Complete a tabela de entradas e saídas e desenhe o gráfico da função $y = x + 2$.

ENTRADA (x)	FUNÇÃO: $y = x + 2$	SAÍDA (y)	PAR ORDENADO (x,y)
-2			
0			
3			

6. Complete a tabela de entradas e saídas e desenhe o gráfico da função $y = -3x + 1$.

ENTRADA (x)	FUNÇÃO: $y=-3x+1$	SAÍDA (y)	PAR ORDENADO (x,y)
−1			
0			
2			

7. Complete a tabela de entradas e saídas e desenhe o gráfico da função $y - x = 5$.

ENTRADA (x)	FUNÇÃO: $y-x=5$	SAÍDA (y)	PAR ORDENADO (x,y)
−4			
0			
1			

8. Complete a tabela de entradas e saídas e desenhe o gráfico da função $y + 2x = -4$.

ENTRADA (x)	FUNÇÃO: $y+2x=-4$	SAÍDA (y)	PAR ORDENADO (x,y)
−4			
0			
1			

CONFIRA AS RESPOSTAS

1. Domínio: {-3, -2, 1, 4, 7}
2. Contradomínio: {-6, -1, 2, 4, 5}
3. Sim, porque nenhum valor de x (do domínio) está repetido.
4.

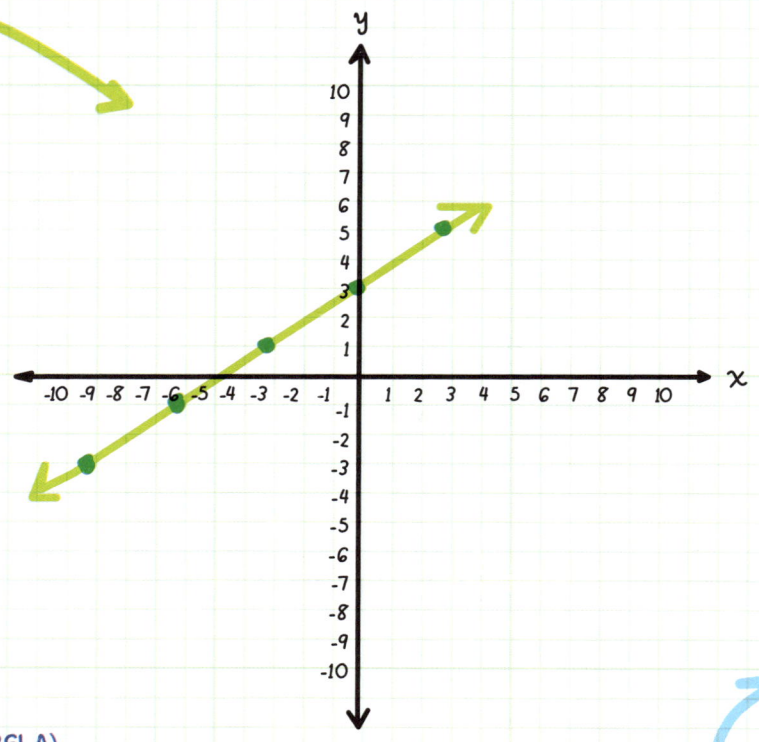

5. (TABELA)

ENTRADA (x)	FUNÇÃO: $y = x + 2$	SAÍDA (y)	PAR ORDENADO (x,y)
-2	$y = (-2) + 2$	0	(-2, 0)
0	$y = (0) + 2$	2	(0, 2)
3	$y = (3) + 2$	5	(3, 5)

5. (GRÁFICO)

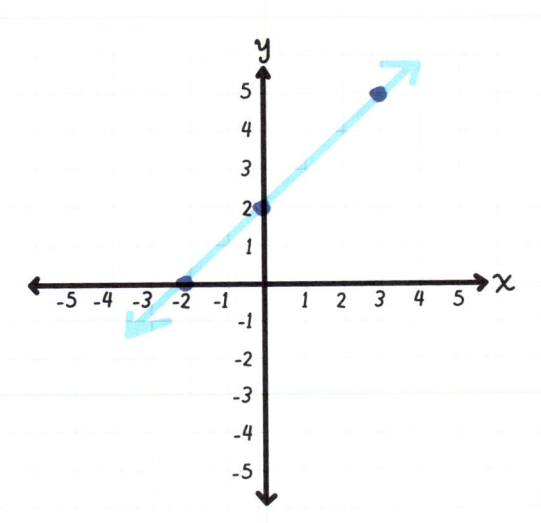

6.

ENTRADA (x)	FUNÇÃO: $y = -3x + 1$	SAÍDA (y)	PAR ORDENADO (x,y)
−1	$y = -3(-1)+1$	4	(−1, 4)
0	$y = -3(0)+1$	1	(0, 1)
2	$y = -3(2)+1$	−5	(2, −5)

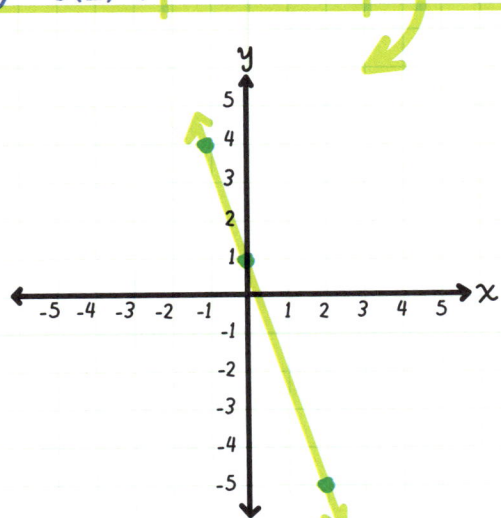

7.

ENTRADA (x)	FUNÇÃO: $y-x=5$ $y=x+5$	SAÍDA (y)	PAR ORDENADO (x,y)
−4	$y=(-4)+5$	1	(−4,1)
0	$y=(0)+5$	5	(0,5)
1	$y=(1)+5$	6	(1,6)

8.

ENTRADA (x)	FUNÇÃO: $y+2x=-4$ $y=-2x-4$	SAÍDA (y)	PAR ORDENADO (x,y)
−4	$y=-2(-4)-4$	4	(−4,4)
0	$y=-2(0)-4$	−4	(0,−4)
1	$y=-2(1)-4$	−6	(1,−6)

Capítulo 57

INCLINAÇÃO

Na linguagem comum, **INCLINAÇÃO** é uma palavra usada para indicar se uma ladeira é íngreme ou suave. Matematicamente, a inclinação de uma reta é a razão dada pela seguinte fórmula:

$$\text{INCLINAÇÃO} = \frac{\text{SUBIDA}}{\text{AVANÇO}}$$

↕ **SUBIDA** é quanto uma reta sobe ou desce.

↔ **AVANÇO** é quanto uma reta se desloca para a direita ou para a esquerda.

EXEMPLO: Uma reta com uma inclinação de $\frac{2}{3}$

SUBIDA = 2
AVANÇO = 3

Uma inclinação de $\frac{2}{3}$ significa que toda vez que a reta sobe 2 unidades, ela também avança 3 unidades.

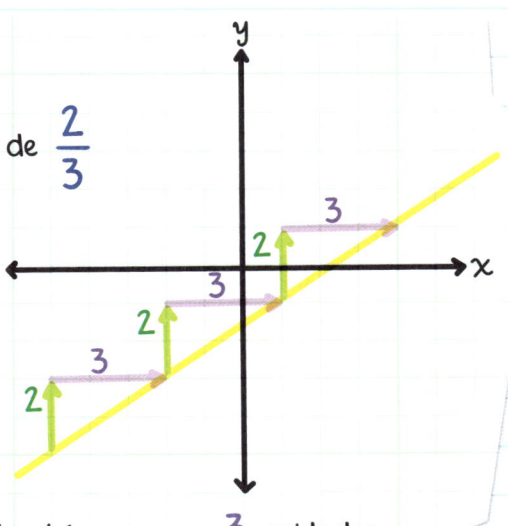

431

Outra forma de interpretar a inclinação é dizer que ela representa a **TAXA DE SUBIDA**, um número que mostra quantas unidades uma reta sobe por unidade de avanço.

O exemplo anterior mostra que uma inclinação de $\frac{2}{3}$ significa que toda vez que a reta avança 3 unidades, ela também sobe 2 unidades, porque:

INCLINAÇÃO = $\frac{\text{SUBIDA}}{\text{AVANÇO}}$ = $\frac{2}{3}$, logo subida = 2 e avanço = 3.

Entretanto, podemos escrever a razão que define a inclinação de outro modo:

INCLINAÇÃO = $\frac{\text{SUBIDA}}{\text{AVANÇO}}$ = $\frac{\frac{2}{3}}{1}$

Em outras palavras: toda vez que uma reta avança 1, ela sobe $\frac{2}{3}$ de unidade. Observe o gráfico e você também verá essa razão.

TIPOS de INCLINAÇÃO

Podemos usar gráficos para analisar duas relações diferentes comparando as inclinações. Quanto maior a inclinação, maior a taxa de subida ou de descida.

EXEMPLO: Rui caminha em média 3 quarteirões por minuto e Joana caminha em média 5 quarteirões por minuto.

Use gráficos para determinar quem caminha mais depressa.

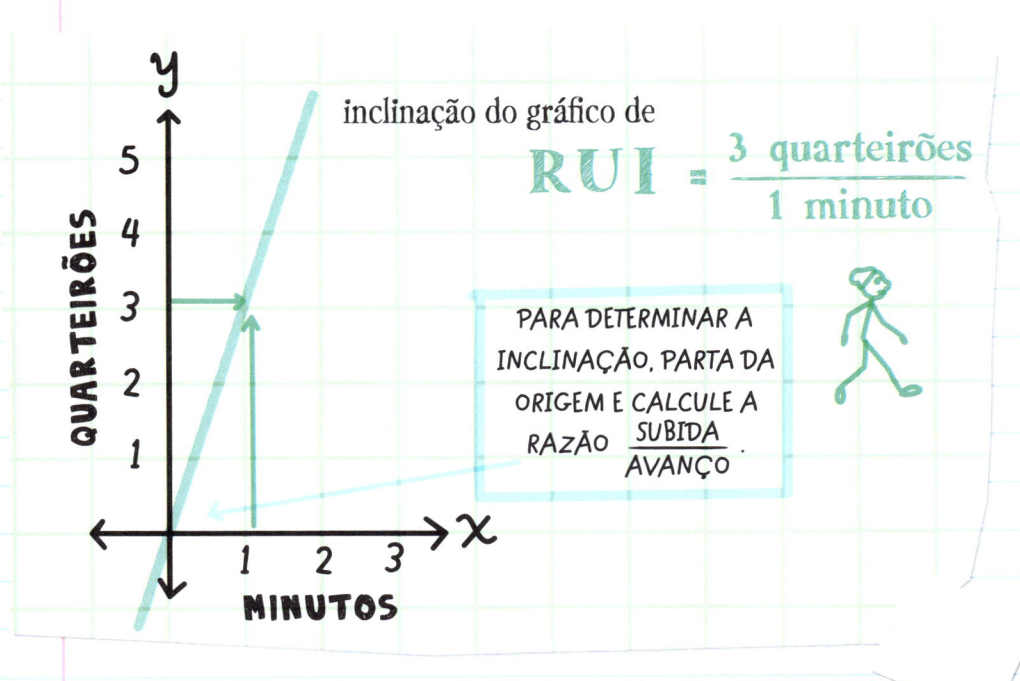

inclinação do gráfico de RUI = $\dfrac{3 \text{ quarteirões}}{1 \text{ minuto}}$

> PARA DETERMINAR A INCLINAÇÃO, PARTA DA ORIGEM E CALCULE A RAZÃO $\dfrac{\text{SUBIDA}}{\text{AVANÇO}}$.

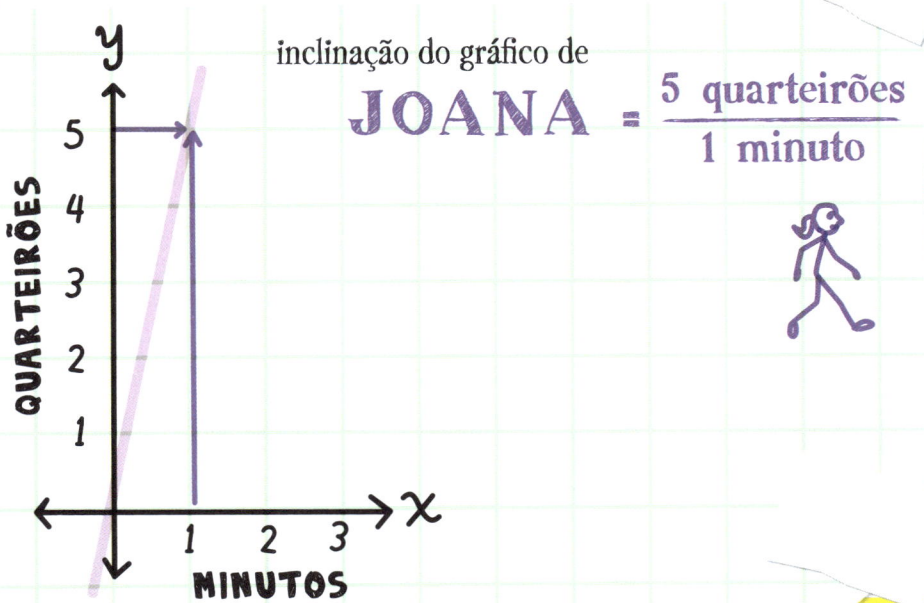

inclinação do gráfico de JOANA = $\dfrac{5 \text{ quarteirões}}{1 \text{ minuto}}$

Como a inclinação do gráfico de Joana é maior que a do gráfico de Rui, concluímos que Joana caminha mais depressa que Rui.

> Uma maneira fácil de se lembrar dos diferentes tipos de inclinação é imaginar alguém patinando em uma encosta gelada da esquerda para a direita.

Existem quatro tipos de inclinação:

1. INCLINAÇÃO POSITIVA:
sobe da esquerda para a direita.

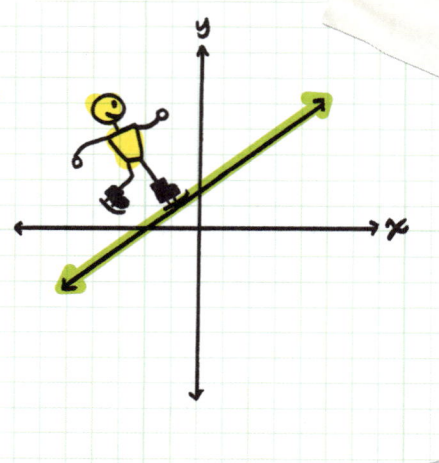

2. INCLINAÇÃO NEGATIVA:
desce da esquerda para a direita.

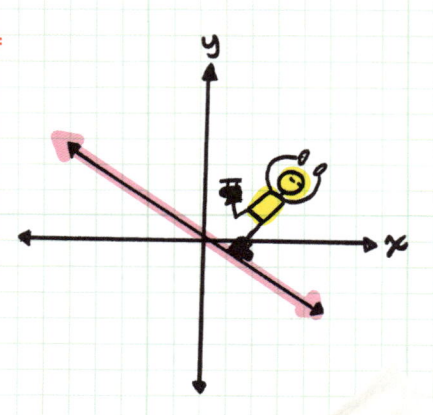

3. INCLINAÇÃO ZERO:

nem sobe nem desce, porque a subida é 0 e 0 dividido por qualquer número é... 0.

4. INCLINAÇÃO INDEFINIDA:

é uma reta vertical, porque o avanço é 0 e qualquer número dividido por 0 é indefinido.

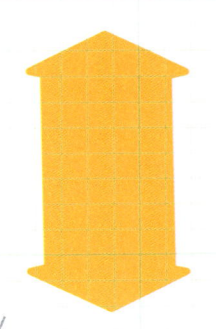

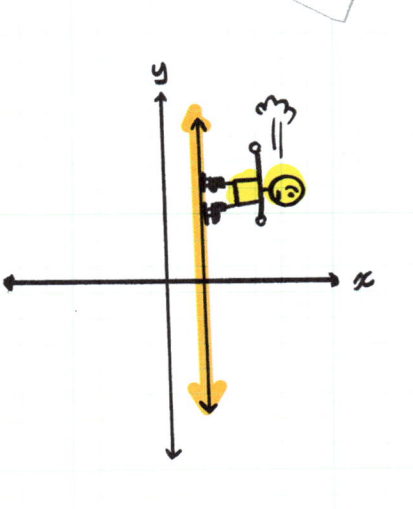

5 COISAS QUE VOCÊ PRECISA SABER SOBRE A INCLINAÇÃO:

1. Sempre que você anda para **CIMA**, a **SUBIDA** é **POSITIVA**.

2. Sempre que você anda para **BAIXO**, a **SUBIDA** é **NEGATIVA**.

3. Sempre que você anda para a **DIREITA**, o **AVANÇO** é **POSITIVO**.

4. Sempre que você anda para a **ESQUERDA**, o **AVANÇO** é **NEGATIVO**.

5. A inclinação é **IGUAL** em todos os pontos de uma **LINHA RETA**.

O CÁLCULO da INCLINAÇÃO de uma LINHA RETA

Para **CALCULAR A INCLINAÇÃO DE UMA LINHA RETA**, escolha dois pontos da reta. A partir do ponto mais à esquerda, desenhe um triângulo retângulo cuja hipotenusa é o segmento de reta que liga os dois pontos e cujos catetos são paralelos aos eixos x e y. Quantas unidades você subiu ou desceu? Essa é a subida. Quantas unidades você se deslocou para a direita? Esse é o avanço. A inclinação é igual à subida dividida pelo avanço.

EXEMPLO: Calcule a inclinação da reta.

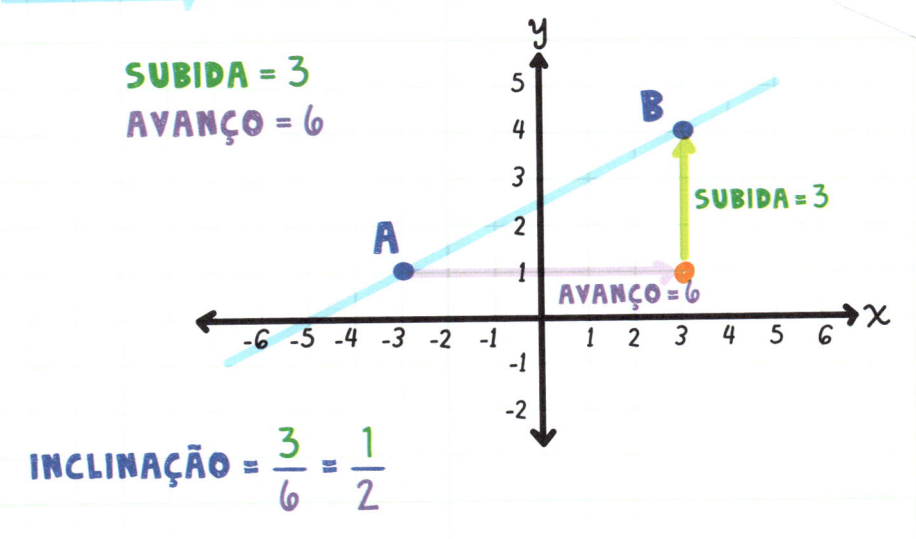

SUBIDA = 3
AVANÇO = 6

SUBIDA = 3
AVANÇO = 6

INCLINAÇÃO = $\frac{3}{6}$ = $\frac{1}{2}$

(Uma inclinação de $\frac{1}{2}$ significa que toda vez que a reta sobe 1 unidade, também avança 2 unidades.)

EXEMPLO: Use um triângulo retângulo para determinar a inclinação da reta.

Escolha dois pontos:
A (1,2) e
B (3,1).

Comece pelo ponto da esquerda.

Desenhe um triângulo retângulo entre A e B.

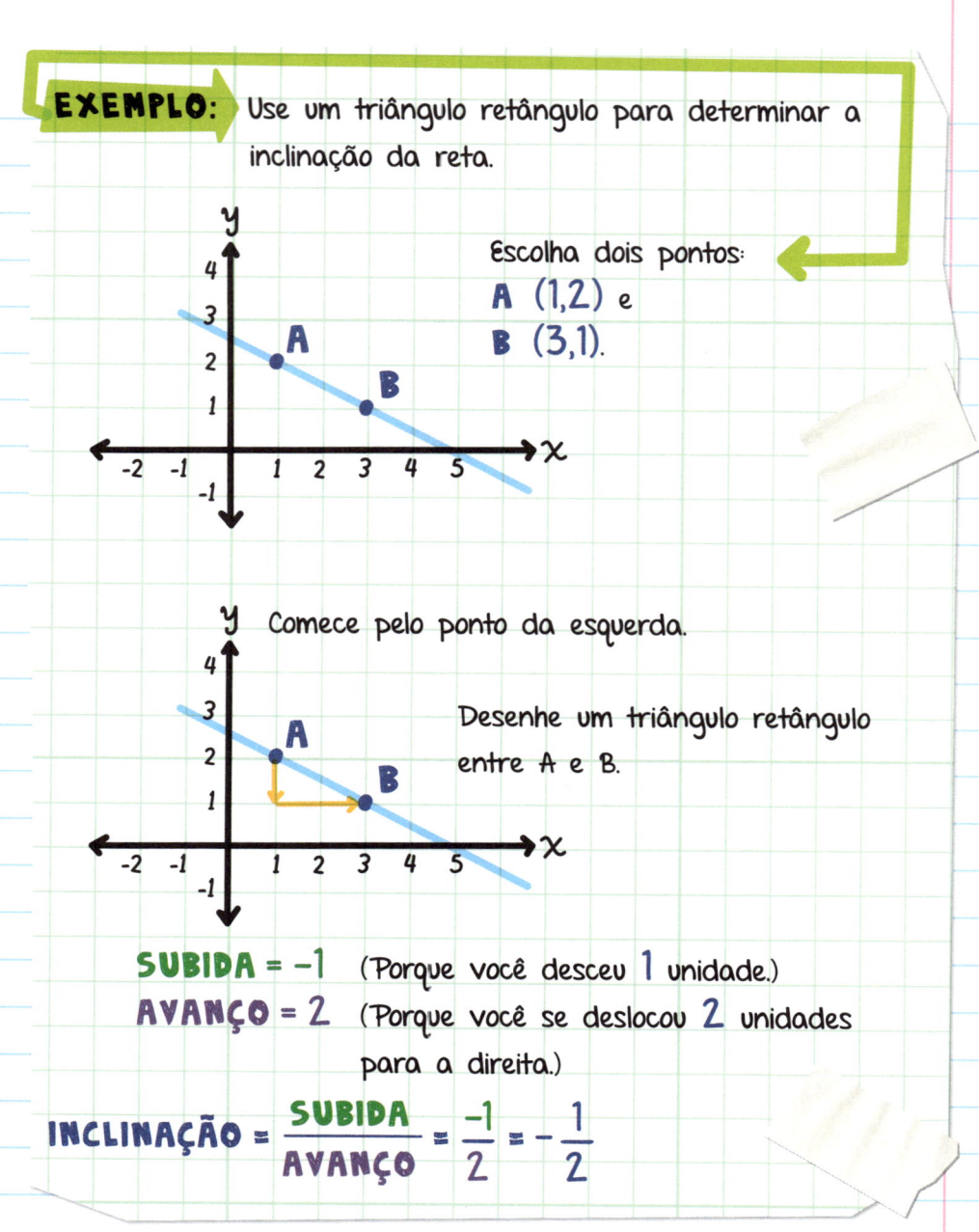

SUBIDA = −1 (Porque você desceu 1 unidade.)
AVANÇO = 2 (Porque você se deslocou 2 unidades para a direita.)

$$\text{INCLINAÇÃO} = \frac{\text{SUBIDA}}{\text{AVANÇO}} = \frac{-1}{2} = -\frac{1}{2}$$

(A inclinação é $-\frac{1}{2}$ em todos os pontos da reta. Toda vez que você "sobe" −1 unidade e avança 2 unidades, você encontra novamente a reta.)

Existe também uma **FÓRMULA DA INCLINAÇÃO** que você pode usar, caso já conheça as coordenadas de dois pontos de uma reta:

$$\text{inclinação} = \frac{\text{variação de } y}{\text{variação de } x} \quad \text{ou} \quad m = \frac{y_2 - y_1}{x_2 - x_1}$$

EXEMPLO: Determine a inclinação da reta que passa pelos pontos $(2,3)$ e $(4,6)$.

1. Chame os pares de coordenadas de (x_1, y_1) e (x_2, y_2).
$x_1 = 2, y_1 = 3; x_2 = 4, y_2 = 6$

2. Substitua os valores na fórmula da inclinação:

$$m = \frac{y_2 - y_1}{x_2 - x_1} = \frac{6-3}{4-2} = \frac{3}{2}$$

INCLINAÇÃO $= \dfrac{3}{2}$

EXEMPLO: Calcule a inclinação da reta que passa pelos pontos $(-5, 6)$ e $(-2, -6)$.

$$m = \frac{y_2 - y_1}{x_2 - x_1} = \frac{-6-6}{-2-(-5)} = \frac{-12}{3} = -4$$

INCLINAÇÃO $= -4$

Você também pode traçar uma reta mesmo que só saiba um ponto e a inclinação. Afinal de contas, você dispõe de todas as informações necessárias: um ponto de partida, o número de unidades de subida e o número de unidades de avanço.

EXEMPLO: Desenhe a reta que passa pelo ponto $(0,-4)$ e tem uma inclinação de $\frac{2}{3}$.

Para começar, marque o ponto dado, $(0,-4)$.

Em seguida, use os valores de **SUBIDA** e **AVANÇO** da inclinação para marcar outro ponto da reta.

INCLINAÇÃO = $\frac{2}{3}$

Finalmente, ligue os pontos que marcou e trace a reta, desenhando setas nas extremidades para mostrar que a reta continua para sempre nos dois sentidos.

440

VERIFIQUE SEUS CONHECIMENTOS

1. A inclinação é positiva, negativa, zero ou indefinida?

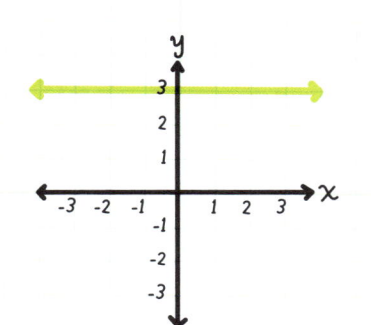

2. A inclinação é positiva, negativa, zero ou indefinida?

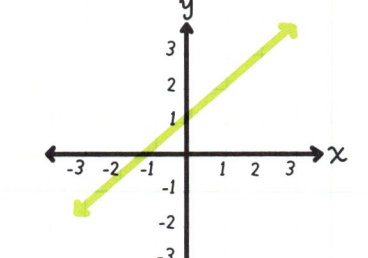

3. A inclinação é positiva, negativa, zero ou indefinida?

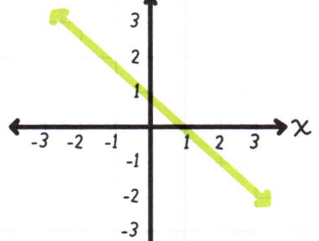

4. A inclinação é positiva, negativa, zero ou indefinida?

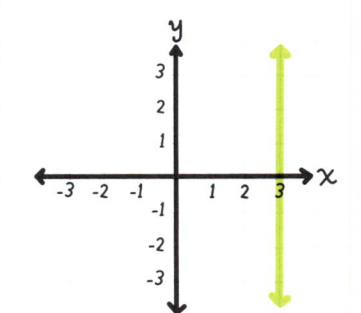

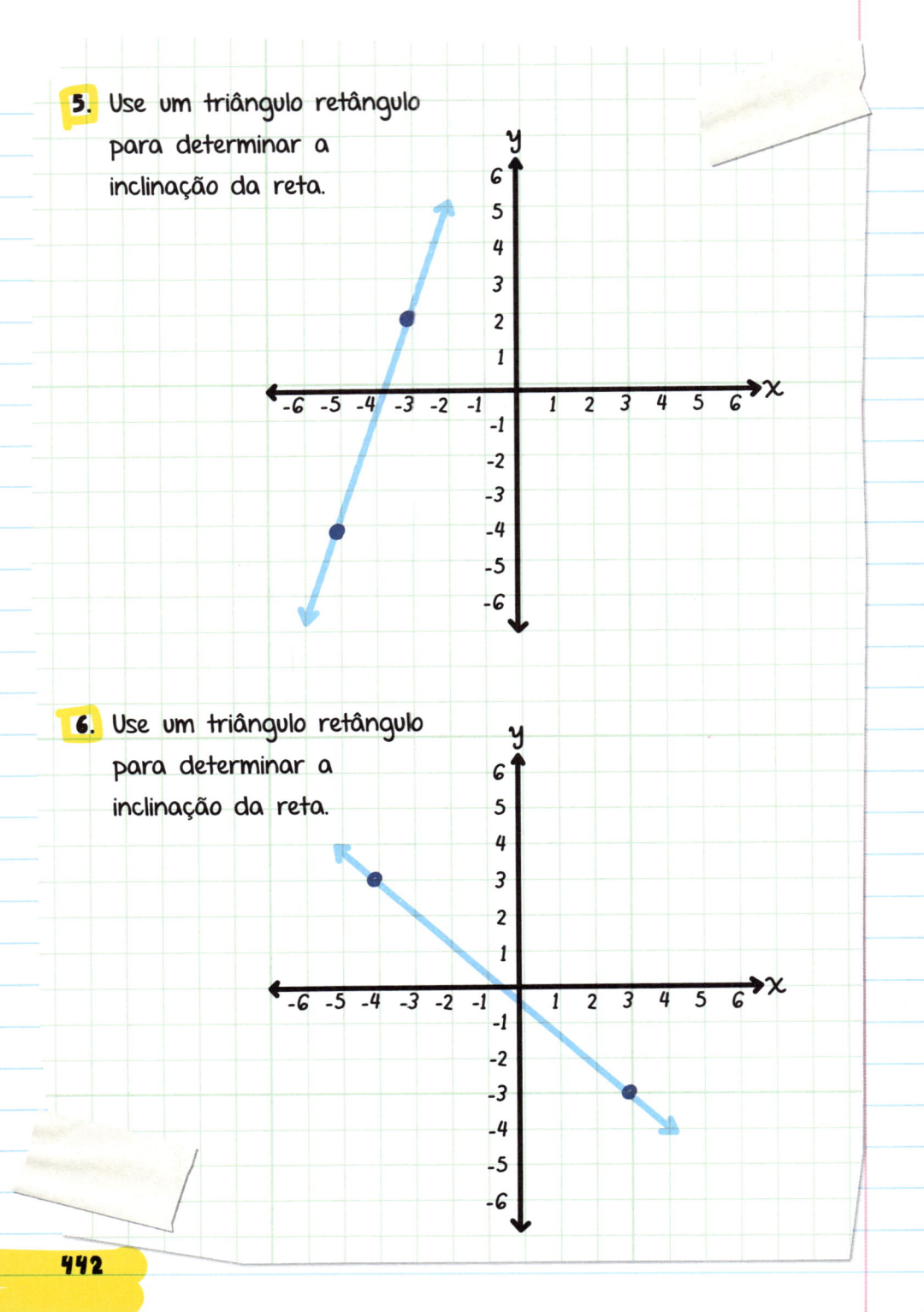

5. Use um triângulo retângulo para determinar a inclinação da reta.

6. Use um triângulo retângulo para determinar a inclinação da reta.

7. Use a fórmula da inclinação para calcular a inclinação da reta que passa pelos pontos (2,8) e (5,7).

8. Use a fórmula da inclinação para calcular a inclinação da reta que passa pelos pontos (−3,2) e (−6,10).

9. Trace a reta que passa pelo ponto (3,5) e tem uma inclinação de 4.

10. Trace a reta que passa pelo ponto (6,−2) e tem uma inclinação de 0.

CONFIRA AS RESPOSTAS

1. Zero
2. Positiva
3. Negativa
4. Indefinida

5. Inclinação = $\frac{6}{2}$ = 3

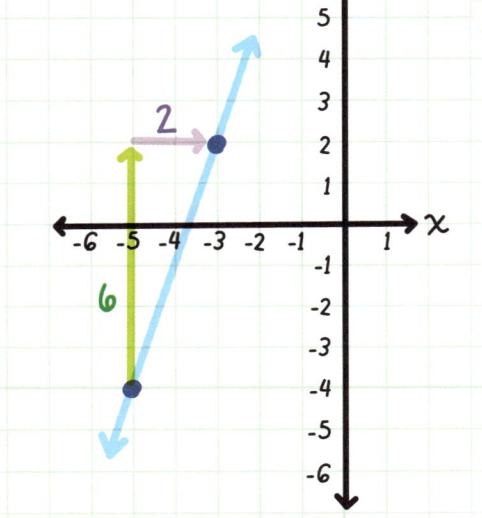

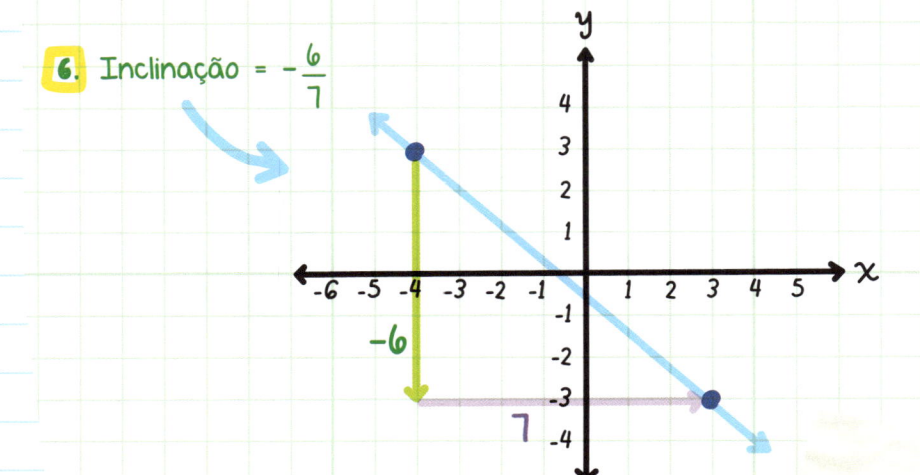

6. Inclinação = $-\frac{6}{7}$

7. $m = \dfrac{7-8}{5-2} = -\dfrac{1}{3}$

8. $m = \dfrac{10-2}{-6+3} = \dfrac{8}{-3} = -\dfrac{8}{3}$

9.

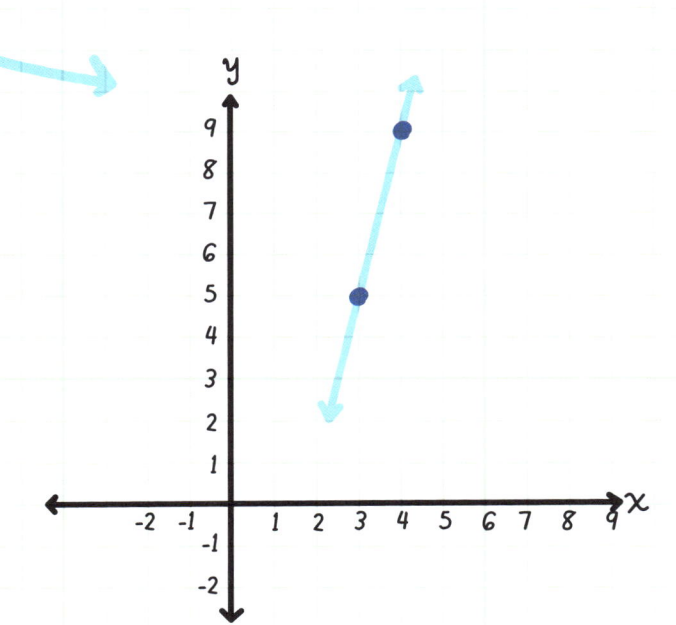

10.

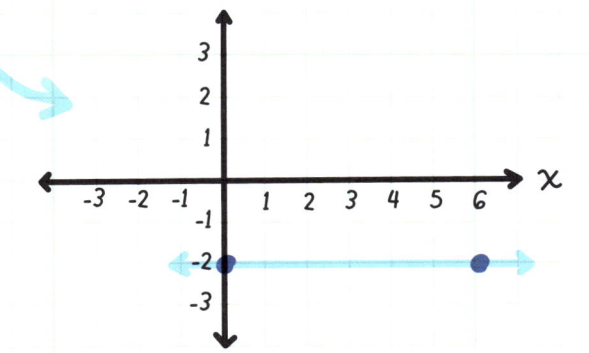

Capítulo 58
EQUAÇÕES E FUNÇÕES LINEARES

Uma **EQUAÇÃO LINEAR** é uma equação cujo gráfico é uma linha reta. Quase todas as equações lineares podem ser escritas com a fórmula:

$$y = mx + b$$

em que x e y representam as coordenadas x e y de pontos da reta, m é a inclinação da reta (a razão $\frac{\text{SUBIDA}}{\text{AVANÇO}}$) e b é a coordenada y do ponto de interseção da reta com o eixo y (ponto em que a reta cruza o eixo vertical).

Se você conhece a coordenada y do ponto de interseção da reta com o eixo y, também conhece a coordenada x desse ponto, porque ela é sempre 0! Conhecendo a inclinação e o ponto de interseção com o eixo y, você pode traçar a reta.

Como o gráfico de uma equação linear é uma linha reta, isso significa que essas equações são funções lineares, a não ser as equações cujo gráfico seja uma linha reta vertical.

EXEMPLO: Desenhe o gráfico da função linear $y = 2x + 1$.

Como a equação de uma função linear é $y = mx + b$, temos:

$m = 2$
$b = 1$

Primeiro, marque o ponto de interseção da reta com o eixo y (nesta equação, o ponto $x = 0$, $y = 1$). A partir desse ponto, levando em conta a inclinação 2, temos que subir 2 e avançar 1. Depois, continuamos a marcar pontos até visualizarmos uma reta.

Por fim, ligamos os pontos, prolongamos a reta e desenhamos setas nas extremidades para mostrar que a reta continua para sempre nos dois sentidos.

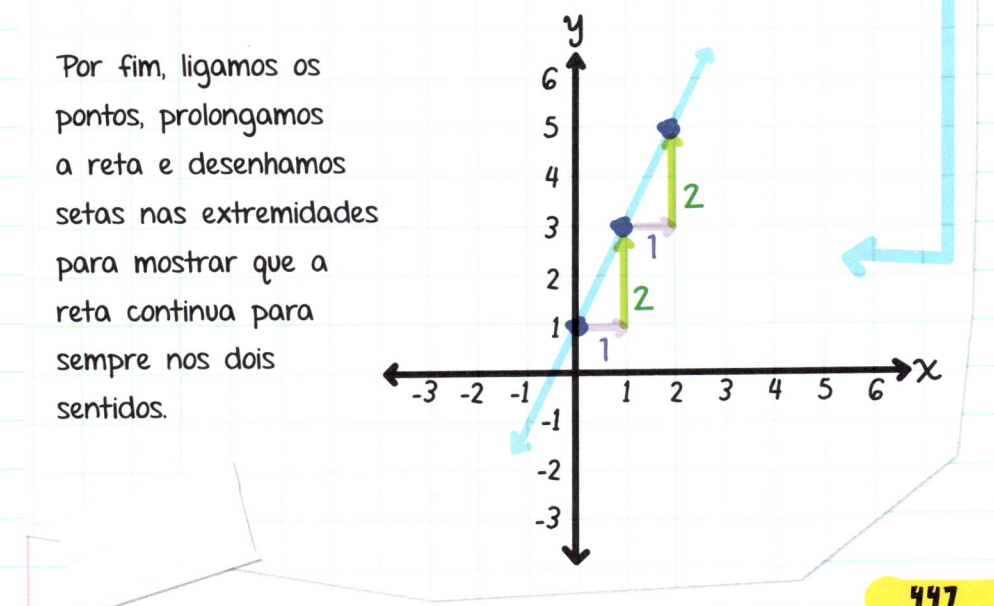

EXEMPLO: Desenhe o gráfico da função linear $y = \frac{1}{2}x - 3$.

Como a equação de uma função linear é $y = mx + b$, temos:

$b = -3$

$m = \frac{1}{2}$

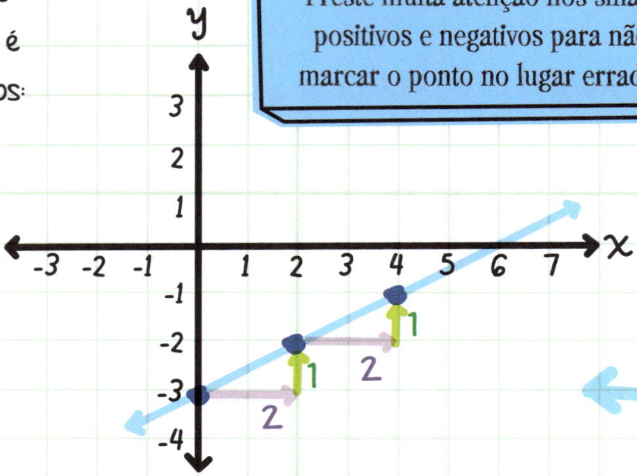

> Preste muita atenção nos sinais positivos e negativos para não marcar o ponto no lugar errado!

EXEMPLO: Desenhe o gráfico da função linear $y = x$.

Como a equação de uma função linear é $y = mx + b$, temos:

$b = 0$

$m = 1$

> Porque $y = x$ é o mesmo que $y = 1x + 0$.

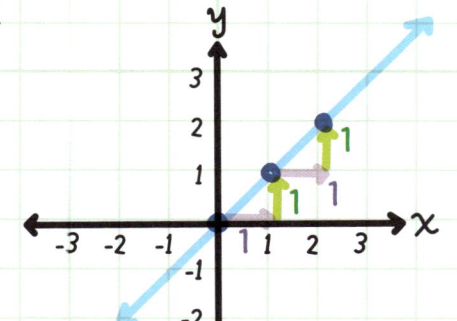

Quando a função linear não está na forma $y = mx + b$, é aconselhável manipulá-la de modo a isolar y no lado esquerdo da equação, como no exemplo a seguir.

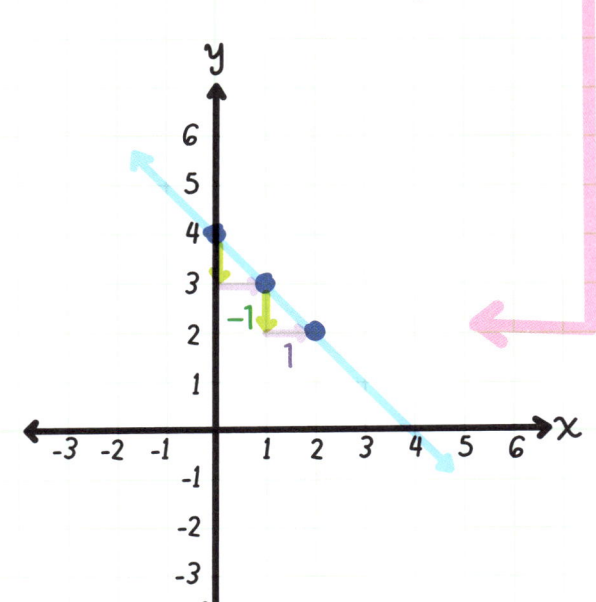

EXEMPLO: Desenhe o gráfico da função linear $y + x = 4$.

$y + x = 4$
$y = 4 - x$
$y = 4 - x$ (Podemos colocar o $-x$ antes do $+4$ para que a função fique na forma $y = mx + b$.)

$y = -x + 4$ (Agora podemos ver que a inclinação é -1 e o ponto de interseção com o eixo y é 4.)

$m = -1$

$b = 4$

449

EXEMPLO: Desenhe o gráfico da função linear $2y - 4x - 2 = 0$.

$2y - 4x - 2 = 0$

$2y - 4x = 0 + 2$

> Pense: de que modo é possível isolar y no lado esquerdo do sinal de igual?

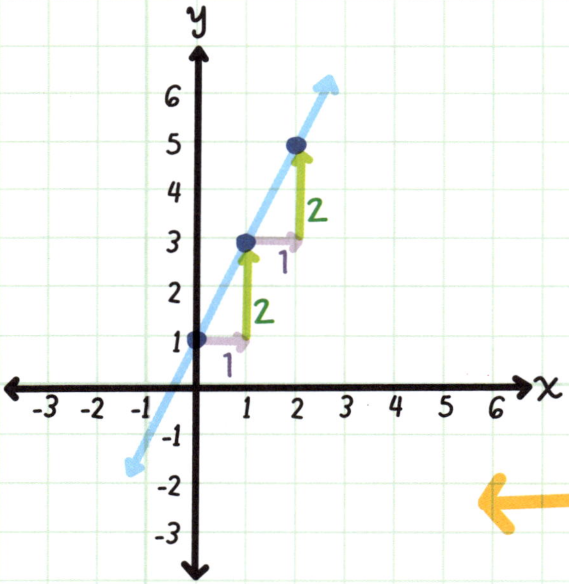

$2y - 4x = 2$

$2y = 2 + 4x$

$2y = 4x + 2$

$y = \dfrac{4x}{2} + \dfrac{2}{2}$

$y = 2x + 1$

$m = \dfrac{2}{1}$

$b = 1$

ATALHO! Quando tiver uma equação da forma "y = (um número)", marque um ponto no eixo y cuja coordenada y seja esse número e trace uma reta horizontal passando pelo ponto.

EXEMPLO: Desenhe o gráfico da função linear $y = 2$.

Todos os pontos desta reta têm uma coordenada y igual a 2: (0,2), (1,2), (2,2) etc.

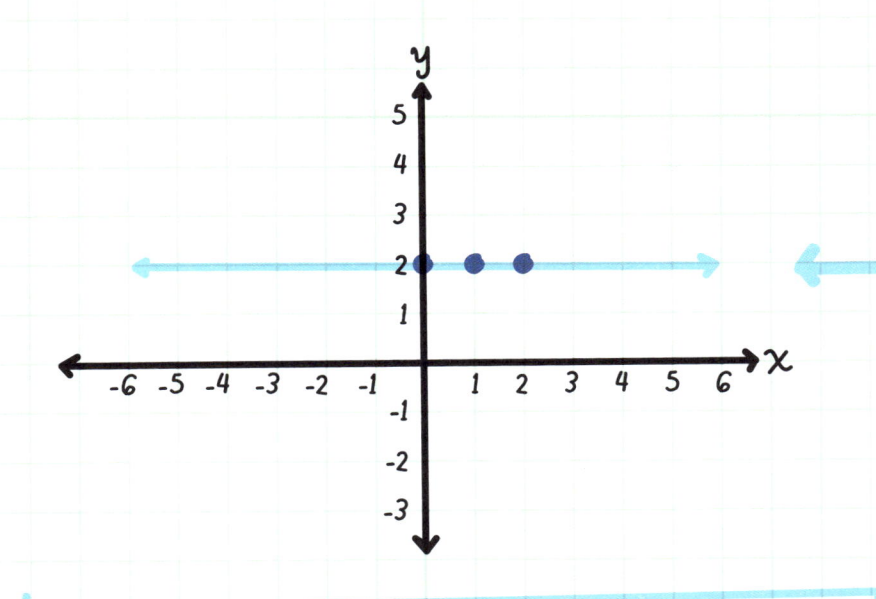

LEMBRE-SE: a inclinação de uma reta horizontal é zero.

451

Do mesmo modo, quando tiver uma equação da forma "**x = (um número)**", marque um ponto no eixo x cuja coordenada x seja esse número e trace uma reta vertical passando pelo ponto.

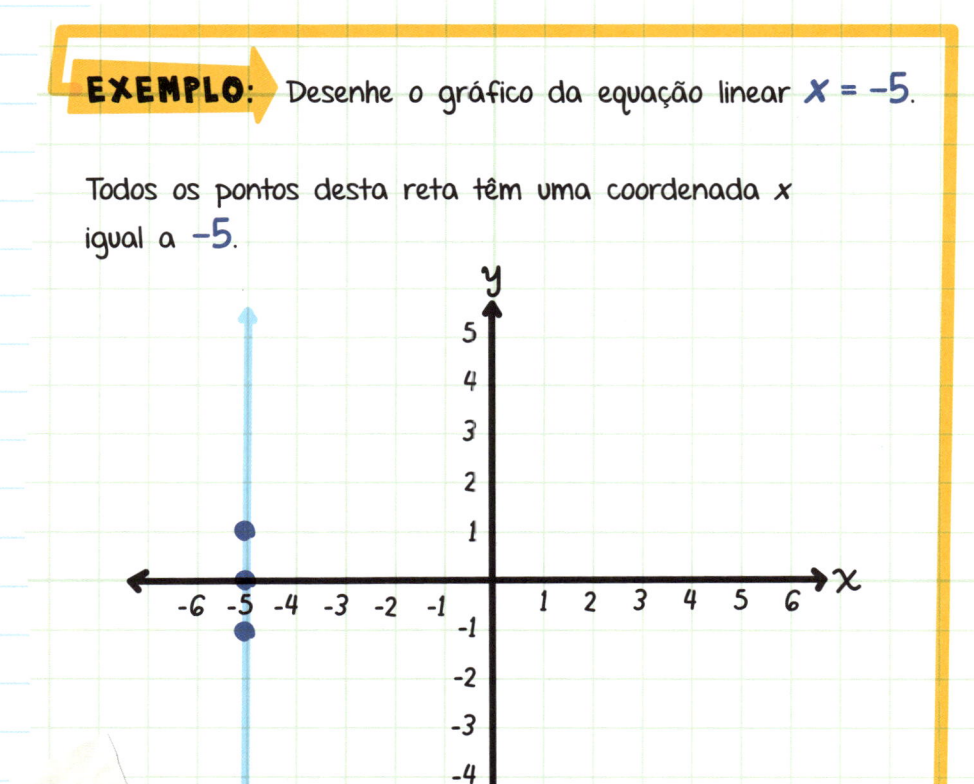

EXEMPLO: Desenhe o gráfico da equação linear **x = −5**.

Todos os pontos desta reta têm uma coordenada x igual a −5.

LEMBRE-SE: a inclinação de uma reta vertical é indefinida e a equação da reta não é uma função.

VERIFIQUE SEUS CONHECIMENTOS

1. Determine a inclinação e o ponto de interseção com o eixo y da reta $y = 2x + 3$.

2. Determine a inclinação e o ponto de interseção com o eixo y da reta $y = -\frac{2}{3}x + 1$.

3. Determine a inclinação e o ponto de interseção com o eixo y da reta $y = \frac{5}{6}x$.

4. Determine a inclinação e o ponto de interseção com o eixo y da reta $y + x = -2$.

5. Desenhe o gráfico da função linear $y = \frac{1}{2}x - 3$.

6. Desenhe o gráfico da função linear $y = -3x + 7$.

7. Desenhe o gráfico da função linear $y + 2x = 0$.

8. Desenhe o gráfico da função linear $3y = 9x - 6$.

9. Desenhe o gráfico da função linear $y = -5$.

10. Desenhe o gráfico da equação linear $x = 6$.

RESPOSTAS

CONFIRA AS RESPOSTAS

1. Inclinação = $\frac{2}{1}$, ponto de interseção com o eixo y = (0,3)

2. Inclinação = $-\frac{2}{3}$, ponto de interseção com o eixo y = (0,1)

3. Inclinação = $\frac{5}{6}$, ponto de interseção com o eixo y = (0,0)

4. Inclinação = $-\frac{1}{1}$, ponto de interseção com o eixo y = (0,-2)

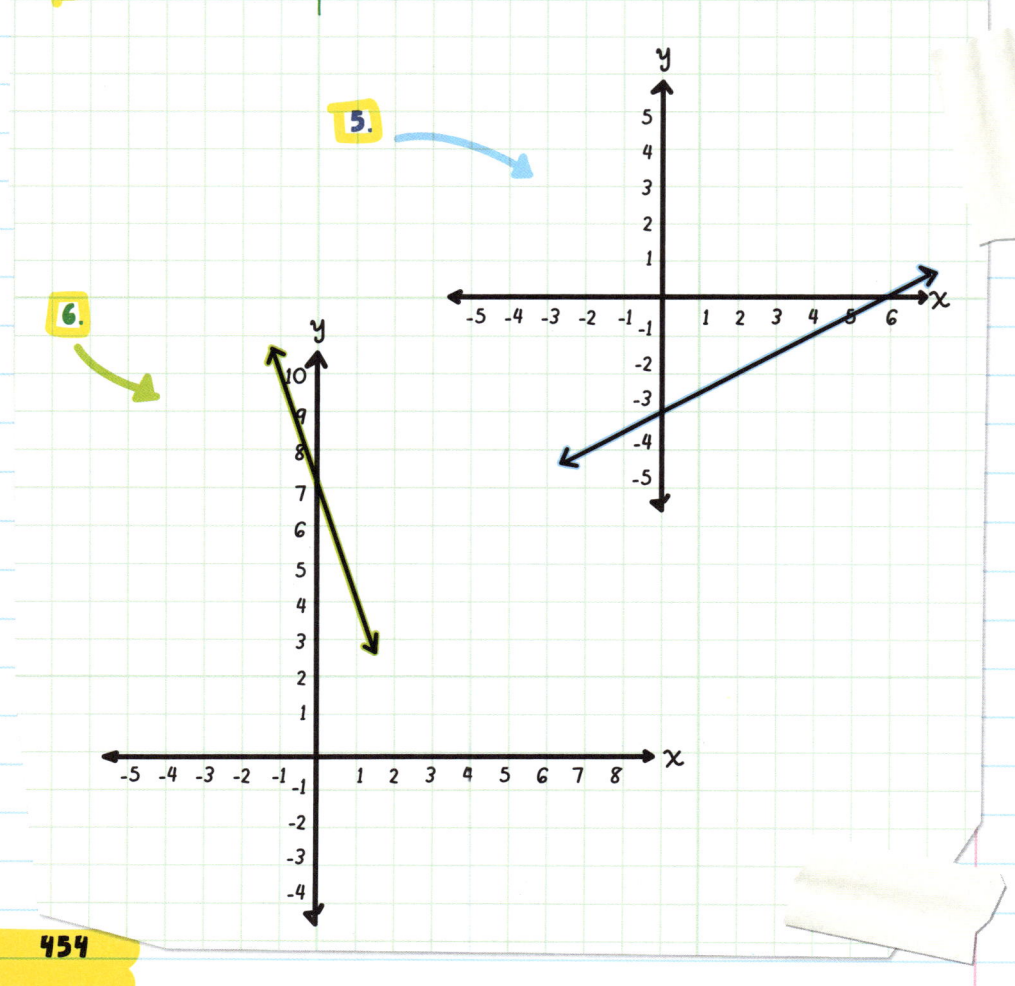

5.

6.

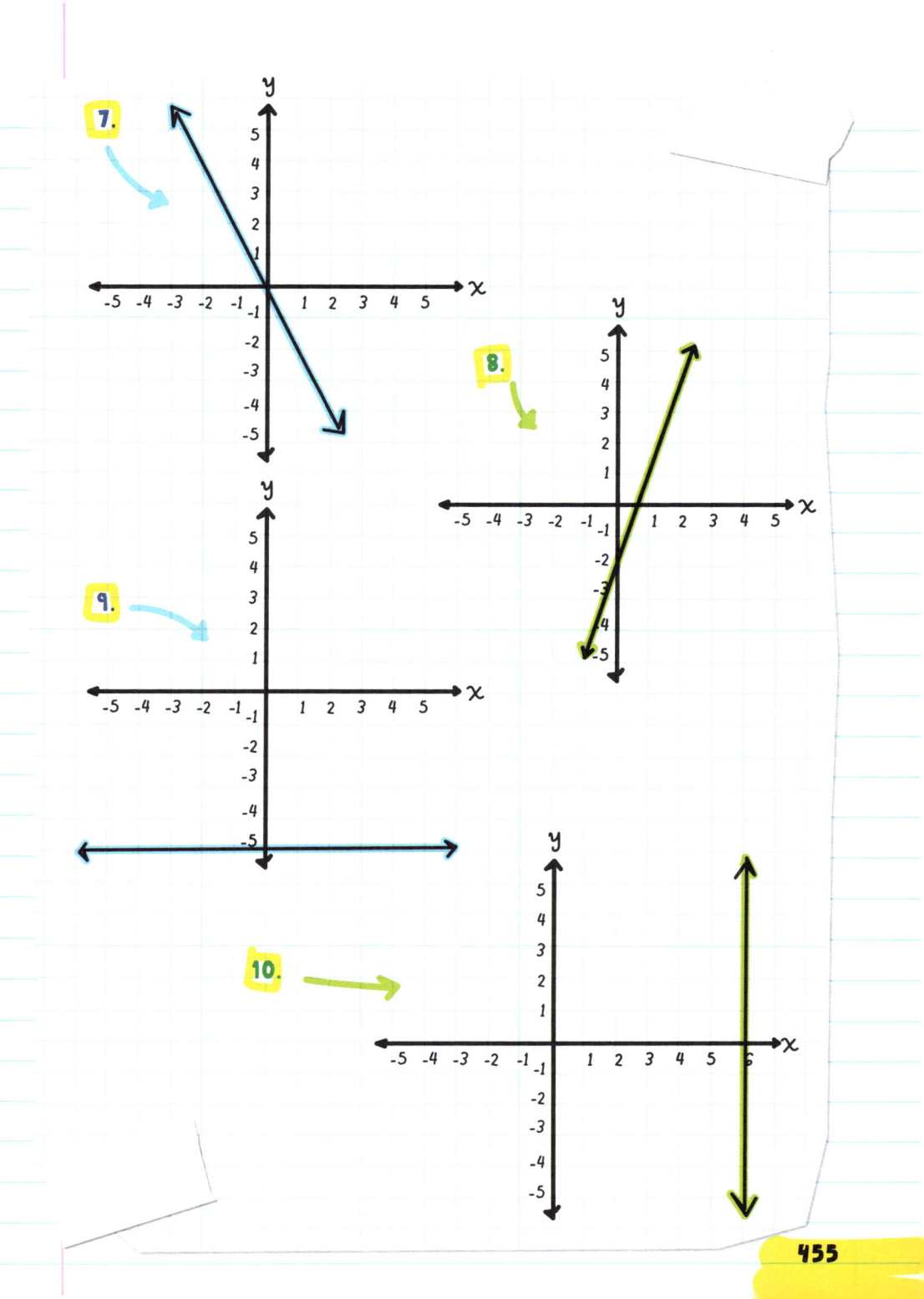

7.

8.

9.

10.

455

Capítulo 59
SISTEMAS DE EQUAÇÕES LINEARES

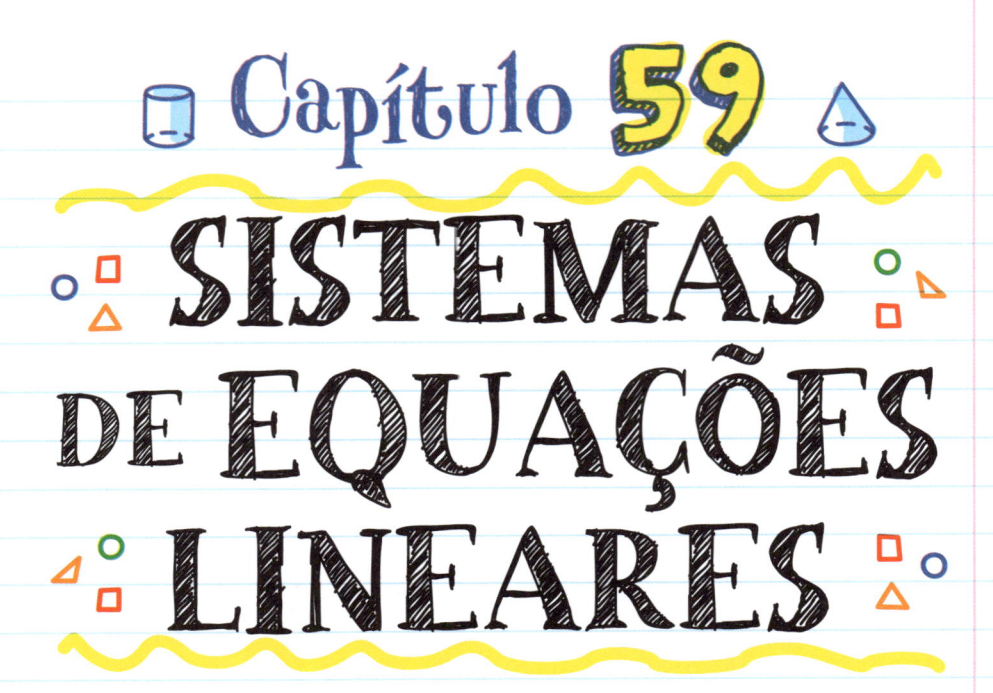

Por que parar em uma linha? Podemos estudar duas equações lineares ao mesmo tempo, como neste exemplo:

$$\begin{cases} ax + by = c \\ dx + ey = f \end{cases}$$

Essas duplas de equações são chamadas de **SISTEMA DE EQUAÇÕES LINEARES**. Como cada equação representa uma reta, podemos perguntar: "Se eu traçar as duas retas, em que ponto elas irão se interceptar?" O processo usado para calcular a resposta é chamado de **SOLUÇÃO DE UM SISTEMA DE EQUAÇÕES LINEARES**.

Existem três formas de resolver um sistema de equações lineares.

MÉTODO GRÁFICO

Podemos resolver um sistema de equações lineares desenhando as retas que as equações representam e observando o ponto em que elas se cruzam.

EXEMPLO: Faça o gráfico do sistema de equações abaixo para determinar a solução.

$$\begin{cases} x + y = 5 \\ 2x - y = 4 \end{cases}$$

Primeiro, escreva as equações na forma $y = mx + b$ para facilitar o traçado das retas.

Podemos transformar a primeira equação de $x + y = 5$ para $y = -x + 5$ e transformar a segunda equação de $2x - y = 4$ para $y = 2x - 4$.

Em seguida, traçamos as retas a partir do ponto de interseção com o eixo y e da inclinação de cada uma.

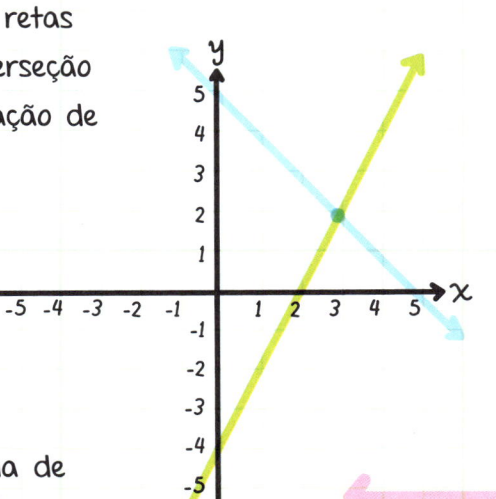

Observando o gráfico, podemos perceber que as duas linhas se cruzam no ponto $(3,2)$.

Logo, a solução do sistema de equações é $x = 3$, $y = 2$.

EXEMPLO: Faça o gráfico do sistema de equações abaixo para determinar a solução.

$$\begin{cases} 2x + y = -2 \\ 2x + y = 3 \end{cases}$$

Para facilitar o traçado das retas, transformamos a primeira equação de $2x + y = -2$ para $y = -2x - 2$ e transformamos a segunda equação de $2x + y = 3$ para $y = -2x + 3$.

Em seguida, traçamos as retas.

Como não existem pontos de interseção, esse sistema de equações lineares **NÃO TEM SOLUÇÃO**.

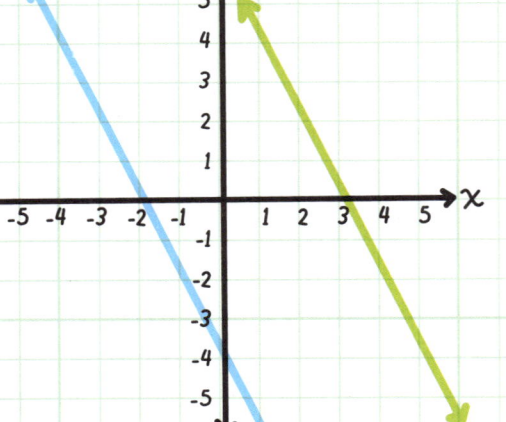

Como pode **NÃO HAVER SOLUÇÃO**? Vamos observar as duas equações lineares originais. A primeira é $2x + y = -2$ e a segunda é $2x + y = 3$. Em outras palavras, as equações nos dizem que a expressão $2x + y$ deve ser igual a -2 e TAMBÉM a 3. É claro que isso não faz sentido, porque nenhuma combinação de valores de x e y pode ser igual a dois números diferentes! É por isso que não existe solução para esse sistema de equações.

EXEMPLO: Faça o gráfico do sistema de equações abaixo para determinar a solução.

$$\begin{cases} 4x - 2y = 6 \\ 2x - y = 3 \end{cases}$$

Podemos transformar a primeira equação de $4x - 2y = 6$ para $y = 2x - 3$ e a segunda de $2x - y = 3$ para $y = 2x - 3$.

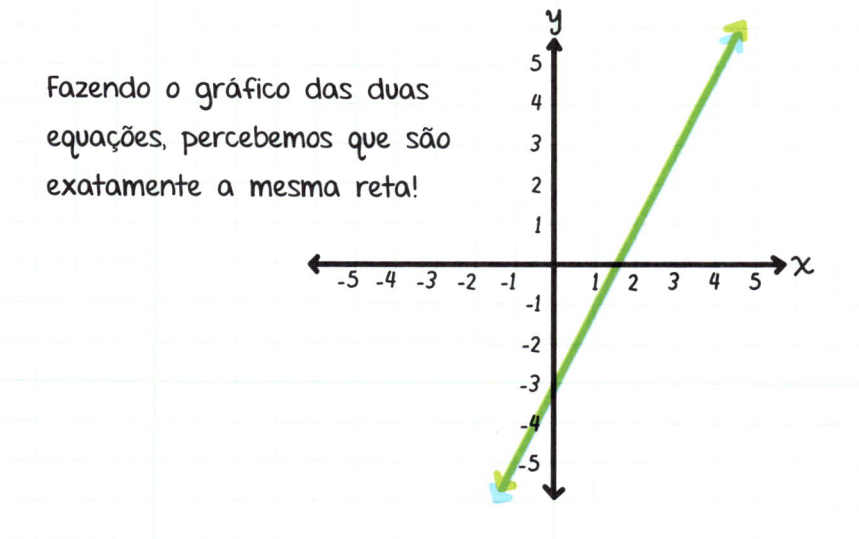

Fazendo o gráfico das duas equações, percebemos que são exatamente a mesma reta!

Neste caso, podemos ver que as duas retas coincidem em todos os pontos, de modo que o sistema de equações tem um **NÚMERO INFINITO DE SOLUÇÕES**.

MÉTODO de SUBSTITUIÇÃO

Também podemos usar a álgebra para resolver um sistema de equações lineares. Uma das formas de fazer isso é o chamado **MÉTODO DE SUBSTITUIÇÃO**. Nele, determinamos a solução isolando uma das variáveis em uma das equações e *substituindo essa variável* na outra equação pelo seu valor.

EXEMPLO: Resolva o sistema de equações abaixo usando o método de substituição.

$$\begin{cases} 4x + y = 7 \quad ① \\ 3x + 2y = 9 \quad ② \end{cases}$$

Primeiro, numeramos as equações.

Em seguida, escrevemos a equação ① na forma $y = -4x + 7$

e substituímos y
na equação ② pelo seu valor: $3x + 2(-4x + 7) = 9$

Agora, podemos calcular o valor de x:
$$3x - 8x + 14 = 9$$
$$-5x = -5$$
$$x = 1$$

Fazendo $x = 1$ na equação $y = -4x + 7$, descobrimos que $y = 3$, de modo que a solução é $(1, 3)$.

> A solução pode ser apresentada como um par ordenado. Você pode substituir os valores de x e de y nas duas equações originais para confirmar que a resposta está certa.

EXEMPLO: Resolva o sistema de equações abaixo usando o método de substituição.

$$\begin{cases} -2x + 6y = 1 \quad ① \\ x - 4y = 2 \quad ② \end{cases}$$

Podemos escrever a equação ② na forma $x = 4y + 2$

e substituir x
na equação ① pelo seu valor: $-2(4y + 2) + 6y = 1$

Agora, podemos calcular o valor de y:
$-8y - 4 + 6y = 1$
$-2y = 5$
$y = -\frac{5}{2}$

Fazendo $y = -\frac{5}{2}$ na equação $x = 4y + 2$, descobrimos que $x = -8$, de modo que a solução é $\left(-8, -\frac{5}{2}\right)$.

MÉTODO de ADIÇÃO

O terceiro modo de resolver sistemas de equações é usar o **MÉTODO DE ADIÇÃO**. O objetivo desse método é eliminar a variável x ou a variável y somando duas equações.

Primeiro, multiplicamos todos os termos de uma das equações por uma constante que faça com que um dos termos se iguale a um dos termos da outra equação, mas com o sinal oposto. Em seguida, somamos as duas equações, para eliminar uma variável e, finalmente, resolvemos a equação resultante para obter o valor da outra variável.

EXEMPLO: Resolva o sistema de equações abaixo usando o método de adição.

$$\begin{cases} 4x - y = -7 \quad ① \\ -3x + 2y = 9 \quad ② \end{cases}$$

Primeiro, numere as equações.

Depois, multiplique por 2 todos os termos da equação ① e chame a nova equação de ①'.

$$8x - 2y = -14 \quad ①'$$

MULTIPLICAMOS POR 2 PORQUE, DESSA FORMA, $-2y$ DE ①' E $2y$ DE ② SE CANCELAM NO PASSO SEGUINTE.

Em seguida, somamos a equação ①' e a equação ②:

$$\begin{cases} 8x - 2y = -14 \quad ①' \\ -3x + 2y = 9 \quad ② \end{cases}$$

$$8x + (-3x) + (-2y) + 2y = -14 + 9$$
$$5x = -5$$
$$x = -1$$

OU FAÇA A SUBSTITUIÇÃO NAS TRÊS EQUAÇÕES PARA CONFIRMAR A RESPOSTA.

Fazendo $x = -1$ em ①, ② ou ①', descobrimos que $y = 3$ e, portanto, a solução é $(-1, 3)$.

Em alguns casos, pode ser necessário multiplicar os termos das duas equações para eliminar uma das variáveis. Para isso, é preciso calcular o mínimo múltiplo comum dos coeficientes de x ou de y nas duas equações e multiplicar cada termo das equações pelo fator apropriado para eliminar uma das variáveis.

EXEMPLO: Resolva o sistema de equações abaixo usando o método de adição.

$$\begin{cases} 2x + 5y = 3 \quad ① \\ 3x + 4y = 1 \quad ② \end{cases}$$

O MMC de $2x$ e $3x$ é $6x$. Portanto, multiplique a equação ① por 3 e chame o resultado de equação ①':

$$6x + 15y = 9 \quad ①'$$

Depois, multiplique a equação ② por -2 e chame o resultado de equação ②':

$$-6x - 8y = -2 \quad ②'$$

Finalmente, some a equação ①' e a equação ②':

$$6x + 15y = 9 \quad ①'$$
$$-6x - 8y = -2 \quad ②'$$
$$6x + (-6x) + 15y + (-8y) = 9 + (-2)$$
$$\begin{cases} 7y = 7 \\ y = 1 \end{cases}$$

Fazendo $y = 1$ em ①, ②, ①' ou ②', descobrimos que $x = -1$.
Portanto, a solução é $(-1, 1)$.

VERIFIQUE SEUS CONHECIMENTOS

1. Resolva o sistema de equações usando o método gráfico.

$$\begin{cases} x+y=3 \\ 2x+y=7 \end{cases}$$

2. Resolva o sistema de equações usando o método gráfico.

$$\begin{cases} -x+y=4 \\ x+y=2 \end{cases}$$

3. Resolva o sistema de equações usando o método gráfico.

$$\begin{cases} x+2y=0 \\ x-y=6 \end{cases}$$

4. Resolva o sistema de equações usando o método gráfico.

$$\begin{cases} -4x+3y=6 \\ 2x-4y=2 \end{cases}$$

5. Resolva o sistema de equações usando o método de adição ou o método de substituição.

$$\begin{cases} x-y=9 \\ x+y=7 \end{cases}$$

6. Resolva o sistema de equações usando o método de adição ou o método de substituição.

$$\begin{cases} x+y=10 \\ 2x-y=-4 \end{cases}$$

7. Resolva o sistema de equações usando o método de adição ou o método de substituição.

$$\begin{cases} 3x-2y=10 \\ 2x+3y=11 \end{cases}$$

8. Resolva o sistema de equações usando o método de adição ou o método de substituição.

$$\begin{cases} 5x-3y=9 \\ -x+y=-2 \end{cases}$$

CONFIRA AS RESPOSTAS

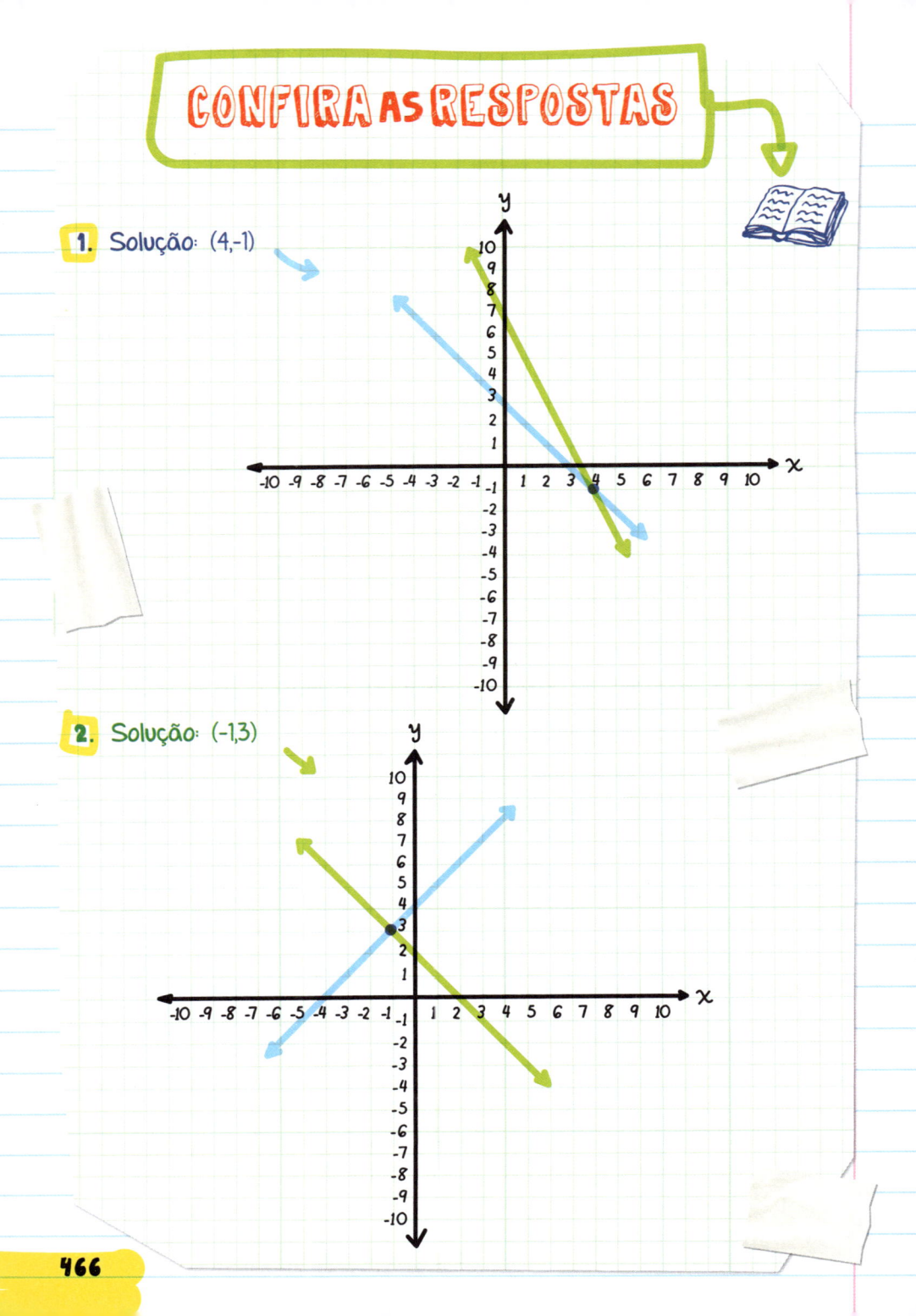

1. Solução: (4,-1)

2. Solução: (-1,3)

466

3. Solução: (4,-2)

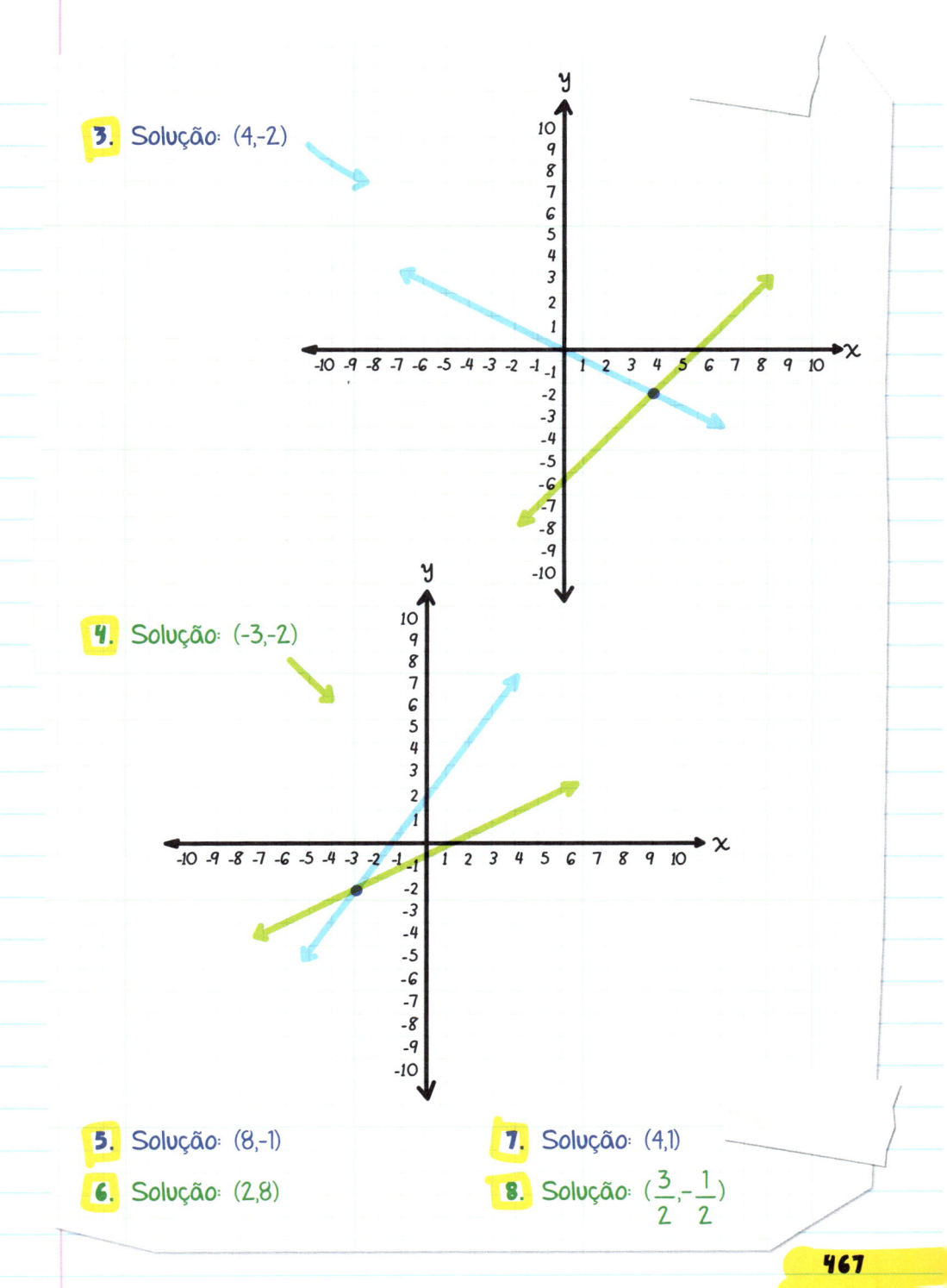

4. Solução: (-3,-2)

5. Solução: (8,-1)

6. Solução: (2,8)

7. Solução: (4,1)

8. Solução: $(\frac{3}{2}, -\frac{1}{2})$

467

Capítulo 60
FUNÇÕES NÃO LINEARES

As **FUNÇÕES NÃO LINEARES** NÃO SÃO representadas graficamente por linhas retas nem expressas por equações da forma $y = mx + b$. Um exemplo de função não linear é a **FUNÇÃO QUADRÁTICA**.

Nas funções quadráticas, a variável de entrada (x) aparece elevada ao quadrado, da seguinte forma: x^2. O resultado é uma **PARÁBOLA**, ou seja, uma curva em forma de U.

EXEMPLO: Crie uma tabela de entradas e saídas e faça o gráfico da função $y = x^2$.

ENTRADA (x)	FUNÇÃO: $y = x^2$	SAÍDA (y)	COORDENADAS (x,y)
−3	$y=(-3)^2$	9	(−3, 9)
−2	$y=(-2)^2$	4	(−2, 4)
−1	$y=(-1)^2$	1	(−1, 1)
0	$y=(0)^2$	0	(0, 0)
1	$y=(1)^2$	1	(1, 1)
2	$y=(2)^2$	4	(2, 4)
3	$y=(3)^2$	9	(3, 9)

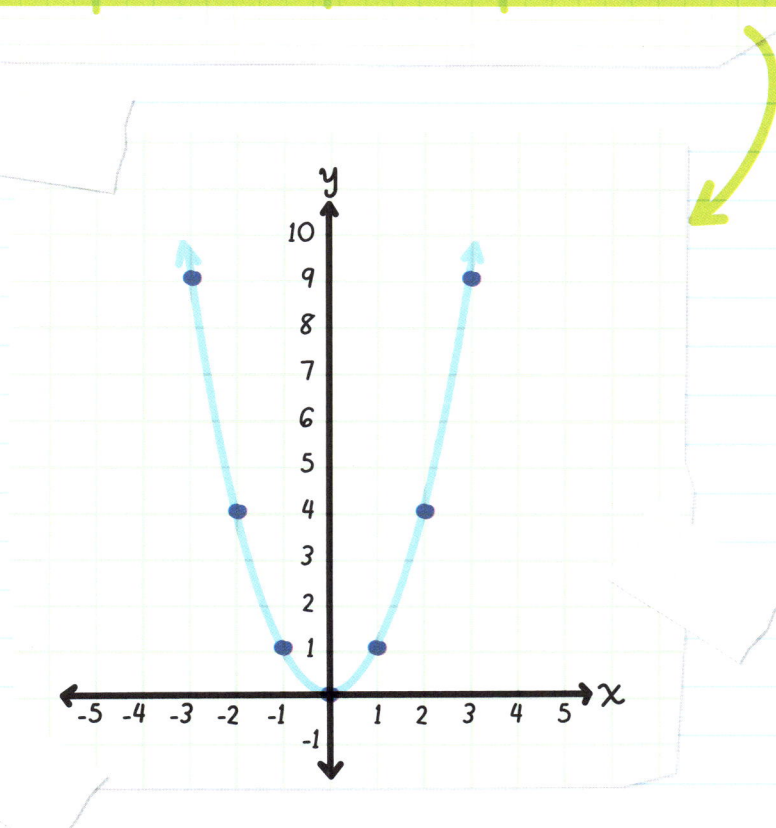

EXEMPLO: Crie uma tabela de entradas e saídas e faça o gráfico da função $y = -2x^2 + 1$.

ENTRADA (x)	FUNÇÃO: $y = -2x^2 + 1$	SAÍDA (y)	COORDENADAS (x, y)
−2	$y = -2(-2)^2 + 1$ $y = -2(4) + 1$ $y = -8 + 1$ $y = -7$	−7	(−2, −7)
−1	$y = -2(-1)^2 + 1$ $y = -2(1) + 1$ $y = -2 + 1$ $y = -1$	−1	(−1, −1)
0	$y = -2(0)^2 + 1$ $y = -2(0) + 1$ $y = 0 + 1$ $y = 1$	1	(0, 1)
1	$y = -2(1)^2 + 1$ $y = -2(1) + 1$ $y = -2 + 1$ $y = -1$	−1	(1, −1)
2	$y = -2(2)^2 + 1$ $y = -2(4) + 1$ $y = -8 + 1$ $y = -7$	−7	(2, −7)

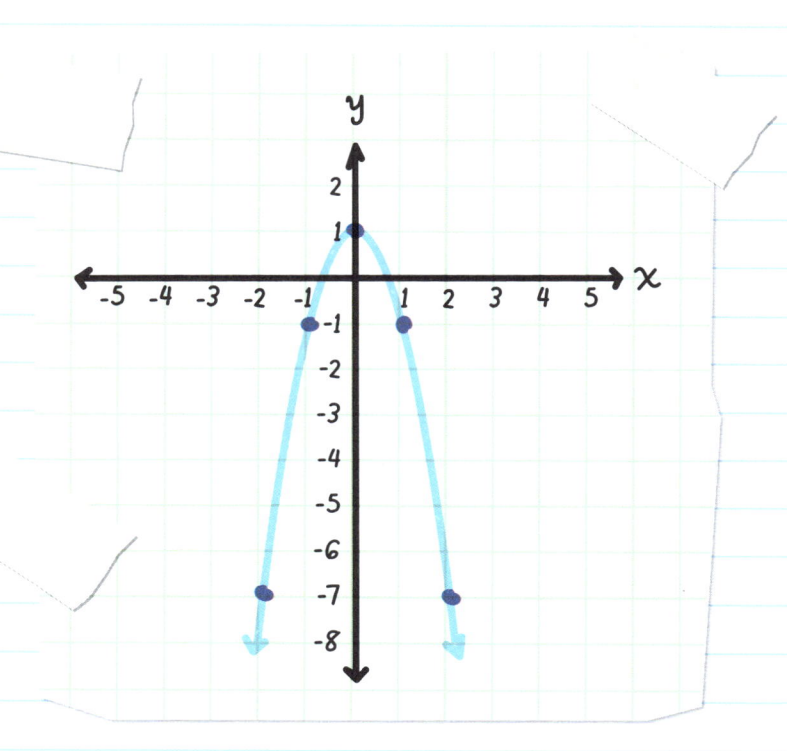

No primeiro exemplo,
$(y = x^2)$,
como o coeficiente de x (que é 1) é positivo, a concavidade da parábola está voltada para cima.

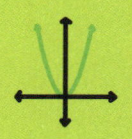

No segundo exemplo,
$(y = -2x^2 + 1)$,
como o coeficiente de x (que é −2) é negativo, a concavidade da parábola está voltada para baixo.

Essa relação é verdadeira para todos os gráficos de funções quadráticas.

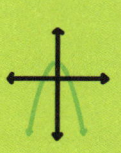

Outro exemplo de função não linear é a **FUNÇÃO VALOR ABSOLUTO**. O gráfico das funções valor absoluto tem forma de V.

EXEMPLO: Crie uma tabela de entradas e saídas e faça o gráfico da função $y = |x|$.

ENTRADA (x)	FUNÇÃO: $y = |x|$	SAÍDA (y)	COORDENADAS (x,y)
-2	$y = |-2|$	2	(-2, 2)
-1	$y = |-1|$	1	(-1, 1)
0	$y = |0|$	0	(0, 0)
1	$y = |1|$	1	(1, 1)
2	$y = |2|$	2	(2, 2)

472

EXEMPLO: Crie uma tabela de entradas e saídas e faça o gráfico da função $y = -|x| + 1$.

ENTRADA (x)	FUNÇÃO: $y=-\|x\|+1$	SAÍDA (y)	COORDENADAS (x,y)
−2	$y=-\|-2\|+1$ $y=-2+1$ $y=-1$	−1	(−2, −1)
−1	$y=-\|-1\|+1$ $y=-1+1$ $y=0$	0	(−1, 0)
0	$y=-\|0\|+1$ $y=0+1$ $y=1$	1	(0, 1)
1	$y=-\|1\|+1$ $y=-1+1$ $y=0$	0	(1, 0)
2	$y=-\|2\|+1$ $y=-2+1$ $y=-1$	−1	(2, −1)

VERIFIQUE SEUS CONHECIMENTOS

1. Complete a tabela de entradas e saídas e faça o gráfico da função $y = x^2 + 1$.

ENTRADA (x)	FUNÇÃO: $y = x^2 + 1$	SAÍDA (y)	COORDENADAS (x,y)
−2			
−1			
0			
1			
2			

2. Complete a tabela de entradas e saídas e faça o gráfico da função $y = -2x^2$.

ENTRADA (x)	FUNÇÃO: $y = -2x^2$	SAÍDA (y)	COORDENADAS (x,y)
−2			
−1			
0			
1			
2			

3. Complete a tabela de entradas e saídas e faça o gráfico da função $y = |x| + 2$.

ENTRADA (x)	FUNÇÃO: $y = |x| + 2$	SAÍDA (y)	COORDENADAS (x, y)
3			
–1			
0			
2			
4			

4. Complete a tabela de entradas e saídas e faça o gráfico da função $y = -|x| - 1$.

ENTRADA (x)	FUNÇÃO: $y = -|x| - 1$	SAÍDA (y)	COORDENADAS (x, y)
–5			
–3			
0			
2			
5			

RESPOSTAS

CONFIRA AS RESPOSTAS

1.

ENTRADA (x)	FUNÇÃO: $y = x^2 + 1$	SAÍDA (y)	COORDENADAS (x, y)
−2	$y = (-2)^2 + 1$ $y = 4 + 1$ $y = 5$	5	(−2, 5)
−1	$y = (-1)^2 + 1$ $y = 1 + 1$ $y = 2$	2	(−1, 2)
0	$y = (0)^2 + 1$ $y = 0 + 1$ $y = 1$	1	(0, 1)
1	$y = (1)^2 + 1$ $y = 1 + 1$ $y = 2$	2	(1, 2)
2	$y = (2)^2 + 1$ $y = 4 + 1$ $y = 5$	5	(2, 5)

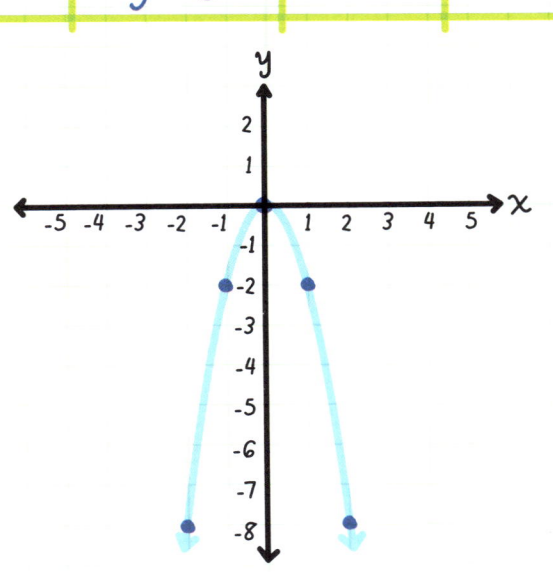

2.

ENTRADA (x)	FUNÇÃO: $y=-2x^2$	SAÍDA (y)	COORDENADAS (x,y)
-2	$y=-2(-2)^2$ $y=-2(4)$ $y=-8$	-8	(-2,-8)
-1	$y=-2(-1)^2$ $y=-2(1)$ $y=-2$	-2	(-1,-2)
0	$y=-2(0)^2$ $y=-2(0)$ $y=0$	0	(0,0)
1	$y=-2(1)^2$ $y=-2(1)$ $y=-2$	-2	(1,-2)
2	$y=-2(2)^2$ $y=-2(4)$ $y=-8$	-8	(2,-8)

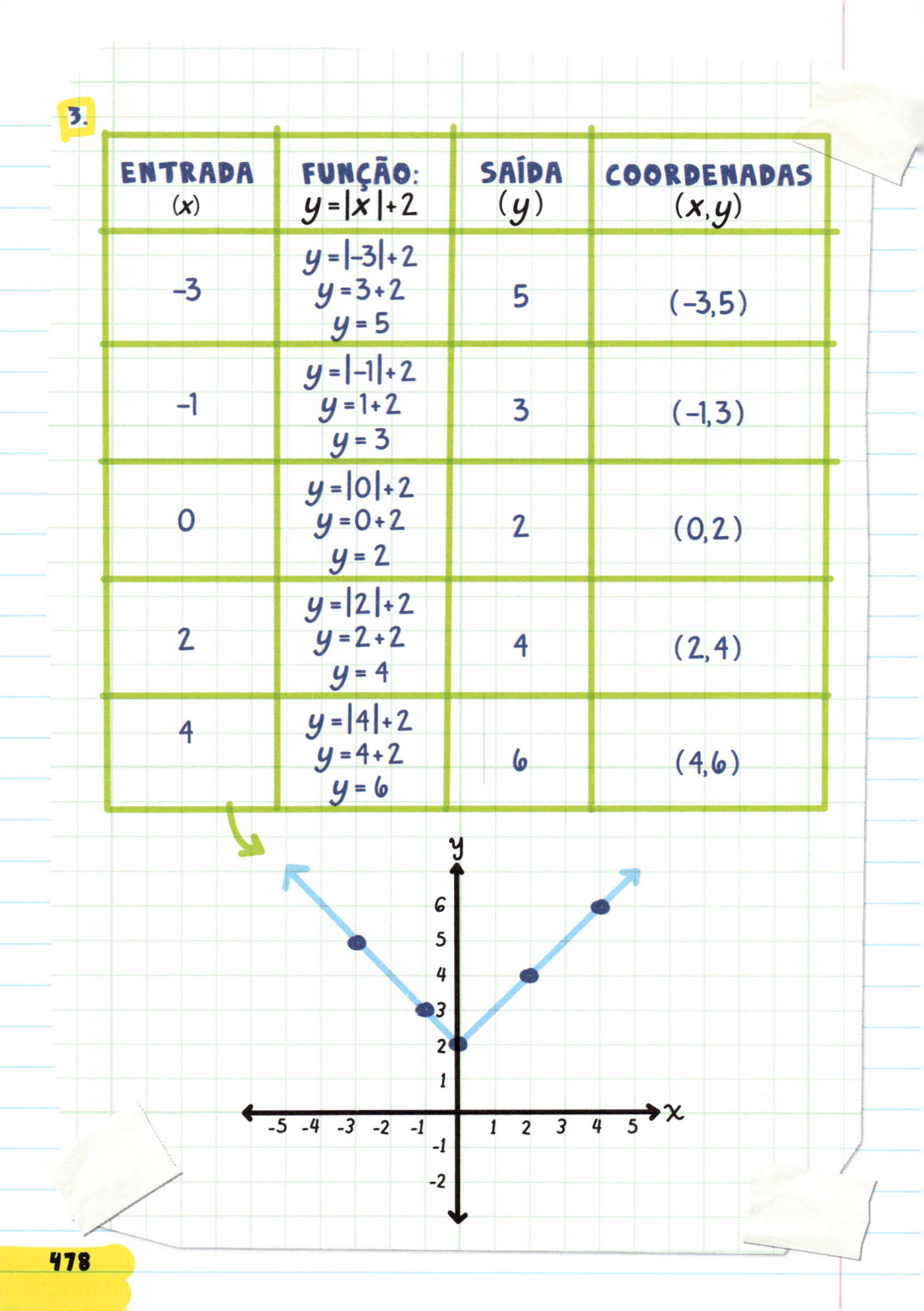

3.

ENTRADA (x)	FUNÇÃO: $y=|x|+2$	SAÍDA (y)	COORDENADAS (x,y)
-3	$y=|-3|+2$ $y=3+2$ $y=5$	5	(-3,5)
-1	$y=|-1|+2$ $y=1+2$ $y=3$	3	(-1,3)
0	$y=|0|+2$ $y=0+2$ $y=2$	2	(0,2)
2	$y=|2|+2$ $y=2+2$ $y=4$	4	(2,4)
4	$y=|4|+2$ $y=4+2$ $y=6$	6	(4,6)

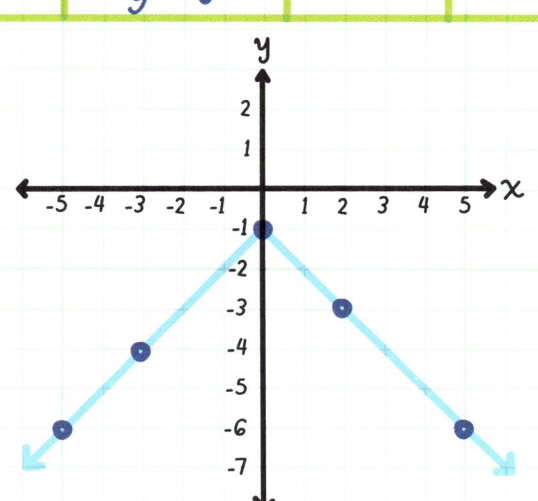

4.

ENTRADA (x)	FUNÇÃO: $y=-\|x\|-1$	SAÍDA (y)	COORDENADAS (x,y)
−5	$y=-\|-5\|-1$ $y=-(5)-1$ $y=-6$	−6	(−5,−6)
−3	$y=-\|-3\|-1$ $y=-(3)-1$ $y=-4$	−4	(−3,−4)
0	$y=-\|0\|-1$ $y=-(0)-1$ $y=-1$	−1	(0,−1)
2	$y=-\|2\|-1$ $y=-(2)-1$ $y=-3$	−3	(2,−3)
5	$y=-\|5\|-1$ $y=-(5)-1$ $y=-6$	−6	(5,−6)

Capítulo 61
POLÍGONOS E O PLANO CARTESIANO

Além de representar pontos, retas e curvas, também podemos usar o plano cartesiano para desenhar polígonos. Para isso, basta representar os pontos e ligá-los com retas.

> **EXEMPLO:**
> Marque os pontos (2,−3), (4,−3), (4,1) e (2,1) no plano cartesiano e identifique a figura formada.

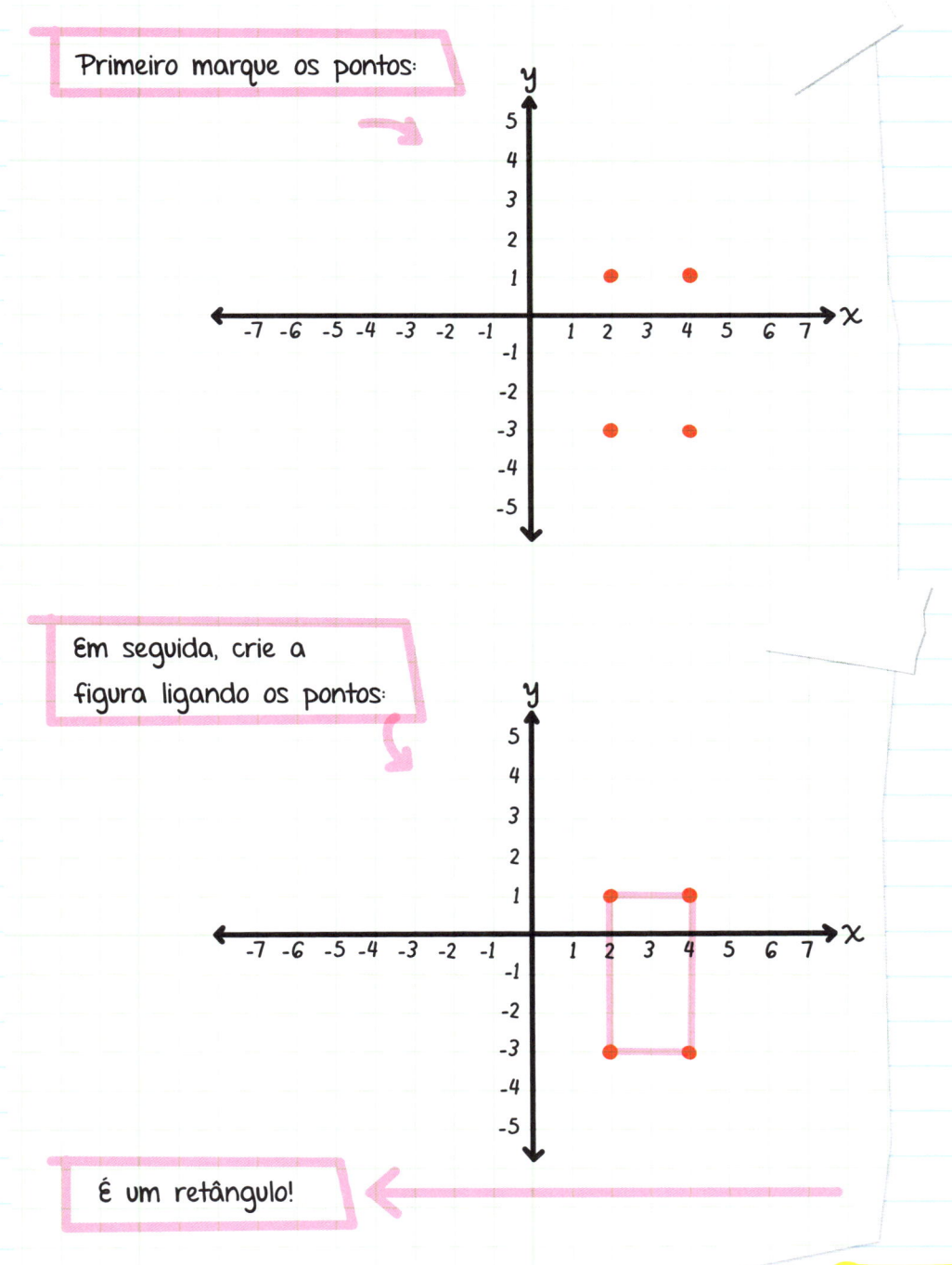

Primeiro marque os pontos:

Em seguida, crie a figura ligando os pontos:

É um retângulo!

EXEMPLO: Marque os pontos $(-2,3)$, $(2,3)$, $(0,-3)$, $(4,0)$ e $(-4,0)$ no plano cartesiano e identifique a figura formada pelos pontos.

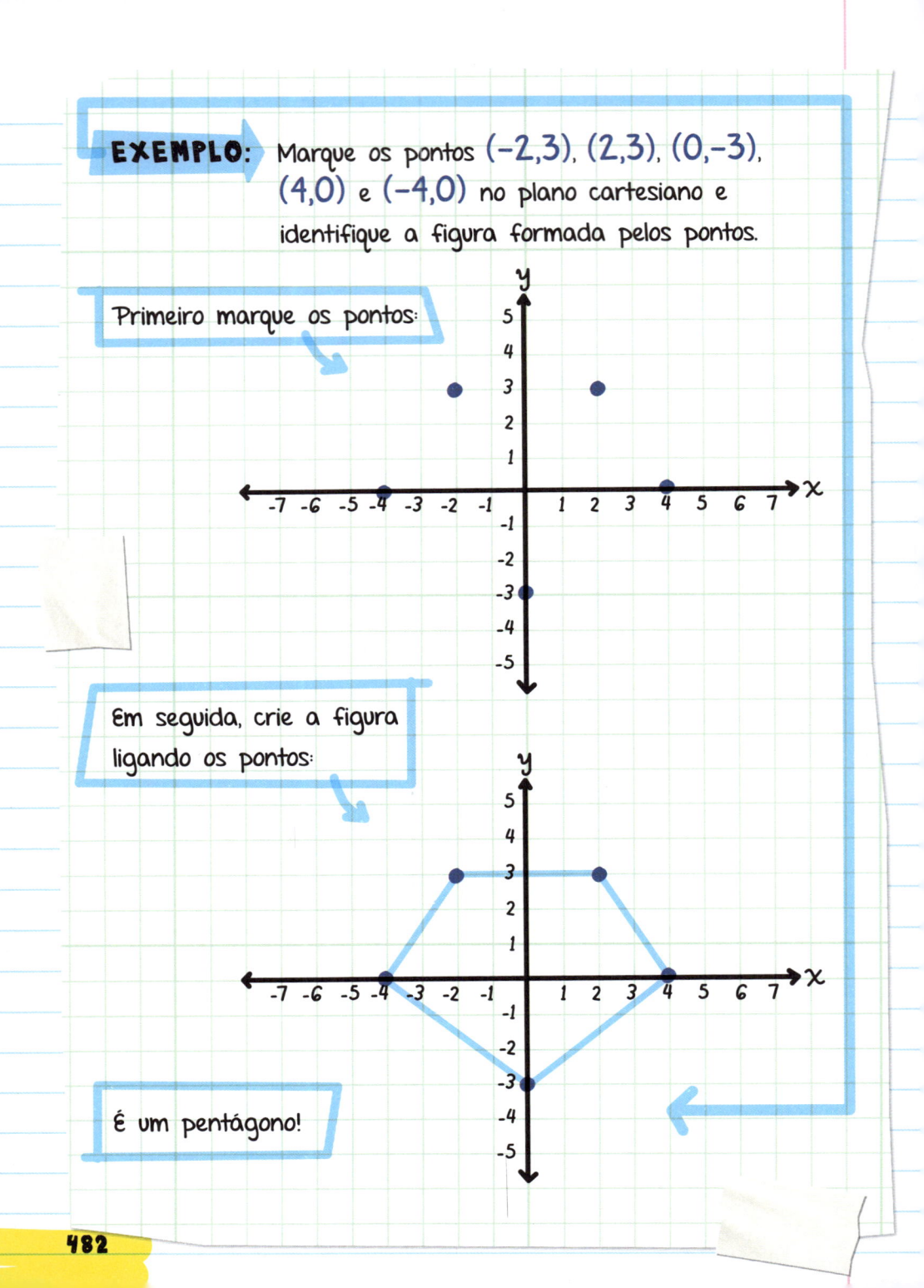

Primeiro marque os pontos:

Em seguida, crie a figura ligando os pontos:

É um pentágono!

NÃO SE ESQUEÇA: Se os pontos que definem um dos lados de um polígono têm a mesma coordenada x ou y, o comprimento do lado é igual à diferença entre os valores da outra coordenada. Isso ajuda a resolver problemas que envolvem polígonos regulares.

EXEMPLO: Um quadrado é desenhado em um plano cartesiano. Três dos vértices são **A** $(1,-3)$, **B** $(5,-3)$ e **C** $(1,1)$. Quais são as coordenadas do ponto **D**, o 4º vértice?

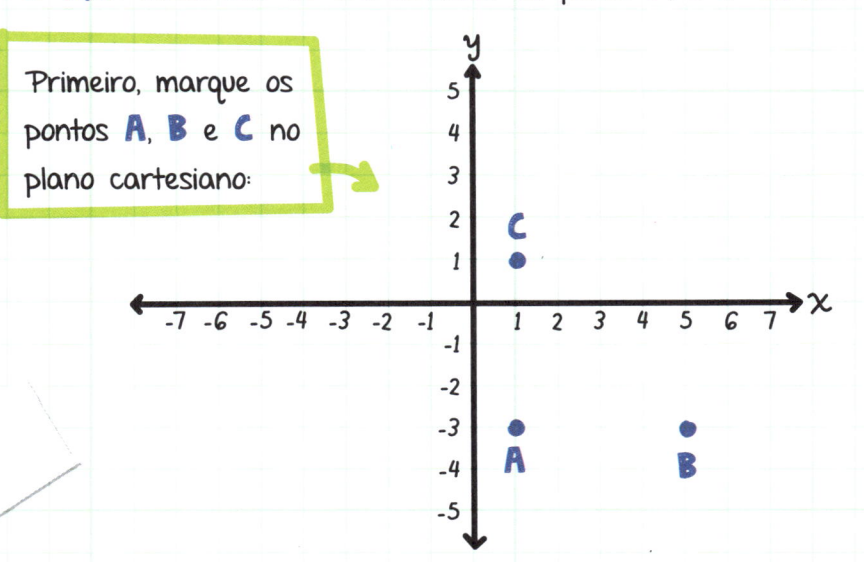

Primeiro, marque os pontos **A**, **B** e **C** no plano cartesiano:

Como sabemos que um quadrado tem quatro lados iguais, basta determinar o comprimento de um lado.

Como os pontos **A** e **B** têm a mesma coordenada y, podemos calcular a distância entre eles determinando a diferença entre as coordenadas x, que é $5 - 1 = 4$.

Portanto, a distância entre os pontos **C** e **D** é também igual a **4** unidades, assim como a distância entre os pontos **B** e o **D**.

Logo, as coordenadas do ponto **D** são **(5,1)**.

VERIFIQUE SEUS CONHECIMENTOS

1. Marque os pontos (1,-3), (5,2) e (7,-2) e identifique a figura formada pelos pontos.

2. Marque os pontos (-3,1), (1,2), (-2,-3) e (2,-2) e identifique a figura formada pelos pontos.

3. Marque os pontos (-1,2), (2,-1), (1,4) e (4,1) e identifique a figura formada pelos pontos.

4. Marque os pontos (1,0), (1,4), (3,2), (3,4), (-1,2) e (-1,0) e identifique a figura formada pelos pontos.

5. Um quadrado é desenhado em um plano cartesiano. Três dos vértices estão em **A** (-5,4), **B** (2,4) e **C** (2,-3). Quais são as coordenadas do ponto **D**, o 4º vértice?

6. Um retângulo é desenhado em um plano cartesiano. Três dos vértices estão em **A** (1,3), **B** (3,-2) e **C** (3,3). Quais são as coordenadas do ponto **D**, o 4º vértice?

7. Um quadrado é desenhado em um plano cartesiano. Três dos vértices estão em **A** (2,4), **B** (-2,4) e **C** (2,0). Quais são as coordenadas do ponto **D**, o 4º vértice?

8. Um retângulo é desenhado em um plano cartesiano. Três dos vértices estão em **A** (-5,-2), **B** (-5,3) e **C** (6,3). Quais são as coordenadas do ponto **D**, o 4º vértice?

RESPOSTAS 485

CONFIRA AS RESPOSTAS

1. A figura é um triângulo.

2. A figura é um quadrado.

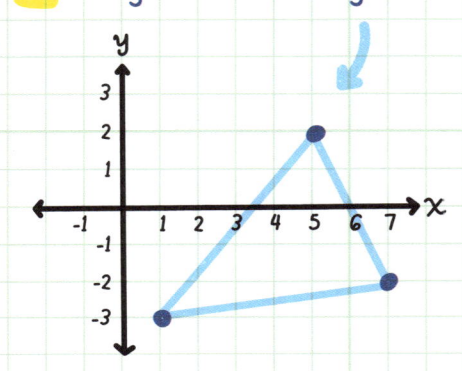

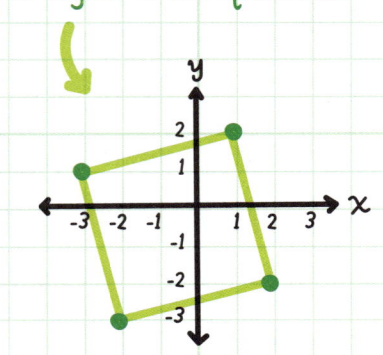

3. A figura é um retângulo.

4. A figura é um hexágono.

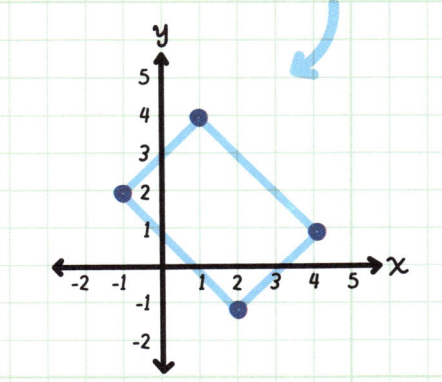

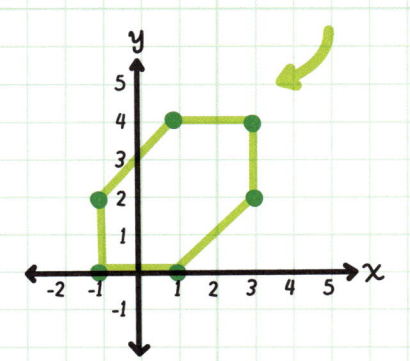

5. (−5, −3)

6. (1, −2)

7. (−2, 0)

8. (6, −2)

Capítulo 62

TRANSFORMAÇÕES

Além de usar o plano cartesiano para marcar pontos e traçar figuras, também podemos usá-lo para modificar figuras. Uma **TRANSFORMAÇÃO** é uma mudança de posição ou de tamanho de uma figura.

Quando transformamos uma figura, criamos uma nova a partir da original.

TRANSLAÇÕES

Um tipo simples de transformação é a **TRANSLAÇÃO**, que desloca todos os pontos da figura na mesma distância e no mesmo sentido. Isso significa que a orientação e o tamanho da figura continuam os mesmos, ou seja, a figura original e a nova são congruentes. A nova figura é chamada de **IMAGEM** e os novos vértices recebem as mesmas letras, mas com um símbolo de **LINHA** (').

EXEMPLO:

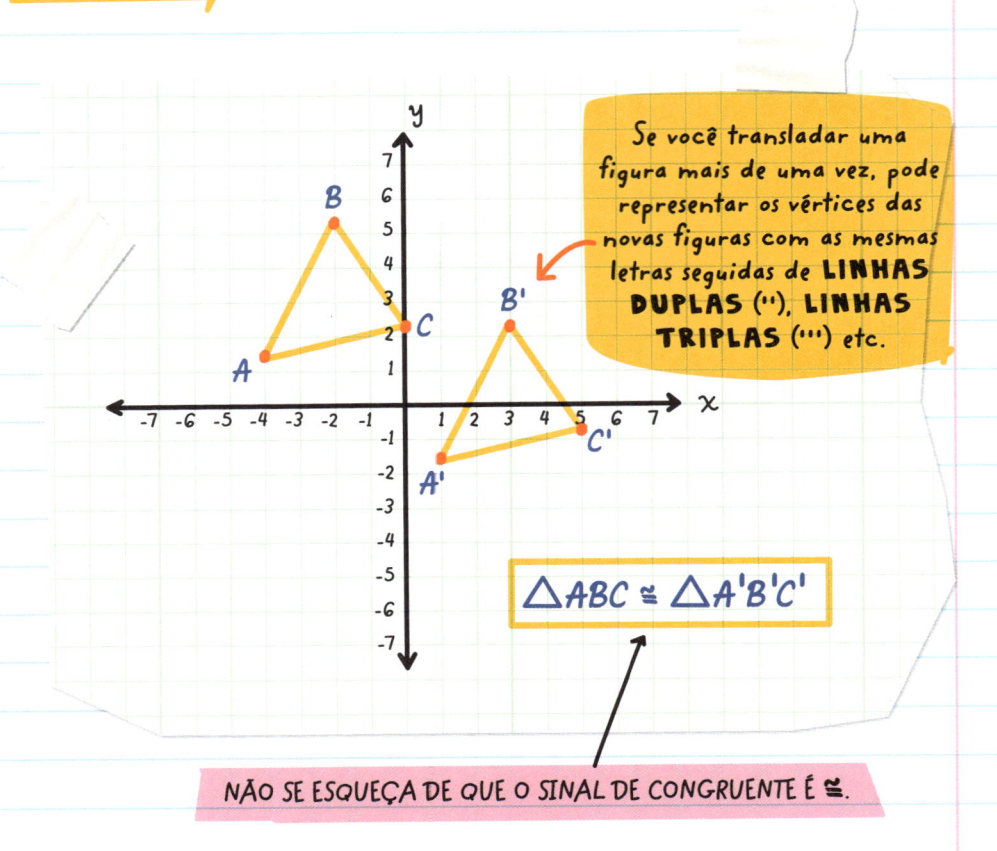

> Se você transladar uma figura mais de uma vez, pode representar os vértices das novas figuras com as mesmas letras seguidas de **LINHAS DUPLAS** (''), **LINHAS TRIPLAS** (''') etc.

$$\triangle ABC \cong \triangle A'B'C'$$

NÃO SE ESQUEÇA DE QUE O SINAL DE CONGRUENTE É $\cong$.

Os triângulos acima são congruentes e, portanto, têm lados correspondentes de mesmo comprimento e ângulos correspondentes iguais. A única coisa que muda é a posição dos triângulos no plano cartesiano.

Para fazer uma translação, desloque todos os pontos de acordo com as informações recebidas.

EXEMPLO: Dado o $\triangle ABC$, submeta-o à seguinte translação: $(x+4, y+3)$.

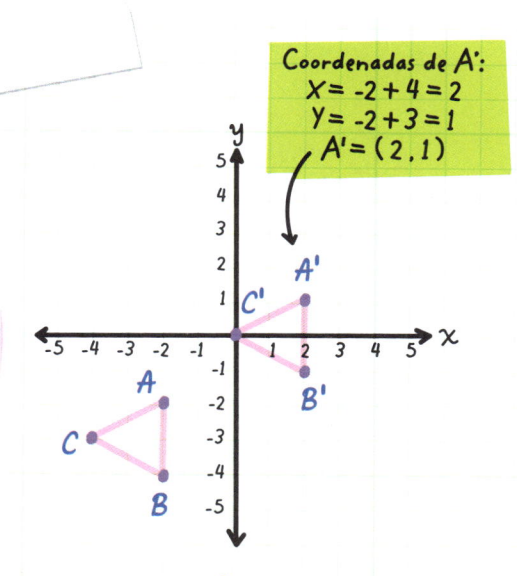

Coordenadas de A':
$x = -2 + 4 = 2$
$y = -2 + 3 = 1$
$A' = (2, 1)$

Primeiro, escreva as coordenadas originais.

Em seguida, calcule cada ponto transladado somando 4 unidades à coordenada x $(x+4)$ e somando 3 unidades à coordenada y $(y+3)$.

ORIGINAL	IMAGEM
A (-2, -2)	A' (2, 1)
B (-2, -4)	B' (2, -1)
C (-4, -3)	C' (0, 0)

Finalmente, desenhe a imagem e chame os vértices de A', B' e C'.

> Em uma translação simples como essa, você pode apenas deslocar cada ponto contando as unidades no plano cartesiano. Se a translação for mais complexa, dá para calcular separadamente as coordenadas, marcar os novos pontos e depois ligá-los por retas.

EXEMPLO: Dado o polígono *LMNO*, submeta-o à seguinte translação: $(x - 3, y + 6)$.

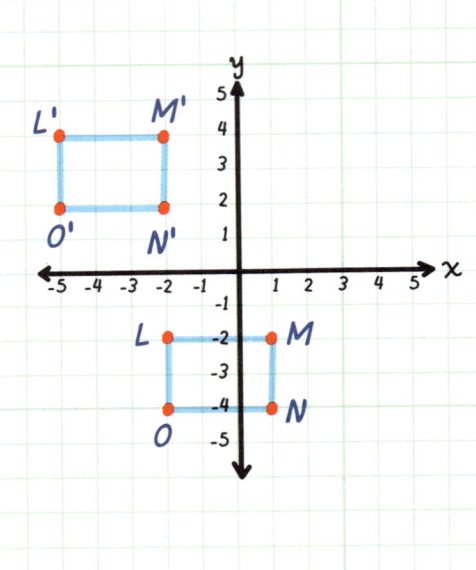

Primeiro, escreva as coordenadas originais.

Em seguida, calcule cada ponto transladado subtraindo 3 unidades da coordenada *x* $(x - 3)$ e somando 6 unidades à coordenada *y* $(y + 6)$.

Por fim, desenhe a imagem e chame os vértices de *L'*, *M'*, *N'* e *O'*.

ORIGINAL	IMAGEM
L (−2,−2)	L' (−5,4)
M (1,−2)	M' (−2,4)
N (1,−4)	N' (−2,2)
O (−2,−4)	O' (−5,2)

REFLEXÃO

Transformação que gira uma figura em torno de uma **RETA DE SIMETRIA**. Se você dobrar o papel na reta de simetria, haverá uma superposição exata entre o original e a imagem.

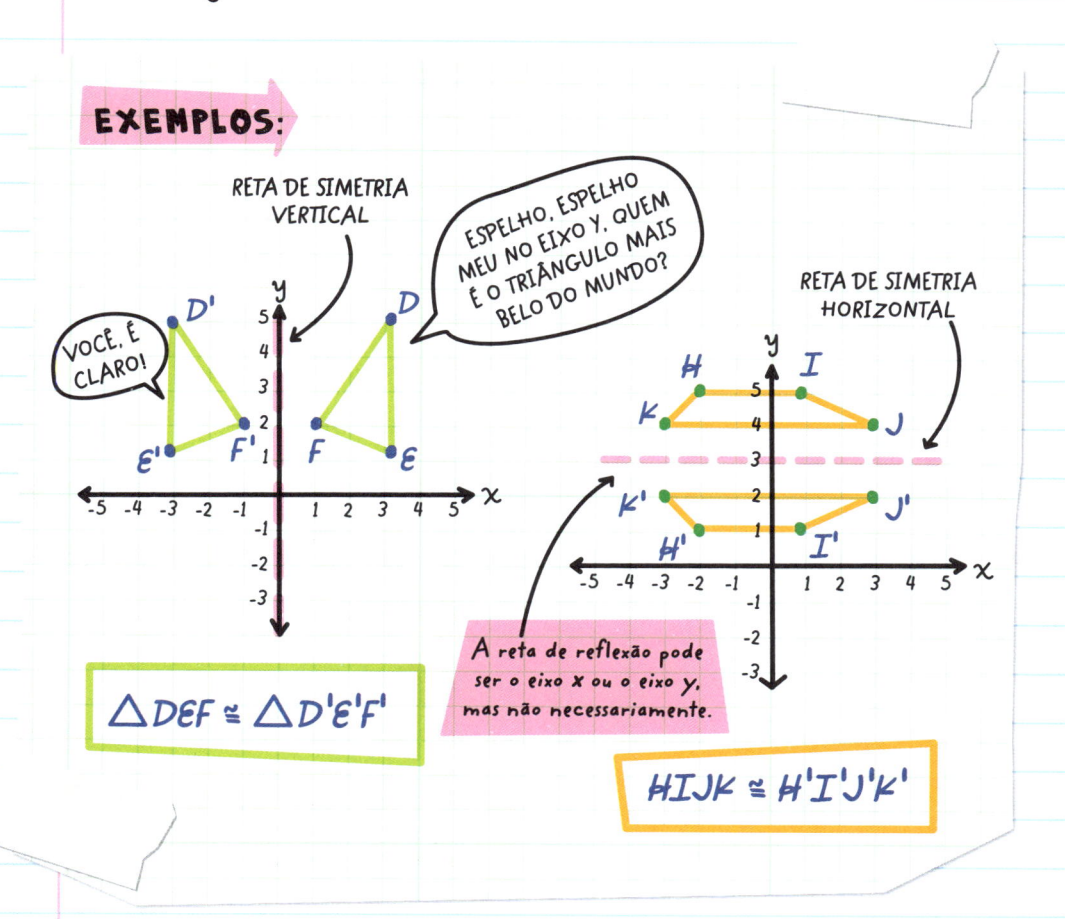

EXEMPLOS:

RETA DE SIMETRIA VERTICAL

ESPELHO, ESPELHO MEU NO EIXO Y, QUEM É O TRIÂNGULO MAIS BELO DO MUNDO?

VOCÊ, É CLARO!

RETA DE SIMETRIA HORIZONTAL

A reta de reflexão pode ser o eixo x ou o eixo y, mas não necessariamente.

$\triangle DEF \cong \triangle D'E'F'$

$HIJK \cong H'I'J'K'$

Nas duas reflexões acima, a figura original e sua imagem são congruentes. Como elas estão à mesma distância da reta de simetria, podemos dizer que também são **EQUIDISTANTES** da reta de simetria.

Para fazer uma reflexão, desloque cada ponto de acordo com o critério dado.

EXEMPLO: Dado o $\triangle EFG$, submeta a figura a uma reflexão no eixo x.

> É mais fácil trabalhar ponto a ponto que movimentar a figura inteira de uma só vez.

> 4 UNIDADES DE DISTÂNCIA DA RETA DE SIMETRIA.

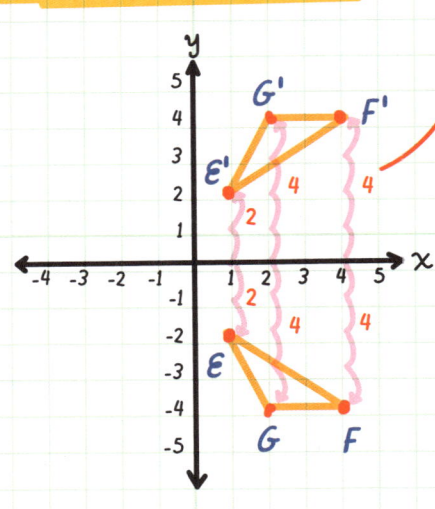

Em primeiro lugar, conte quantas unidades cada ponto está afastado da reta de simetria (neste caso, o eixo x) e marque o ponto refletido à mesma distância, do outro lado da reta.

Em seguida, desenhe a imagem e chame os vértices de E', F' e G'.

ORIGINAL	IMAGEM
$E\,(1,-2)$	$E'\,(1,2)$
$F\,(4,-4)$	$F'\,(4,4)$
$G\,(2,-4)$	$G'\,(2,4)$

> **ATALHO:** quando uma figura é refletida no eixo x, a coordenada x dos vértices não muda e a coordenada y apenas troca de sinal.

EXEMPLO: Dado o polígono *HIJK*, submeta a figura a uma reflexão no eixo y.

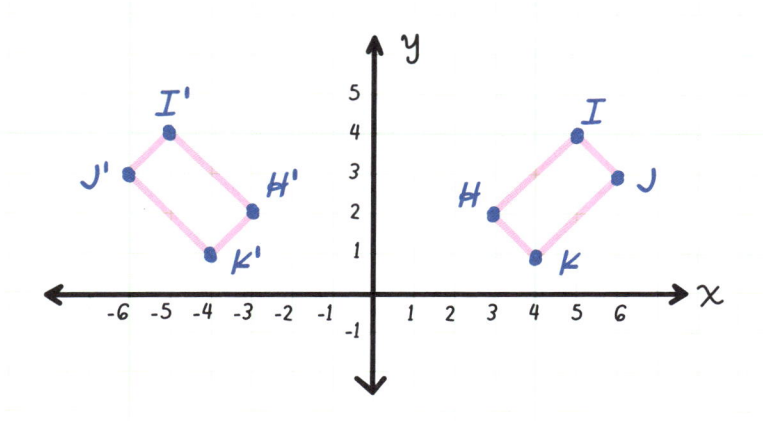

Em primeiro lugar, conte de quantas unidades cada ponto está afastado da reta de simetria (neste caso, o eixo y) e marque o ponto refletido à mesma distância, do outro lado da reta.

Em seguida, desenhe a imagem e chame os vértices de H', I', J' e K'.

ORIGINAL	IMAGEM
H (3,2)	H' (-3,2)
I (5,4)	I' (-5,4)
J (6,3)	J' (-6,3)
K (4,1)	K' (-4,1)

ATALHO: quando uma figura é refletida no eixo y, a coordenada y dos vértices não muda e a coordenada x apenas troca de sinal.

AMPLIAÇÃO / REDUÇÃO

Transformação que aumenta ou diminui o tamanho de uma figura multiplicando ou dividindo as dimensões da figura por um **FATOR DE ESCALA**. Quando uma figura é ampliada ou reduzida, existe um **CENTRO**, que é o ponto fixo do plano de coordenadas a partir do qual a figura se expande ou se contrai.

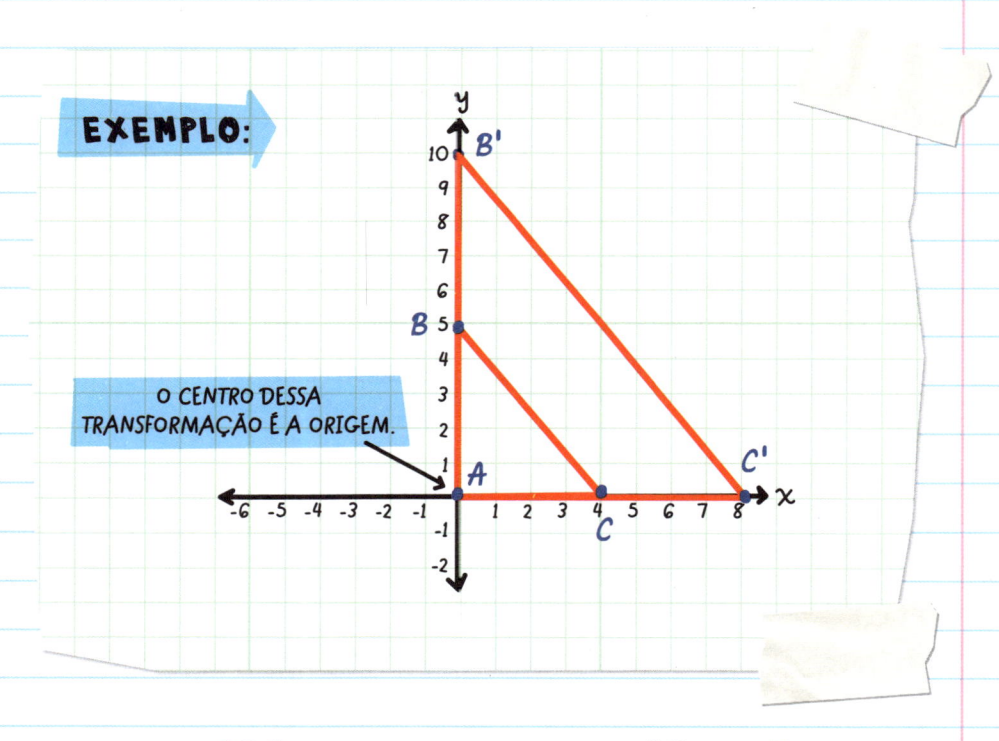

EXEMPLO:

O CENTRO DESSA TRANSFORMAÇÃO É A ORIGEM.

No triângulo ABC da figura acima, o lado AB tem 5 unidades de comprimento e o lado AC tem 4 unidades de comprimento. Se ABC for aumentado por um fator de escala de 2 para fazer $AB'C'$, o lado AB' terá 10 unidades de comprimento e o lado AC' terá 8 unidades de comprimento.

Os lados do triângulo *AB'C'* são duas vezes maiores que os lados do triângulo *ABC*. Os dois triângulos são semelhantes porque os ângulos correspondentes são congruentes e os lados são proporcionais.

> Quanto você amplia uma figura, o fator de escala é sempre maior que 1.
>
> Pela mesma lógica, quando reduz uma figura, o fator de escala é sempre menor que 1.
>
> Geralmente, quando uma ampliação ou redução é feita em um plano cartesiano, o centro dessa transformação é a origem (0,0). Como isso acontece, basta multiplicar as coordenadas da figura original pelo fator de escala dado, **k**:
>
> $$(x, y) \rightarrow (xk, yk)$$
>
> Em seguida, desenhe a nova figura.

ISSO QUER DIZER QUE O OBJETO REDUZIDO É, LITERALMENTE, UMA FRAÇÃO DO TAMANHO ORIGINAL.

EXEMPLO:

> AO AMPLIAR UMA FIGURA, LEMBRE-SE DE COMO A SOMBRA DE UM OBJETO AUMENTA OU DIMINUI À MEDIDA QUE VOCÊ AFASTA OU APROXIMA A LUZ DO OBJETO.

Dado o polígono *EFGH*, submeta-o a uma ampliação com o centro na origem e um fator de escala igual a 3.

ORIGINAL	FATOR DE ESCALA	IMAGEM
E (1,3)	· 3	E' (3,9)
F (3,3)	· 3	F' (9,9)
G (3,1)	· 3	G' (9,3)
H (2,1)	· 3	H' (6,3)

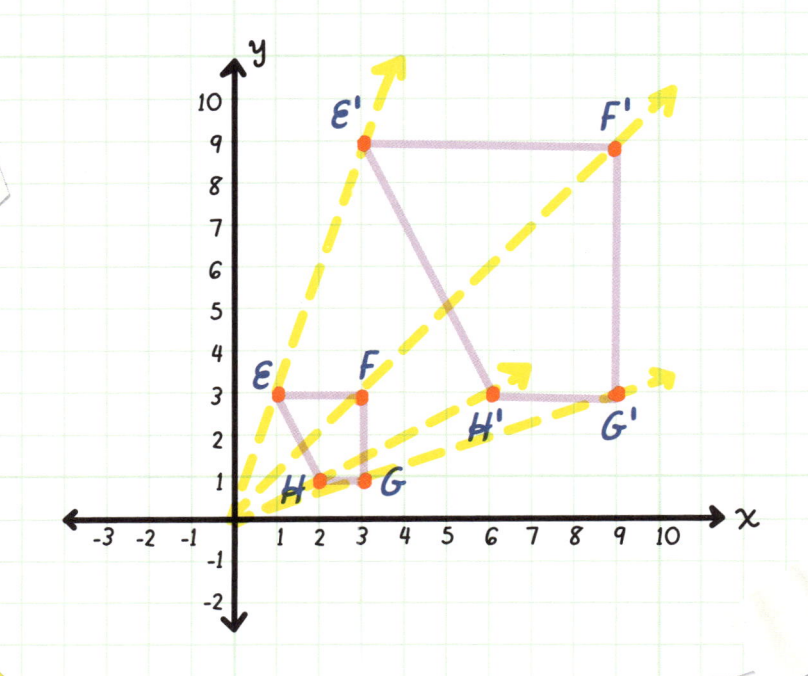

VERIFICAÇÃO

Você pode verificar se a solução está correta ligando os pontos correspondentes do polígono (E e E', por exemplo) e prolongando as retas na direção da origem. Se todas as retas convergirem para a origem, é porque está tudo certo.

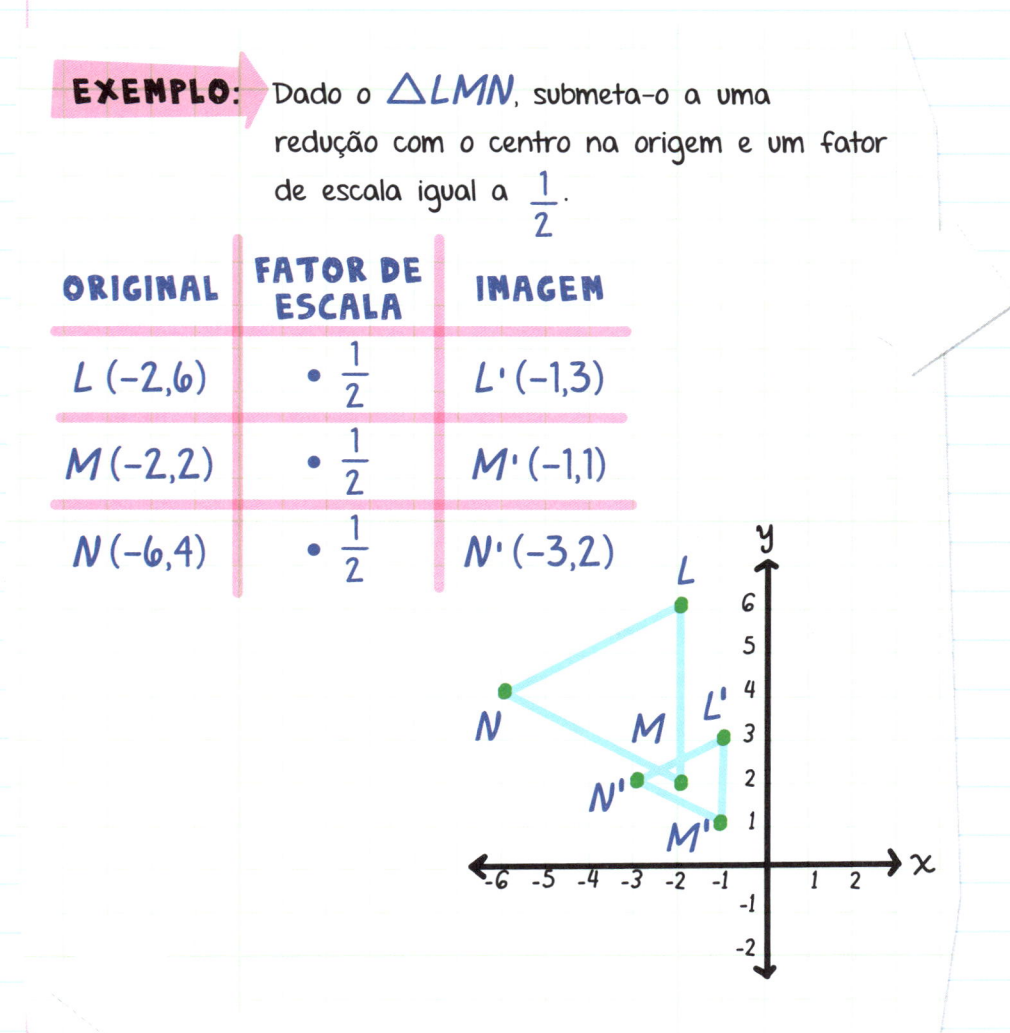

EXEMPLO: Dado o △LMN, submeta-o a uma redução com o centro na origem e um fator de escala igual a $\frac{1}{2}$.

ORIGINAL	FATOR DE ESCALA	IMAGEM
L (−2,6)	• $\frac{1}{2}$	L' (−1,3)
M (−2,2)	• $\frac{1}{2}$	M' (−1,1)
N (−6,4)	• $\frac{1}{2}$	N' (−3,2)

ROTAÇÃO

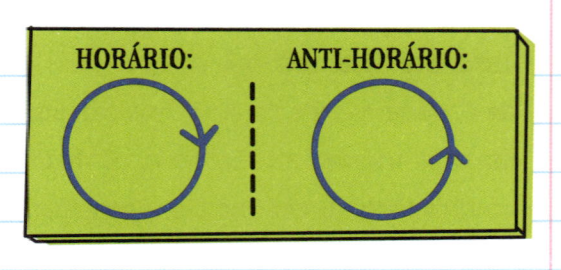

Transformação que faz uma figura girar em torno de um ponto fixo chamado **CENTRO DE ROTAÇÃO**. O número de graus que a figura gira é chamado de **ÂNGULO DE ROTAÇÃO**. Os parâmetros de uma transformação de rotação são o ângulo de rotação, o sentido da rotação (**HORÁRIO** ou **ANTI-HORÁRIO**) e a posição desse centro de rotação.

Uma rotação não altera o tamanho nem a forma da figura. Isso quer dizer que a imagem produzida por uma rotação é congruente com a figura original.

HORÁRIO: | ANTI-HORÁRIO:

EXEMPLOS:

NOTE QUE O PONTO **C** NÃO SE MOVEU. ELE É O CENTRO DE ROTAÇÃO.

Se você medir ∠ACA', irá constatar que A' girou 90° no sentido **ANTI-HORÁRIO**.

Se você medir ∠BCB', irá constatar que B' girou 90° no sentido **ANTI-HORÁRIO**.

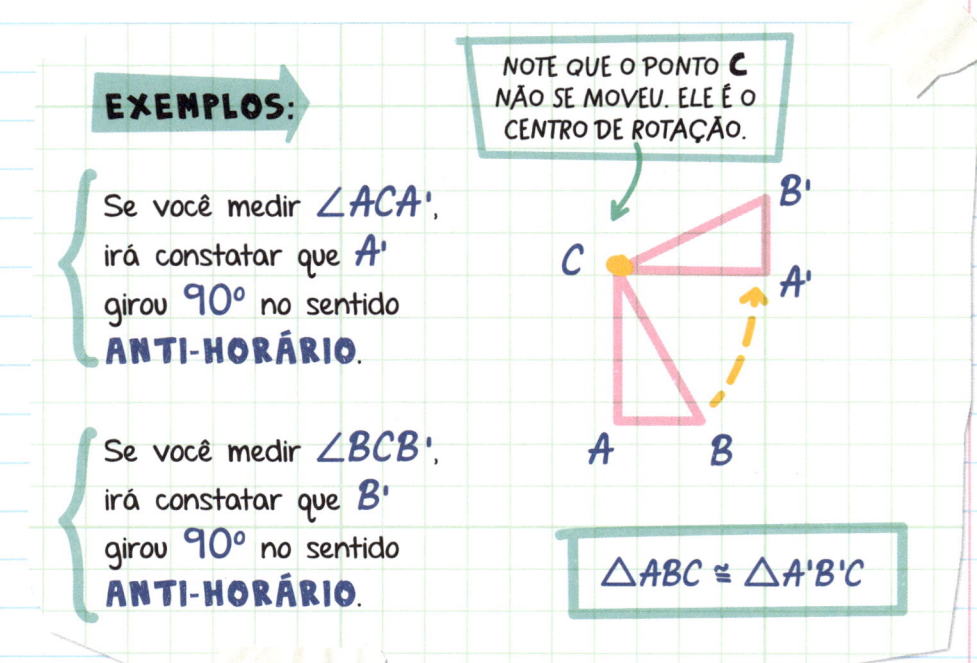

$\triangle ABC \cong \triangle A'B'C$

Isso significa que o triângulo *ABC* foi submetido a uma rotação de 90° no sentido anti-horário para criar o triângulo *A'B'C'*. Os dois triângulos são congruentes: os lados têm o mesmo comprimento e os ângulos correspondentes são iguais.

Geralmente, quando uma rotação é feita em um plano cartesiano, o centro de rotação é a origem (0,0).

EXEMPLO: Submeta o △*ABC* a uma rotação de 90° no sentido horário.

ESSA ROTAÇÃO TAMBÉM PODERIA SER DE 270° NO SENTIDO ANTI-HORÁRIO: O RESULTADO SERIA O MESMO.

ORIGINAL	IMAGEM
A (-1,2)	A' (2,1)
B (-1,3)	B' (3,1)
C (-4,1)	C' (1,4)

O que aconteceu? As coordenadas *x* e *y* trocaram de lugar e ganharam os sinais corretos para o 1º quadrante.

ATALHO: sempre que uma figura gira 90°, ela se desloca de um quadrante e as coordenadas *x* e *y* trocam de lugar e ganham os sinais corretos para o novo quadrante.

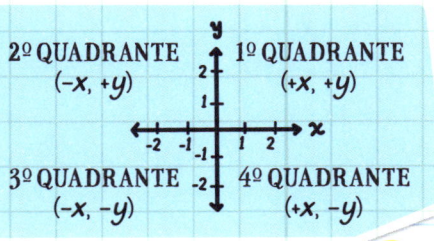

2º QUADRANTE (-x, +y)	1º QUADRANTE (+x, +y)
3º QUADRANTE (-x, -y)	4º QUADRANTE (+x, -y)

2º Q — HORÁRIO — 1º Q

ANTI-HORÁRIO

270°, 360°, 90°, 180°

3º Q — 4º Q

90° gira um quadrante

180° gira dois quadrantes

270° gira três quadrantes

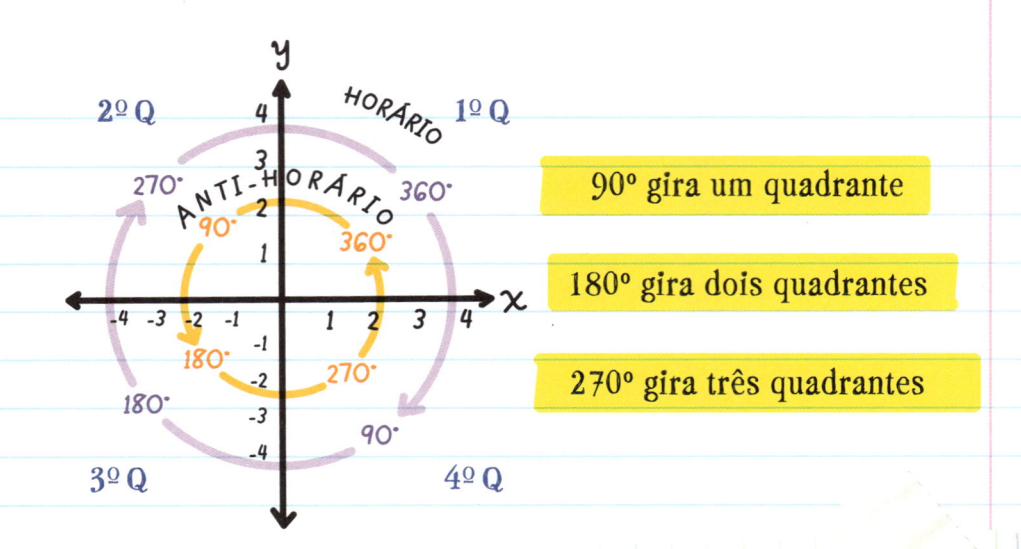

EXEMPLO: Submeta o △ABC a uma rotação de 180° (dois quadrantes) no sentido horário (as coordenadas trocam duas vezes de lugar).

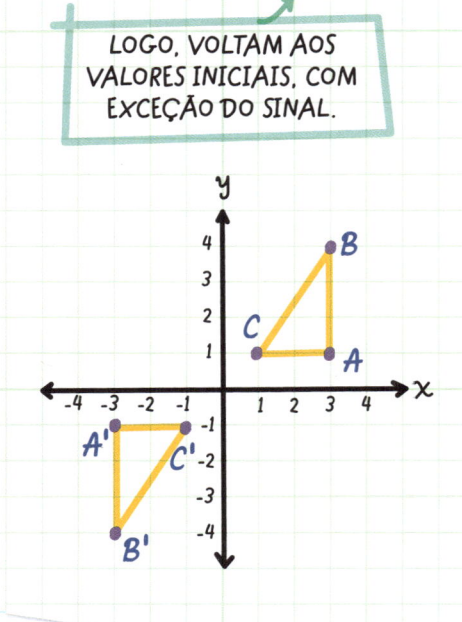

LOGO, VOLTAM AOS VALORES INICIAIS, COM EXCEÇÃO DO SINAL.

Como A é (3,1), A' é (−3,−1). As duas coordenadas são negativas porque A' está no 3º Q.

Como B é (3,4), B' é (−3,−4), porque B' está no 3º Q.

Como C é (1,1), C' é (−1,−1), porque C' está no 3º Q.

EXEMPLO: Submeta o △ABC a uma rotação de **270°** (três quadrantes) no sentido horário (as coordenadas trocam três vezes de lugar).

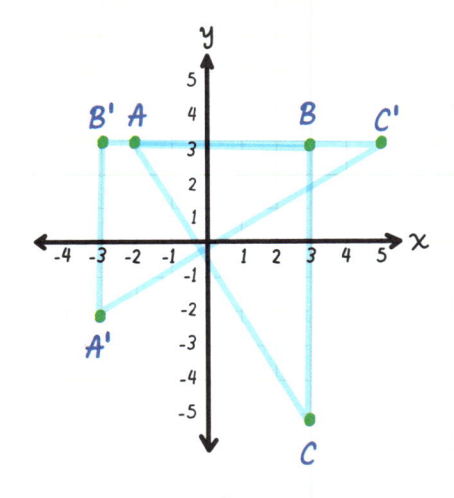

Como A é (-2,3), A' é (-3,-2). As duas coordenadas são negativas porque A' está no 3º Q.

Como B é (3,3), B' é (-3,3), porque B' está no 2º Q.

Como C é (3,-5), C' é (5,3), porque C' está no 1º Q.

EXEMPLO: Submeta o △ABC a uma rotação de **90°** no sentido anti-horário.

UM QUADRANTE PARA A ESQUERDA.

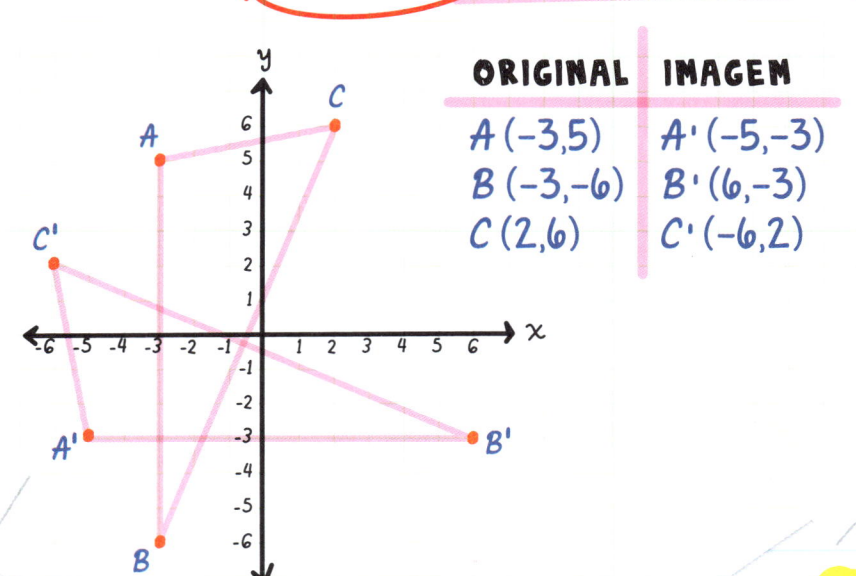

ORIGINAL	IMAGEM
A (-3,5)	A' (-5,-3)
B (-3,-6)	B' (6,-3)
C (2,6)	C' (-6,2)

VERIFIQUE SEUS CONHECIMENTOS

1. Desenhe um polígono com os seguintes vértices: $A(-4,2)$, $B(-2,2)$, $C(-2,-1)$ e $D(-4,-1)$. Em seguida, submeta-o à seguinte translação: $(x+6, y-3)$.

2. Desenhe um polígono com os seguintes vértices: $E(3,5)$, $F(4,1)$ e $G(2,4)$. Em seguida, submeta-o à seguinte translação: $(x-3, y-4)$.

3. Desenhe um polígono com os seguintes vértices: $P(-2,4)$, $Q(-3,1)$ e $R(-4,3)$. Em seguida, submeta-o a uma reflexão no eixo x.

4. Desenhe um polígono com os seguintes vértices: $S(1,2)$, $T(4,4)$, $U(4,-2)$ e $V(2,-2)$. Em seguida, submeta-o a uma reflexão no eixo y.

5. Desenhe um triângulo com os seguintes vértices: $A(-2,-6)$, $B(2,8)$ e $C(2,-4)$. Em seguida, submeta-o a uma redução com um fator de escala de $\frac{1}{2}$.

6. Desenhe um quadrilátero com os seguintes vértices: $A(-2,-6)$, $B(-2,-3)$, $C(4,3)$ e $D(4,-6)$. Em seguida, submeta-o a uma rotação de 180° no sentido horário em torno da origem.

7. Desenhe um polígono com os seguintes vértices: H (1,2), I (3,2), J (3,–3) e K (1,–3). Em seguida, submeta-o a uma rotação de 90° no sentido anti-horário em torno da origem.

8. Desenhe um polígono com os seguintes pontos: L (–4,4), M (–2,4), N (–2,1) e O (–5,1). Em seguida, submeta-o a uma rotação de 180° no sentido anti-horário em torno da origem.

CONFIRA AS RESPOSTAS

1.

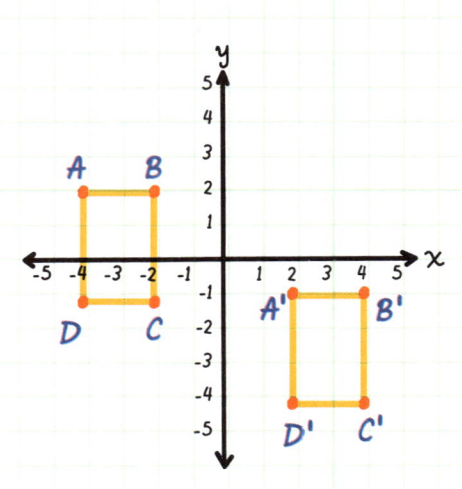

2.

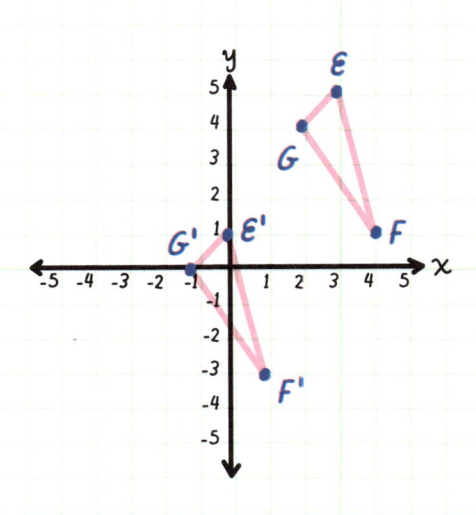

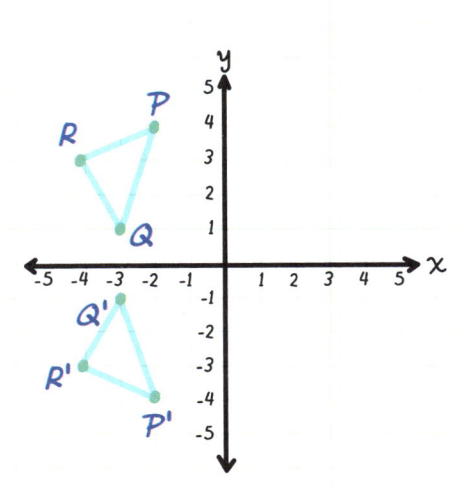

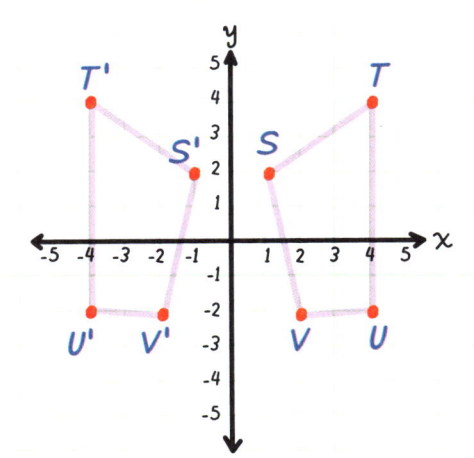

3.

4.

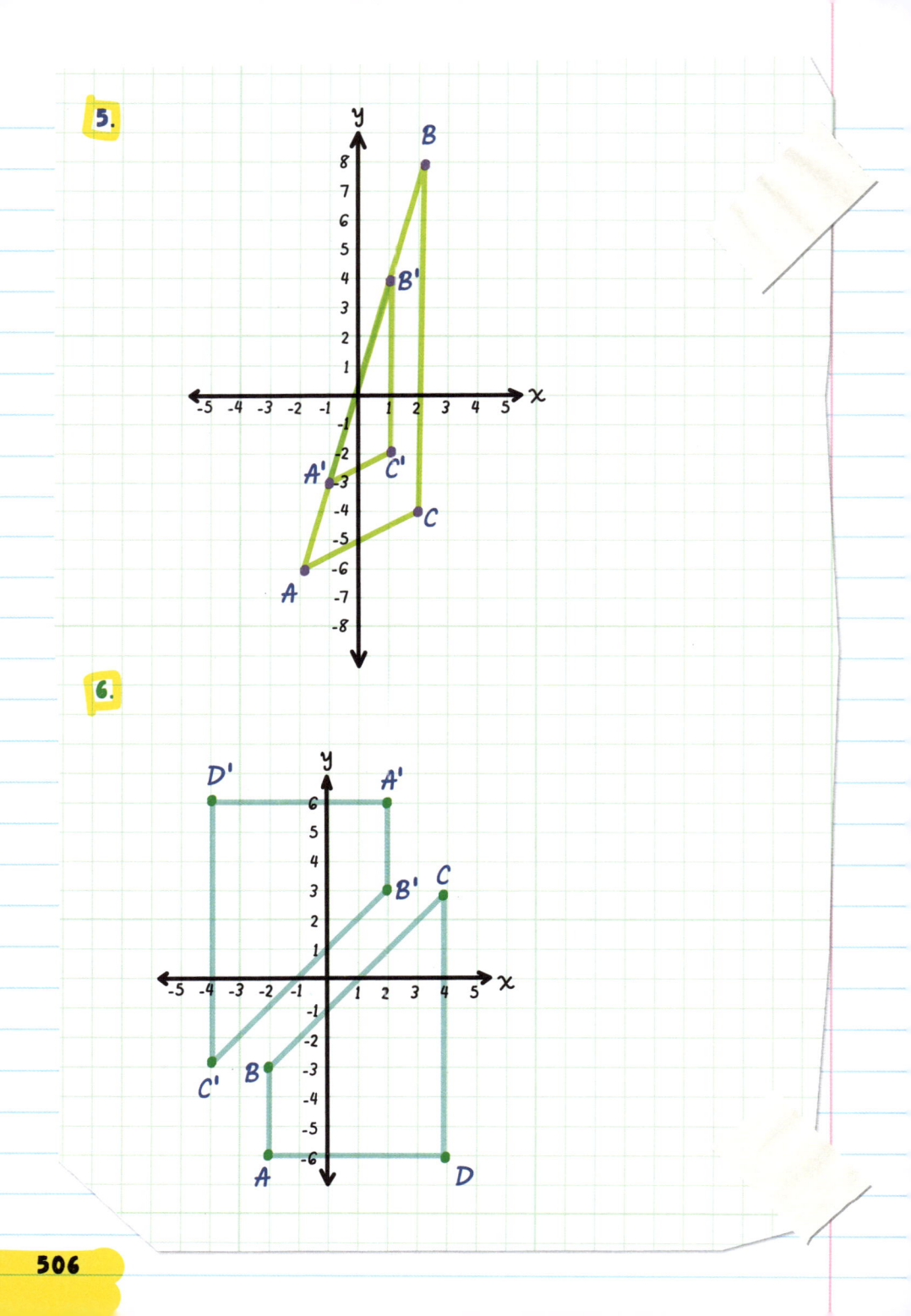

5.

6.

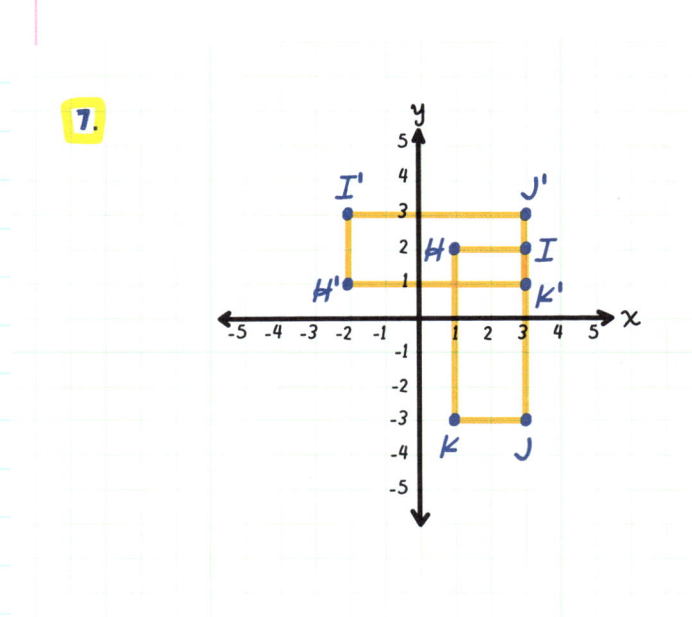

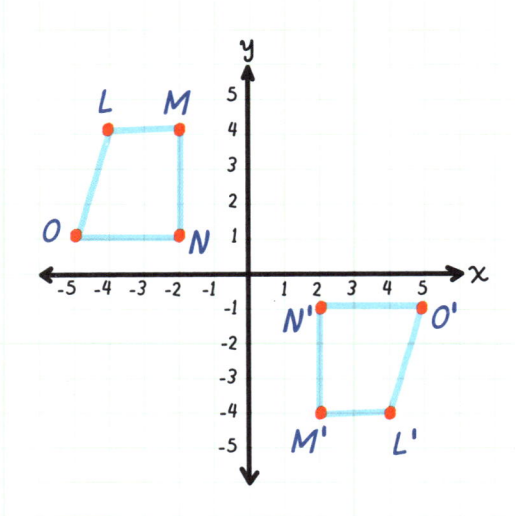

7.

8.

507

Capítulo 63
RELAÇÕES DE PROPORCIONALIDADE E GRÁFICOS

RELAÇÕES de PROPORCIONALIDADE

Podemos usar a matemática para fazer previsões! Usando uma tabela ou um gráfico, somos capazes de observar uma tendência.

A MATEMÁTICA É MELHOR QUE UMA BOLA DE CRISTAL!

CONSULTE UM GRÁFICO!

EXEMPLO: Um aluno de um curso de belas-artes está tentando calcular quantos tubos de tinta serão necessários para pintar um mural. Se ele está usando 6 tubos a cada 4 dias, quantos tubos vai usar em 8 dias? Quantos tubos vai usar em 10 dias?

Primeiro, use as informações dadas para fazer uma tabela:

DIAS	NÚMERO DE TUBOS
4	6
8	
10	

Em seguida, usando a razão de 4 dias = 6 tubos, calcule os números que faltam usando relações de proporcionalidade para cada situação:

PARA 8 DIAS DE TRABALHO:

Use **x** para representar o número de tubos necessários para 8 dias de trabalho.

$$\frac{4}{6} = \frac{8}{x}$$

$$4x = 48$$

$$x = 12$$

RESPOSTA: para 8 dias de trabalho, ele vai precisar de 12 tubos.

PARA 10 DIAS DE TRABALHO:

Use **x** para representar o número de tubos necessários para 10 dias de trabalho.

$$\frac{4}{6} = \frac{10}{x}$$

$$4x = 60$$

$$x = 15$$

RESPOSTA: para 10 dias de trabalho, ele vai precisar de 15 tubos.

> Depois de completar a tabela, use as informações para fazer um gráfico e prever o futuro! Use "Dias" como valores de x e "Número de tubos" como valores de y.

DIAS	NÚMERO DE TUBOS
4	6
8	12
10	15

Primeiro, marque os pontos conhecidos no plano cartesiano. Em seguida, trace uma reta passando pelos pontos.

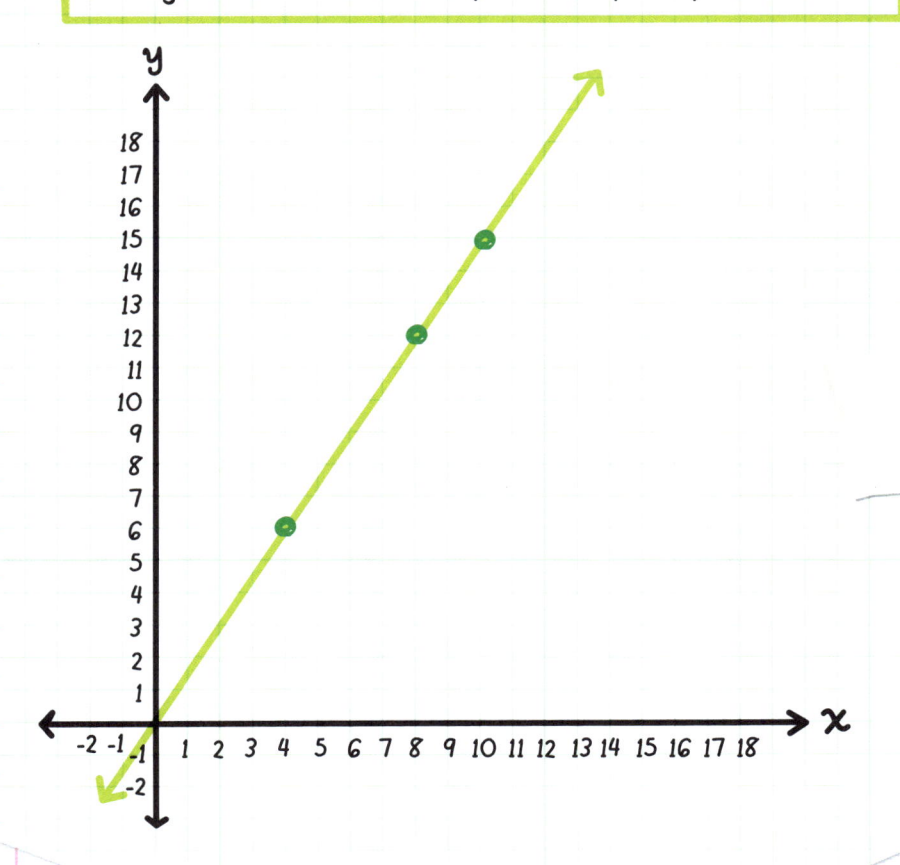

Podemos ver no gráfico que os pontos estão em linha reta. Percebemos também que a linha reta passa pela origem (0,0). Na verdade, sempre que um gráfico gera uma linha reta que passa pela origem, podemos dizer que existe uma **RELAÇÃO DE PROPORCIONALIDADE** entre as grandezas x e y.

> QUANDO O VALOR DE UMA DAS GRANDEZAS AUMENTA OU DIMINUI, O VALOR DA OUTRA AUMENTA OU DIMINUI NA MESMA PROPORÇÃO.

EXEMPLO: Lauro corre 4 quilômetros em 2 dias e 12 quilômetros em 4 dias. Essa é uma relação de proporcionalidade?

Vamos colocar esses dados em uma tabela e depois fazer um gráfico:

DIAS	QUILÔMETROS
2	4
4	12

Quando ligamos os pontos por uma linha reta, vemos...

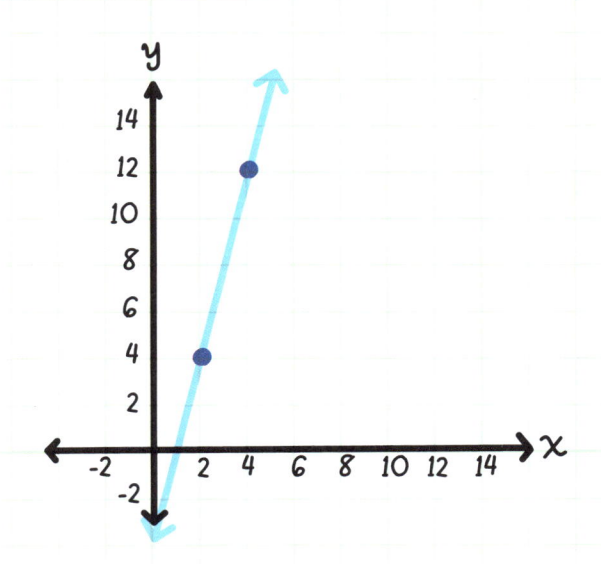

... que a reta NÃO PASSA pela origem. Isso quer dizer que essa NÃO É uma relação de proporcionalidade.

TAXA UNITÁRIA

Também podemos usar as tabelas e os gráficos para determinar a **TAXA UNITÁRIA**, que é a variação de uma grandeza qualquer em relação a uma variação de 1 unidade de outra grandeza. Basta estudar a reta que traçamos no gráfico.

EXEMPLO: Sandra sobe 9 lances de escada em 3 minutos. Desenhe um gráfico para determinar a taxa unitária de subida.

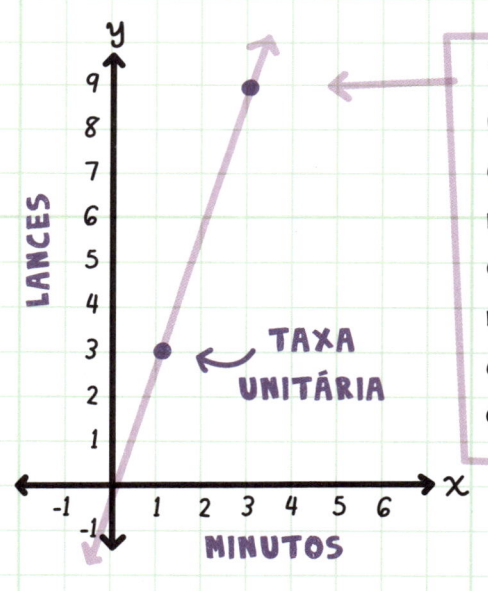

Para determinar a taxa unitária, marcamos o ponto conhecido e traçamos uma reta passando pelo ponto e pela origem. O eixo x representa os minutos e o y representa os lances de escada.

Podemos obter a resposta para o problema montando uma razão:

x representa o número de lances de escada que a menina sobe em 1 minuto.

$$\frac{3}{9} = \frac{1}{x}$$
$$3x = 9$$
$$x = 3$$

Sandra sobe 3 lances de escada em 1 minuto.

VERIFIQUE SEUS CONHECIMENTOS

1. Em 3 segundos, Maria Luísa resolve 1 questão. Em 6 segundos, resolve 2 questões. Use essas informações para resolver as questões a seguir.

(A) Complete a tabela abaixo.

TEMPO (SEGUNDOS)	NÚMERO DE QUESTÕES
3	
6	
9	

(B) Use a tabela para marcar os pontos em um gráfico.

(C) Com base no gráfico ou na tabela, responda: trata-se de uma relação de proporcionalidade?

2. Em 4 minutos, Roberto lê 4 páginas. Faça um gráfico para determinar a taxa unitária de leitura do rapaz.

RESPOSTAS 515

CONFIRA AS RESPOSTAS

1. (A)

TEMPO (SEGUNDOS)	NÚMERO DE QUESTÕES
3	1
6	2
9	3

(B)

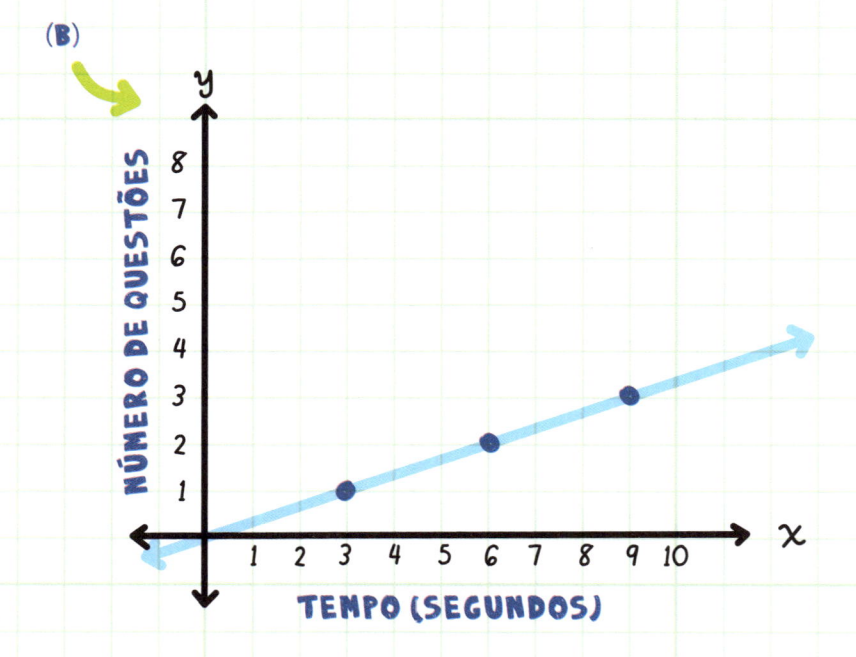

(C) Como é possível desenhar uma linha reta que passa pelos pontos e também passa pela origem, a resposta é sim.

2. A taxa unitária de leitura de Roberto é 1 página por minuto.

TAXA UNITÁRIA

ESPERA UM POUCO! AQUILO ALI É...?

CONHEÇA OUTROS LIVROS DA COLEÇÃO

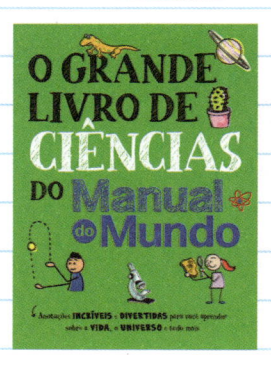

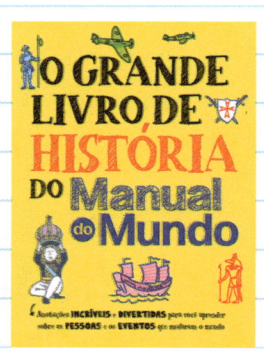

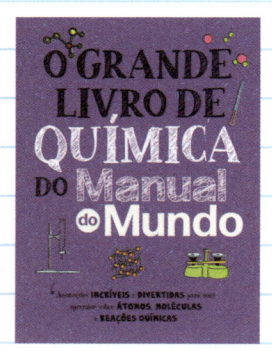